"十三五"国家重点出版物出版规划项目

增材制造技术丛书

激光增材再制造及修复延寿技术

Laser Additive Remanufacturing and Life Extension Technology

董世运　徐滨士　李福泉　　著
闫世兴　唐修检　赵　轩

国防工业出版社

·北京·

内 容 简 介

本书以作者及其团队多年科研成果为基础,介绍了针对装备失效零部件激光高性能修复延寿需求,以及作者团队创新研发的激光增材再制造及修复延寿技术。该书在综合激光熔覆、激光增材制造/再制造等技术现状基础上,介绍了激光增材再制造的成形过程与组织分析、激光修复延寿技术原理等,阐述了激光增材再制造及修复延寿技术的特点和工艺方法,系统总结了激光增材再制造成形层的组织和界面元素分布特征、缺陷产生机理及控制措施、成形形状与力学性能控制理论以及激光增材再制造零件质量无损评价方法,探讨了影响激光增材再制造应用的关键因素,并结合实例展望了激光增材再制造及延寿技术前景。

该书适用于装备制造与再制造领域工程技术人员、科研人员和研究生阅读,也可以作为激光加工、材料加工工程、装备维修保障等学科方向的研究生教材。

图书在版编目(CIP)数据

激光增材再制造及修复延寿技术 / 董世运等著. — 北京:国防工业出版社,2021.11
(增材制造技术丛书)
"十三五"国家重点出版项目
ISBN 978-7-118-12459-0

Ⅰ.①激… Ⅱ.①董… Ⅲ.①激光材料-激光光学加工技术-研究 Ⅳ.①TN24

中国版本图书馆 CIP 数据核字(2021)第 275395 号

※

*国防工业出版社*出版发行
(北京市海淀区紫竹院南路 23 号 邮政编码 100048)
雅迪云印(天津)科技有限公司印刷
新华书店经售

*

开本 710×1000 1/16 印张 18¼ 字数 346 千字
2021 年 11 月第 1 版第 1 次印刷 印数 1—3000 册 定价 132.00 元

(本书如有印装错误,我社负责调换)

国防书店:(010)88540777 书店传真:(010)88540776
发行业务:(010)88540717 发行传真:(010)88540762

丛书编审委员会

主任委员
卢秉恒　李涤尘　许西安

副主任委员（按照姓氏笔画顺序）
史亦韦　巩水利　朱锟鹏
杜宇雷　李　祥　杨永强
林　峰　董世运　魏青松

委　员（按照姓氏笔画顺序）
王　迪　田小永　邢剑飞
朱伟军　闫世兴　闫春泽
严春阳　连　芩　宋长辉
郝敬宾　贺健康　鲁中良

总　序
Foreword

　　增材制造（additive manufacturing，AM）技术，又称为3D打印技术，是采用材料逐层累加的方法，直接将数字化模型制造为实体零件的一种新型制造技术。当前，随着新科技革命的兴起，世界各国都将增材制造作为未来产业发展的新动力进行培育，增材制造技术将引领制造技术的创新发展，加快转变经济发展方式，为产业升级提质增效。

　　推动增材制造技术进步，在各领域广泛应用，带动制造业发展，是我国实现强国梦的必由之路。当前，推动制造业高质量发展，实现传统制造业转型升级等，成为我国制造业发展的重中之重。在政府支持下，我国增材制造技术得到了迅速的发展，增材制造技术与世界先进水平基本同步，高性能复杂大型金属承力构件增材制造等部分技术领域已达到国际先进水平，已成功研制出光固化成形、激光选区烧结成形、激光选区熔化成形、激光净成形、熔融沉积成形、电子束选区熔化成形等工艺装备。增材制造技术及产品已经在航空航天、汽车、生物医疗等领域得到初步应用。随着我国增材制造技术蓬勃发展，增材制造技术在各领域方向的研究取得了重大突破。

　　增材制造技术发展日新月异，方兴未艾。为此，我国科技工作者应该注重原创工作，在运用增材制造技术促进产品创新设计、开发和应用方面做出更多的努力。

　　在此时代背景下，我们深刻感受到组织出版一套具有鲜明时代特色的增材制造领域学术著作的必要性。因此，我们邀请了领域内有突出成就的专家学者和科研团队共同打造了这套能够系统反映当前我国增材制造技术发展水平和应用水平的科技丛书。

"增材制造技术丛书"从工艺、材料、装备、应用等方面进行阐述，系统梳理行业技术发展脉络。丛书对增材制造理论、技术的创新发展和推动这些技术的转化应用具有重要意义，同时也将提升我国增材制造理论与技术的学术研究水平，引领增材制造技术应用的新方向。相信丛书的出版，将为我国增材制造技术的科学研究和工程应用提供有价值的参考。

卢秉恒，中国工程院院士，西安交通大学教授。

前 言
Preface

改革开放以来，我国制造业迅猛发展，随之而来的是一系列环境问题。"绿水青山就是金山银山"，为了实现可持续发展，我国经济发展模式由资源消耗型向环境友好型转变。再制造修复延寿技术可使废旧装备产品中蕴含的价值得到最大程度的利用，其在冶金、能源、交通、国防、化工等领域的节能减排中发挥越来越显著的作用。

再制造及修复延寿技术种类繁多，该技术可通过材料、机械及电气等多学科交叉融合实现构件由"制造—使用—报废"模式转变为"制造—使用—失效—再制造延寿—使用"模式。激光增材再制造及修复延寿技术以其独特的技术优点，成为再制造领域的一支突出力量，该技术综合了激光熔覆和快速成形双方面的优点，既可以快速恢复缺损零部件的原始尺寸形状，又可以提升失效零部件表面耐磨、耐蚀、耐高温、耐冲击、抗疲劳、防辐射等服役性能，从而在实现构件延寿的基础上大幅提高构件综合性能。

作者所在团队从事激光增材再制造及修复延寿技术研究工作多年，采用该技术成功为国防、交通、冶金及能源领域的失效装备产品实现了高性能延寿。此外，作者团队在针对激光增材再制造及修复延寿技术的科研与教学方面积累了大量成果。本书系统梳理了作者团队在激光增材再制造技术延寿钢铁构件方面取得的成果，介绍了激光增材再制造及修复延寿技术系统构成、激光与材料相关作用等技术理论基础、系统总结了激光增材再制造延寿钢铁构件的缺陷控制策略、组织和性能调控机理、控形设备和理论、质量和力学性能无损评价方法。

参与本书编写的人员及任务分工如下：本书由董世运、徐滨士（第1章～第3章、第7章），闫世兴、赵轩（第4章～第6章），唐修检、李福泉（第8章）撰写；由董世运教授审校。

本书撰写过程中，吕耀辉、刘晓亭、夏丹、刘玉欣、宋占永、王红美、孙哲、范博楠、朱学耕、苏忠亭在文稿整理、编排校正做了大量工作。另外，赵轩、李永健、宋朝群、康学良、冯祥奕、门平、任维彬、方金祥、刘彬、王志坚、刘卫红、李浩宇和崔朝兴在文献检索、研究成果汇总和章节编排方面也提供了很大帮助，在此一并表示感谢。

限于作者的水平，书中缺点、不妥之处在所难免，恳请读者批评指正。

作　者

2021.01.31

目 录
Contents

第 1 章 绪论

1.1 再制造工程的内涵和特征 … 002

1.2 零部件修复延寿技术发展背景与意义 … 004

1.3 再制造及修复延寿技术体系 … 006

1.4 激光增材再制造技术发展现状与意义 … 009

1.5 激光增材再制造及修复延寿技术应用现状 … 011

参考文献 … 013

第 2 章 激光增材再制造系统与气动粉末特性

2.1 激光增材再制造成形系统 … 015

2.1.1 柔性再制造成形系统 … 015

2.1.2 软件系统 … 022

2.2 气动粉末束流特性研究 … 026

2.2.1 粉末束流场结构特性 … 027

2.2.2 粒子速度场 … 034

2.3 激光束与粉末束流相互作用机制 … 050

2.3.1 激光能量衰减 … 051

2.3.2 金属粉末温升 … 053

参考文献 … 053

第 3 章 激光增材再制造成形缺陷控制

3.1 合金钢激光增材再制造成形层缺陷控制 … 056

3.1.1 激光成形层缺陷形貌及分布 … 056

3.1.2 激光成形层缺陷类型 … 056

IX

3.1.3 激光成形层缺陷形成机理 ... 058
3.1.4 激光增材再制造工艺优化 ... 059

3.2 灰铸铁件激光增材再制造缺陷控制 ... 064
3.2.1 激光成形层成形质量评价 ... 064
3.2.2 激光成形层缺陷评价 ... 067
3.2.3 激光成形层界面缺陷控制 ... 073

3.3 球墨铸铁件激光增材再制造缺陷控制 ... 080
3.3.1 不同工艺参数下的成形效果 ... 080
3.3.2 激光增材再制造成形缺陷特征 ... 082
3.3.3 激光增材再制造成形缺陷控制策略 ... 083

参考文献 ... 095

第 4 章　激光增材再制造成形组织演变规律

4.1 合金钢成形层组织演变规律 ... 097
4.1.1 成形层截面形貌变化特征 ... 097
4.1.2 成形层梯度组织性能控制 ... 119

4.2 灰铸铁件成形层界面组织特征 ... 124
4.2.1 单道成形层显微组织 ... 124
4.2.2 多层成形层显微组织 ... 129
4.2.3 成形层相变机制研究 ... 132

4.3 球墨铸铁件成形层界面结构特征 ... 136
4.3.1 界面区域组织形貌特征 ... 136
4.3.2 成形层生长形貌特征 ... 148
4.3.3 成形层与界面相结构分析 ... 153

参考文献 ... 157

第 5 章　激光增材再制造成形规律及控形措施

5.1 激光增材再制造成形层几何特征研究 ... 160
5.1.1 激光扫描点的截面 ... 161
5.1.2 激光成形线的局部几何特征不均匀现象 ... 164
5.1.3 搭接成形层的局部几何特征不均匀现象 ... 167

5.1.4　薄壁墙结构的局部几何特征不均匀现象 … 169
5.1.5　立体成形结构局部几何特征不均匀现象 … 171

5.2　激光增材再制造成形层结构形状预测模型 … 173

5.2.1　激光成形过程的闭环控制技术发展 … 174
5.2.2　激光成形结构形状控制的关键 … 176
5.2.3　成形结构形状预测模型 … 177
5.2.4　模型理论预测精度分析 … 188

5.3　激光增材再制造成形层控形策略 … 191

5.3.1　控制激光扫描速度 … 192
5.3.2　控制送粉量 … 194
5.3.3　熔池基面形状控制 … 195

参考文献 … 197

第 6 章　激光增材再制造零件缺陷的超声无损检测

6.1　激光增材再制造材料基体缺陷的无损检测 … 198

6.1.1　孔状缺陷和面状缺陷的定性检测 … 198
6.1.2　缺陷的定位检测 … 201
6.1.3　缺陷的定量检测 … 202

6.2　激光增材再制造成形层缺陷无损检测 … 207

6.2.1　成形层组织分析 … 208
6.2.2　成形层的超声性能表征 … 209
6.2.3　成形层内部缺陷检测 … 211

6.3　激光增材再制造成形层力学性能评价 … 214

6.3.1　固体介质微缺陷与超声波传播的相互作用规律 … 216
6.3.2　激光增材制造 24CrNiMo 合金钢力学性能 - 纵波声速定量映射关系 … 218
6.3.3　激光增材制造 24CrNiMo 合金钢力学性能纵波声速评价机理 … 238

参考文献 … 247

第7章 激光增材再制造修复及延寿技术应用及展望

7.1 激光增材再制造技术在航空工业中的应用 ... 248

7.2 激光增材再制造技术在装甲车辆工程中的应用 ... 251

7.3 激光增材再制造技术在军品备件伴随保障中的应用 ... 256

7.4 激光增材再制造技术在电力工业中的应用 ... 261

7.5 激光增材再制造技术在化工工业中的应用 ... 266

7.6 激光增材再制造技术在船舶工业中的应用 ... 270

7.7 激光增材再制造技术存在的问题与应用前景 ... 275

7.7.1 激光增材再制造技术目前存在的问题 ... 275
7.7.2 激光增材再制造技术未来发展趋势 ... 276
7.7.3 激光增材再制造技术应用现状与前景 ... 277

参考文献 ... 279

第 1 章
绪论

机械零部件在长期使用过程中常常承受周期性载荷、瞬时性过载、环境介质的氧化腐蚀等作用，极易出现磨损、腐蚀、疲劳、深裂纹、局部体积断裂等失效形式。然而任由这些失效零部件，尤其是制造流程复杂、剩余附加值较大、尚具有较长剩余寿命的失效机械零部件报废，将造成极大的资源浪费和环境污染。因此，从可持续发展的角度出发，发展损伤失效机械零部件的再制造与修复延寿技术具有巨大的经济、社会与环境效益。

目前，在习近平总书记"绿水青山就是金山银山"的生态文明建设方针指导下，再制造工程已经成为实现绿色和可持续发展、构建节约型社会的重要组成部分，国家在有关战略部署中明确提出了支持机械设备再制造产业发展，并把再制造技术列为支持循环经济发展的关键性技术之一。

激光增材再制造技术是再制造领域关键技术之一，是一项集光、电、机于一体，综合集成高能激光束、路径规划、应力调控、缺陷控制、性能提升、质量检测等一系列核心技术，实现对零部件进行再制造和修复延寿的一种先进技术。

激光具有单色性好、方向性好、相干性好及能量集中等优点，这些优点决定了激光具有不同于一般光源的用途。1960 年第一台红宝石激光器面世，激光技术即获得了迅速发展，并逐步在工业、农业、军事、交通等领域得到应用。20 世纪 80 年代，随着大功率激光器的成熟和应用，世界各国竞相研究和开发激光在机械零部件制造和维修领域的理论与技术，如激光热处理、激光熔覆、激光合金化、激光熔凝等。20 世纪 90 年代，激光熔覆技术在装备金属零部件维修中获得了大量成功应用。进入 21 世纪，随着计算机辅助设计，高性能、高功率激光器及多自由度机器人技术的迅猛发展，作为一项先进制造技术，激光增材制造技术取得了极大进步，尤其金属零部件的直接高精度激光成形已成为国际研究与生产工业高附加值产品的热点。随之而来的针对体积损伤、失效机械零部件的高性能修复需求，使激光增材再制造与修复延寿技术成为当前机械工业及修复领域研究和应用的重点。

激光增材再制造与修复延寿技术作为再制造工程中一项重要的先进技术，必将为国家发展循环经济、构建节约型社会做出贡献。

1.1 再制造工程的内涵和特征

进入 21 世纪以后，随着科学技术的进步，以优质、高效、安全、可靠、节能、节材为目标的先进制造技术在全世界得到飞速发展，机械设备向着高精度、高自动化、高智能化发展，其服役条件更加苛刻，对机械零部件的维修要求更高，用传统维修手段难以达到要求。随着先进制造技术及设备工程技术的不断发展，制造与维修将越来越趋于统一。未来的制造与维修工程将是一个考虑设备和零部件设计、制造和运行全过程，以优质、高效、节能、节材为目标的系统工程。先进制造技术将统筹考虑整个设备寿命周期内的维修策略，而维修技术也将渗透到产品的制造工艺中，"维修"已被赋予了更广泛的含义。

"再制造"一词来源于 1984 年美国《技术评论》期刊，其提倡旧品翻新或再生。再制造作为一种先进的制造技术正迅猛发展，将取代传统的修复维修手段。再制造具有深远意义，在再制造中大量采用各种维修技术，把因损坏、磨损或腐蚀等失效的可维修机械零件翻新如初，可大量地节省因购置新品、库存备件和管理以及停机等所造成的能源、原材料和经费的浪费，并极大地减少了环境污染及废物的处理。再制造修复技术和其他相关成形控制技术组合形成的先进再制造成形技术，能直接实现许多贵重零部件的局部表面精密三维可控快速修复，恢复损伤零件的使用价值，实际上等于延长了产品的使用寿命，减少了对原始资源的需求，节省了能源。中国工程院徐滨士院士在多年从事机械设备维修工程研究、表面工程研究的基础上，提出了再制造工程的概念：再制造工程是以产品全寿命周期理论为指导，以实现废旧产品性能提升为目标，以优质、高效、节能、节材、环保为准则，以先进技术和产业化生产为手段，来修复、改造废旧产品的一系列技术措施或工程活动的总称。简而言之，再制造工程是对废旧产品高技术修复、改造的产业化。再制造的重要特征是在再制造产品的质量和性能达到或超过新品的基础上，成本仅是新品的50%左右，节能60%左右，节材70%以上。再制造在实现资源能源节约的条件下生产出经济发展所需要的产品，是建设资源节约型、环境友好型社会的有效途径。

面对新世纪和谐社会建设的需要，我们党为坚持科学发展观，做出了发展循环经济，保护生态环境，加快建设资源节约型、环境友好型社会的战略决策，并在有关部署中明确提出支持机械装备再制造，把绿色再制造技术列为支持循环经济的共性和关键技术之一。2020年9月22日，中国政府在第七十五届联合国大会上提出"中国将提高国家自主贡献力度，采取更加有力的政策和措施，二氧化碳排放力争于2030年前达到峰值，努力争取2060年前实现碳中和"。2021年3月5日，2021年国务院政府工作报告中指出，扎实做好"碳达峰""碳中和"各项工作，制定2030年前碳排放达到峰值行动方案，优化产业结构和能源结构。"碳中和"是节能减排术语，指企业、团体或个人测算在一定时间内，直接或间接产生的温室气体排放总量，通过植树造林、节能减排等形式，抵消自身产生的二氧化碳排放，实现二氧化碳的"零排放"。而"碳达峰"则指的是碳排放进入平台期后，进入平稳下降阶段。简单地说，是让二氧化碳排放量"收支相抵"，而对损伤报废的机械零部件进行维修和增材再制造（以下简称再制造）是节能减排的有效方法。再制造和常规维修的最终目的都是为了恢复损伤零部件的性能，使之与原新产品性能接近或相同，但再制造在很多方面又与维修不同。目前，维修大多为对零件一维或二维尺寸或外形的修复，并常受到待修零件形状的限制，且加工精度不高。典型的常规维修技术有电镀、电弧或火焰堆焊、等离子喷涂（焊）等。增材再制造是一种全新概念的修复技术，图1-1所示为机械零部件增材再制造工艺流程；再制造过程不受零件材料、形状、复杂程度的影响，加工精度和柔性较高，是一种新的光、机、电、计算机、自动化、材料综合交叉的先进制造技术。再制造在许多加工工艺部分和测试技术方面与传统制造相同，可以直接利用某些传统制造技术和设备进行再制造过程，如产品性能的检测技术和机械加工设备。

再制造是先进制造的重要组成部分。信息技术、生物技术、纳米技术、新能源和新材料等高新技术的迅猛发展，为制造科技带来了深刻变化。机械设备经过若干年使用后才达到报废，期间许多新技术、新材料相继出现，可以应用最新的研究成果对其进行再制造，高新技术在再制造加工中的成功应用是再制造产品在质量和性能上能达到和超过新品的根本原因。再制造能够充分挖掘废旧机电产品中蕴涵的高附加值。以汽车发动机为例，原材料的价值只占15%，而成品附加值却高达85%。再制造过程中由于充分利用废旧产品中的附加值，能源消耗是新品制造的50%，劳动力消耗是新品制造的67%，原材料消耗是新品制造的15%。

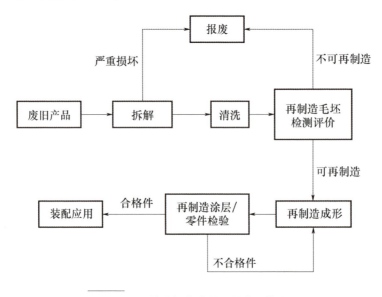

图1-1 机械零部件增材再制造工艺流程

1.2 零部件修复延寿技术发展背景与意义

再制造在民用装备修复领域得到广泛应用的同时，在各国的军用装备维修保障领域也得到了重视和大力发展，美军已成为世界上最大的再制造用户。发达国家正探索解决战场条件下装备零部件的快速抢修和快速配送难题，以此提高战时装备维修保障能力，美国在《2010年及其以后的国防制造工业》规划中明确提出发展先进再制造技术，"开发能迅速获得机械零件几何图形的非接触测量方法用于快速再制造的数字化成形工艺"，并已研制出高度柔性的现场零件制造系统，称为"移动零件医院（mobile parts hospital，MPH）"。该系统采用钢铁、其他金属合金、钛等粉末作为成形材料，利用激光作为热源成形零件，配备五轴车铣床，用于成形后零件机械加工。美军已经将该系统投入战场，并对多种武器装备的零部件进行了成形制造，该系统核心是金属零件快速再制造成形技术。美军等西方发达国家军队对装备不采用大修而采用再制造技术,再制造与大修的主要区别是再制造后的装备性能需要达到或超过原型机的新品,我军的大修达不到这一质量要求。我军装备的常规维修制度分为小修、中修、大修三个层次。我军在装备大修领域尚存技术相对落后、标准不高、资源浪费等诸多问题。

纵观国外军队建设现状,美军的军费远远超过我军,其军用装备的保障能力也很强,但是他们同样极为重视装备的再制造技术,对装备实施再制造已成为美军为维持其庞大武器库的运转而采取的战略性举措。与美军相比,我军的装备采购经费有限,因此实施装备再制造必将成为我军装备维修技术保障的一项战略性选择。美军的再制造除技术改造升级外,在恢复性再制造方面以换件为主。而我军在利用再制造提升装备性能方面融入了表面工程技术,通过对一系列先进表面工程技术的创新应用,使废旧发动机的旧件利用率由72%提升到90%,而且耐磨损、耐腐蚀等性能得到大幅度提升,形成了具有中国特色的装备再制造。

目前,装备再制造技术以对战损的武器装备进行快速维修,并保证装备零部件的快速精确保障供应为目的。战损装备的战场抢修及零件保障是装备维修保障技术研究的热点,也是现代高科技战争中装备维修保障技术的重要内容。我军战场现场装备维修保障以"换件修理"为主,这种维修保障方式有换件迅速、备件质量和性能有保证、对战场维修人员的技术要求不高等优点。但是由于现代战场条件下装备的多样性、复杂性及战损零件的突发性和随机性,常出现"带的用不上,用的没带上"现象;而且所要携带的装备备件的战时运输以及平时的存放都要占用大量军费。

如果采用再制造的思想和方法,综合集成装备维修保障、信息、新材料、金属快速成形、自动控制、先进加工、测量与检测等多领域的先进技术和理论,针对战场环境下装备零件维修保障问题,开发研制装备备件战场快速再制造成形平台,则可以对损坏的装备零部件进行实时、迅速、精确的快速再制造成形和快速制造成形,实现零部件的战场快速、精确、高效保障,能解决战场条件下装备零部件的快速抢修和快速精确保障供应难题,有望成为一种重要的装备备件战场现场快速维修保障方式。目前,再制造技术重点实验室开展了对"装备零件战场快速再制造平台系统"的研究,该平台是能够在战场上靠近需要的位置,迅速制造或再制造破损或战损失效零部件的机动式智能再制造系统。可以实现战场装备的无备件保障和需求件的快速生成，实现装备机动性能和作战能力的快速恢复，进而为装备维修体制改革提供理论和实践指导；将大大缩短零部件的供应链，简化后勤供给，降低维修成本，提高维修效率。

再制造技术正在我军装备维修保障工程中发挥重要作用。以往的装备从设计、制造、使用、维修至退役报废后，部分可再生材料被回收处理，部分不可回收的材料被环保处理。而通过再制造工程不但能提高装备的使用寿命，还可以影响、反馈到装备的设计，最终达到装备的全寿命周期费用最小，同时保证装备产生最高的效益。在民用领域，以我国的发动机再制造公司济南复强动力有限公司为例，该公司通过利用先进的表面工程技术，如高速电弧喷涂技术、微纳米电刷镀技术、纳米自修复添加剂技术等，革新了发动机的再制造技术，其成本只有新品的 1/2，质量却超过了新品。再制造技术重点实验室对二十世纪六七十年代装备我军修理部（分）队的老旧机床进行了再制造：首先，利用各种表面工程技术对机床的磨损部位进行修复；其次，对机床进行数控化改造。再制造机床的成本只有新品的 1/6～1/3，性能得到较大提升，显著提高了部（分）队的维修加工水平和加工能力。

装备再制造过程中应用到的技术很多，每种技术各有所长，也各有应用的局限性，需视装备零件失效的具体情况合理选用。在装备再制造诸多技术中，有些技术应用很广而且技术已经很成熟，如堆焊技术、普通镀液电刷镀技术等；有些技术是近期发展的高新技术，如微纳米表面工程技术、材料制备与成形一体化技术、再制造快速成形技术、虚拟再制造技术、装备性能提升再制造技术等。其中，激光增材再制造成形技术由于其能束高、热影响区小、成形精度高、材料适用性广、成形结构性能好等突出特点，在装备再制造中占有重要地位。这是因为装备零部件多采用高强合金材料，且薄壁结构件、高精度和高性能零部件较多，当这些零件局部损坏或报废时，采用其他修复技术经常无能为力，而基于激光快速成形的激光增材再制造成形技术能很好地解决这些问题。

1.3 再制造及修复延寿技术体系

再制造成形技术是再制造技术的主要组成。按照再制造成形过程中零件尺寸增减变化情况，再制造成形技术可以分为尺寸恢复法和尺寸加工法两种技术途径。其中，尺寸恢复法再制造成形技术不但可以恢复零件的原始设计尺寸，而且可以通过应用新材料提高零件性能，因此，又被称为尺寸恢复与性能提升方法。纵观国内最近发展，重点在尺寸恢复法再制造成形技术方面获得了显著进展，并逐步实现了两种技术途径的融合创新发展。

1. 三维体积损伤机械零部件的再制造成形技术

三维体积损伤机械零部件的损伤一般由应力或者外力作用引起，因此，该部位的再制造成形必须考虑承受载荷能力。为此，对其再制造成形技术的基本要求是沉积成形金属具有优异的力学性能，并且在再制造成形过程中尽可能不降低零件基体材料性能。

在三维体积再制造成形领域，有突破的技术主要是通过各种热源熔化添加材料的能量束再制造成形技术，如激光增材再制造成形技术、等离子熔覆再制造成形技术、电弧堆焊再制造成形技术、高速电喷涂再制造成形技术等。

例如，陆军装甲兵学院对重载车辆中难修复典型零件的激光再制造成形进行了系统研究，成功再制造成形了齿类件和薄壁件等三维损伤零件。激光再制造成形与等离子喷涂成形等多种再制造成形技术手段复合，实现了不同工业领域燃汽机、烟机以及航空发动机等定子和转子叶片的三维再制造成形。

随着新型材料研制和成形工艺监控技术的提升，高速电弧喷涂再制造成形已成为可以实现大厚度再制造成形的一项技术，已由原来主要用于表面涂层制备，发展到具备大尺寸、大厚度成形能力的水平，这得益于电弧喷涂成形理论、材料和技术方面研究的突破。

2. 自动化、智能化再制造成形技术

再制造成形技术方法已由最初对废旧零件尺寸和性能恢复的成形技术的研究，向提高再制造成形效率的自动化再制造成形方法的研究方向发展。其中，一个重要突破是把三维扫描反求建模技术和再制造工艺相结合，实现再制造成形技术的自动化过程。

大连海事大学、华中科技大学、陆军装甲兵学院等单位针对再制造成形过程中的零件缺损部位的反求建模，在理论和技术研究方面取得了突破性进展。

近来，基于机器人操作自动化再制造成形过程，在损伤部位再制造路径生成理论和方法以及自动化再制造成形设备系统等方面，均有了重要进展。

陆军装甲兵学院系统开展了基于机器人的熔化极惰性气体保护（metal inert gas，MIG）再制造成形技术研究，构建了再制造成形系统，并对缺损零件的非接触式三维扫描反求测量机制、各子系统标定方法和再制造成形建模方法、空间曲面分层方法、成形路径规划、再制造成形过程中的备件形变机理和形变规律及控形机制、装备备件再制造成形材料的集约化、面向轻质金属的再制造成形技术等进行了广泛而深入的研究，成功实现了典型装备零件的再制造成形；结合再制造产业化发展需要，针对纳米复合电刷镀技术和高速电弧喷涂技术的发展，在手工操作的再制造成形技术的基础上，深入研究技术基本原理、优化技术工艺，实现了技术的自动化、智能化工艺过程，研发了适合再制造产业化生产需要的自动化再制造成形设备和工艺，解决了镀液连续循环供应、工序切换、刷镀过程控制及工艺过程多参数监控等技术难题，实现了自动化纳米电刷镀再制造成形过程，并已经应用在再制造工业生产中，解决了原来劳动强度大、再制造生产质量不稳定、生产效率低等困扰再制造生产的实际问题。

自动化高速电弧喷涂再制造成形技术将智能控制技术、逆变电源技术、红外测温技术、数值仿真技术综合集成创新，通过操作机或机器人夹持高速电弧喷涂枪，采取数控系统控制喷枪在空间进行各种运动，实时反馈控制与调节喷涂工艺参数，保证涂层的精度与质量，最终实现零件的高性能快速再制造成形。该技术已在工厂汽车发动机再制造生产线上成功应用。

3. 再制造与机械加工一体化设备

鉴于再制造后机械加工的特殊性，陆军装甲兵学院和北京理工大学合作，针对再制造零件机械后加工的复杂性研制出了多功能复合机床。该机床具有车、铣、磨、钻、铰、攻螺纹等多种加工工艺，不仅可以加工回转类零件，还可以加工非回转类零件。该机床可以完成再制造成形加工所需要的多种加工手段，实现了多工艺复合、多工序复合、多种机床类型复合，同时解决了模块化、单机与多机数字化控制以及人机协同交互等多种技术问题，可满足再制造成形加工的适应性、可重构性、敏捷性等要求。

这方面的一个重要突破是把机械加工的材料去除过程和再制造熔积的材料尺寸增加过程进行融合，实现再制造和机械后加工的同工位完成，简化了生产流程，提高了再制造成形生产效率。

金属熔积再制造工艺与铣削加工工艺相结合的复合快速再制造成形技术

成为研究热点之一，它的起源思路是美国的快速成形制造技术。现在，陆军装甲兵学院、沈阳航空工业学院等单位均在此方面取得了突破性进展。陆军装甲兵学院成功实现了机器人自动化堆焊再制造和数控铣削加工的复合，有效提高了再制造成形效率。

沈阳航空工业学院把金属熔化沉积工艺与五轴铣削工艺相结合，提出了连续熔积多层后一并铣削加工的复合成形方式，并研究了根据五轴铣削刀具对层的接近性来判断可一并铣削加工的连续熔积层数的算法。先计算出无干涉的刀位点，再判断该刀位点是否存在与此相对应的无干涉的刀轴方向，确定五轴铣削刀具对再制造沉积金属的接近性和连续熔积层数，从而大幅度减少了工位变换次数，有效提高再制造成形效率。

但是，由于这种途径的再制造成形过程是两种工艺交替并行的复合过程，需要不断地变换工位，显然影响成形效率。因此如何把金属熔化沉积的再制造过程与铣削工艺有机地结合起来，实现同时工作，并在提高表面质量的同时提高成形效率，将具有重要意义。

1.4 激光增材再制造技术发展现状与意义

激光增材再制造技术集成了激光技术、计算机技术、数控技术和材料技术等诸多现代先进技术，其基本原理：首先，在计算机中生成零件的三维CAD实体模型；其次，将模型按一定的厚度切片分层，即将零件的三维形状信息转换成一系列的二维轮廓信息；最后，在数控系统的控制下，利用同步送粉激光熔覆的方法，将金属粉末材料按照一定的填充路径在基材上逐点填满给定的二维形状，重复这一过程逐层堆积形成三维实体零件。快速成形技术是近几十年制造技术领域的一次重大突破，激光快速成形是实现快速成形的一种重要手段。激光增材再制造是激光快速成形的一个技术分支，发展较快，自诞生以来，作为一种修复技术已在航天、汽车、石油、化工、冶金、电力、机械和轻工业都获得了大量应用。如美国海军实验室用于修复舰船螺旋桨叶，波音公司采用该技术修复航空发动机叶片等。

激光增材再制造技术与传统制造技术的重要区别之一是利用原有零件作为再制造毛坯，采用该技术，使零部件恢复尺寸、形状和性能，形成激光再制造产品。主要包括在新产品上重新使用经过再制造的旧部件，以及对长期使用过的产品部件的性能、可靠性和寿命等加以恢复和提高，从而使产品或设备在对环境污染最小、资源利用率最高、投入费用最少的情况下重新达到最佳的性能要求。

近年来，我国激光增材再制造技术研究也取得很大进展，随着循环经济理论的提出和建设节约型社会的要求，其工程化应用范围也逐步扩大。目前，中国科学院金属研究所、西北工业大学、陆军装甲兵学院、天津工业大学、华中科技大学、上海交通大学、沈阳大陆集团等单位对激光增材再制造快速修复装备、工艺和材料及应用进行了深入研究。已经形成了高校、科研院所和企业三足鼎立的格局，构成了我国激光增材再制造快速修复技术研究和应用的主力军。其中，中国科学院金属研究所王茂才等开展了对高温合金、镁合金、钛合金、铝合金等零件的激光修复系列研究，对燃气轮机和发动机叶片等关键零部件进行了增材再制造修复应用研究并在军工和民用产品中获得应用。西北工业大学黄卫东课题组在前期激光快速成形研究的基础上，对飞机用钛合金损伤零部件的修复开展了较为全面的研究，建立了 TC4 钛合金激光快速修复工艺参数带，获得了性能优良的激光修复层，研究了激光修复后零件的力学性能，并将该技术应用于航空铸件修复。陆军装甲兵学院董世运等进行了武器装备和机械零部件的激光快速修复研究，目前已经开展了轴类零件、齿类零件和发动机铸铁缸盖等零部件的激光增材再制造研究。天津工业大学开展了针对石油、石化和冶金装备的再制造研究，取得较好的应用效果。华中科技大学曾晓雁等开展了镍基高温合金叶片损伤和表面裂纹的修复研究，并研究了修复层的组织和性能，研究表明激光增材再制造修复技术可实现该类零件的尺寸和性能恢复。上海交通大学邓琦林等对碳钢 AISI1045 基体上 V 形槽缺陷利用激光熔覆的方法进行了修复，修复区无论在冶金质量还是力学性能均优于基材。上海交通大学葛志军等用锡青铜对黄铜基体表面进行激光修复，得到了与基体具有冶金结合、无裂纹特征的锡青铜合金修复层。随着我国再制造产业的推广，越来越多的企业参与激光快速修复的行业中，沈阳大陆集团是我国最大的激光增材再制造高新技术企业，他们成功将激光增材再制造技术应用于各类涡轮动力设备、石油石化设备、电力设备、钢铁冶金等关键部件的维修，取得了巨大的经济效益和社会效益。随着激光增材再制造产品质量标准的制定和实施，激光增材再制造技术必将以更快的速度发展。

1.5 激光增材再制造及修复延寿技术应用现状

激光制造技术是 21 世纪发展迅猛的一种先进加工与制造技术，各国政府及工业部门都非常重视激光器和激光加工技术设备的发展。由于激光具有单色性、方向性、相干性优异以及亮度高的特点，激光加工技术具有其他方法所不具备的特点，其时间控制性和空间控制性很好，加工对象的材质、形状、尺寸和加工环境的自由度都很大，而且易于实现自动化，进行优质、高效、低成本的工业生产。

目前在激光加工应用领域中，材料的切割、焊接、表面改性与修复应用最为广泛。航空航天工业是激光表面处理最先应用的行业，激光加工技术不仅能加工零部件，还能修理零部件，早在 1981 年，罗尔斯·罗伊斯公司就用激光增材再制造技术修复了 RB211 飞机发动机高压叶片连锁。该叶片在 1600K 工作，由超级镍基合金铸造，采用激光增材再制造技术修复时，处理一个叶片只需要 75s，合金用量减少 50%，变形减少，减少了后加工量。同时，激光增材制造技术也已经出现，并逐步成熟，从实验室走向工业应用。

激光增材再制造以丧失使用价值的损伤、废旧零部件作为再制造毛坯，利用以激光熔覆为主的高新技术对其进行批量化修复、性能升级，所获得的激光再制造产品在技术性能和质量上都能达到甚至超过新品的技术。激光再制造是成规模的生产模式，它有利于生产自动化和产品的在线质量监控，有利于降低成本、降低资源和能源消耗、减少环境污染，能以最小的投入获得最大的经济效益，具有优质、高效、节能、节材、环保的基本特点。激光增材再制造工程的最大优势，是能够以先进成形技术方法制备出优于基体材料性能的覆层，如采用金属材料的表面强化处理、激光显微仿形熔覆等技术修复和强化零件表面，赋予零件耐高温、防腐蚀、耐磨损、抗疲劳、防辐射等性能，这层表面材料厚度为几十微米到几毫米，与制作部件的整体材料相比，厚度薄、面积小，却承担着工作部件的主要功能，使工件具有比本体材料更高的耐磨性、抗腐蚀性和耐高温等能力。

作为一门新兴修复延寿技术，激光增材再制造技术区别于传统修复技术。它集先进激光技术、数控和计算机技术、CAD/CAM 技术、先进材料技术、光电检测控制技术为一体，不仅能使损坏的零件恢复原有或近形尺寸，而且性能可达到甚至超过原基材。激光增材再制造的技术基础是激光熔覆技术，其依据"逐点扫描、逐线搭接、逐层堆积"的原则，实现损伤、失效零部件结构、缺失部位的高精度、高性能修复成形。该技术在加工形式上表现为以金属粉末为材料，在具有零件结构原型的CAD/CAM软件支持下，通过数控控制激光加工头、送粉喷嘴和机器人（或机床）按指定空间轨迹运动，光束与粉末同步输送，在修复部位逐层熔覆和堆积，最后生成与原型零部件结构近形的三维实体。

图1-2所示为激光增材再制造技术与传统再制造技术材料基体界面和修复层金相组织对比。由图可以看出，传统火焰喷涂修复层内存在气孔缺陷，界面属于机械结合；激光增材再制造修复层存在白亮界面，属于冶金结合；等离子喷焊修复层组织粗大，高硬度的大块碳化物易使涂层产生脆性；激光增材再制造修复层组织细小，高硬度的大块碳化物已被激光熔凝成细小的碳化物，均匀分布在涂层基底上，从而使激光再制造修复层不仅具有高硬度、高耐磨性，而且韧性很强。

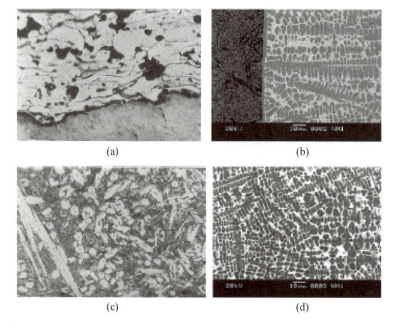

图1-2　激光增材再制造技术与传统再制造技术材料基体界面和修复层金相组织对比

（a）传统火焰喷涂修复层界面；（b）激光增材再制造修复层界面；
（c）传统等离子喷焊修复层组织；（d）激光增材再制造修复层组织。

目前针对失效零件的激光修复工作大多还是采用一维或二维激光熔覆方法,只解决了部分表面损伤失效零件的修复需求。然而在工业生产中还有大量的复杂贵重设备零部件需要采用激光增材再制造技术,特别是不能移动的大型设备需要解决现场修复问题。可以预见,随着该项技术的发展与完善,在经济建设和国防建设中将发挥巨大作用。

参考文献

[1] 徐滨士. 装备再制造工程的理论与技术[M]. 北京:国防工业出版社,2007.

[2] 储伟俊,刘斌. 国外再制造的研究与实践[J]. 机械工艺师,2001,8:7-10.

[3] 董世运,徐滨士,王志坚,等. 激光再制造齿类零件的关键问题研究[J]. 中国激光,2009,36(增):134-138.

[4] ZHU S,MENG F,BA D. Theremanufacturing system based on robot MAG surfacing[J]. Key Engineering Materials,2008,56(2):400-403.

[5] 胡振峰,董世运,汪笑鹤,等. 面向装备再制造的纳米复合电刷镀技术的新发展[J]. 中国表面工程,2010,23(1):87-91.

[6] 梁秀兵,陈永雄. 自动化高速电弧喷涂技术再制造发动机曲轴[J]. 中国表面工程,2010,23(2):112-116.

[7] 袁巍,张之敬,周敏. 局部再制造的快速机加工系统设计与研究[J]. 制造业自动化,2009,31(1):95-98.

[8] MATTHEWS S J. Laser fusing of hardfacing alloy powders[C]. Laser in Materials Processing,1983.

[9] KATHURIA Y P. Some aspects of laser surface cladding in the turbine industry[J]. Surface and Coatings Technology,2000,132:262-269.

[10] 王茂才,吴维强. 先进燃气轮机叶片激光修复技术[J]. 燃气轮机技术,2001,14(4):53-56.

[11] 王茂才,陈江,吴维,等. 高温高速轮盘损伤区激光修复重建之工艺方法:中国,1199663[P]. 1998-11-25.

[12] 王茂才,吴维,陈江,等. 炼油厂烟机涡轮盘冲蚀区的激光修复方法:中国,1191788[P]. 1988-09-02.

[13] 王茂才,华伟刚,白林祥,等. 烟机轮盘与叶片冲蚀区激光熔铸修复[J]. 石油化工设备,2001,30:10-12.

［14］ WANG W,WANG M,JIE Z,et al. Research on the microstructure and wear resistance of titanium alloy structural members repaired by laser cladding[J]. Optics and Lasers in Engineering,2008(46):810-816.

［15］ 王维,林鑫,陈静,等. TC4零件激光快速修复加工参数带的选择[J]. 材料开发与应用,2006,22(3):19-23.

［16］ 薛雷,陈静,张凤英,等. 飞机用钛合金零件的激光快速修复[J]. 稀有金属材料与工程,2006,35(11):1817-182.

［17］ 薛雷,黄卫东,陈静,等. 激光成形修复技术在航空铸件修复中的应用[J]. 铸造技术,2003(29):391-393.

［18］ 熊征,曾晓雁. 在GH4133锻造高温合金叶片上激光熔覆StelliteX-40合金的工艺研究[J]. 热加工工艺,2006,35(23):62-64.

［19］ 邓琦林,熊忠琪,周春燕,等. 激光熔覆修复技术的基础试验研究[J]. 电加工与模具,2008,(6):36-39.

［20］ 葛志军,邓琦林,宋建丽,等. 激光熔覆修复铜合金零件的工艺研究[J]. 电加工与模具,2007,(1):39-40.

［21］ 薛雷,黄卫东,陈静,等. 激光成形修复技术在航空铸件修复中的应用[J]. 铸造技术,2008,3(29):391-393.

［22］ VACCALI J A. The laser as a cladding tool[J]. American Machinist,1990,2:49-52.

［23］ 陈江,刘玉兰. 激光再制造技术工程化应用. 中国表面工程,2006,19(5):50-55.

［24］ 杨洗尘,李会山,刘运武,等. 激光再制造及其工业应用[J]. 中国表面工程,2003,61(8):43-46.

［25］ 张永忠,石力开. 高性能金属零件激光快速成形技术研究进展[J]. 航空制造技术,2010,8:49.

［26］ SONG J,DENG Q,CHEN C,et al. Rebuilding of metal components with laser cladding forming[J]. Applied Surface Science,2006,252:7934-7940.

［27］ DONG S,XU B,WANG Z,et al. Laser remanufacturing technology and its applications[C]. Beijing:Lasers in Material Processing and Manufacturing Ⅲ,2007.

第 2 章
激光增材再制造系统与气动粉末特性

2.1 激光增材再制造成形系统

激光增材再制造成形系统一般具有较高的柔性。因为该系统由柔性光纤传导激光，加工柔性高，受操作环境约束小，所以可完成复杂形貌、不同尺寸，拘束部位的零部件再制造，该系统也称为柔性再制造成形系统。

2.1.1 柔性再制造成形系统

柔性再制造成形系统是在柔性制造系统（flexible manufacturing system，FMS）基础上发展来的，它是能适应不同材料、形状和损伤类型零件，由计算机软件系统控制，自动完成多种不同再制造工艺要求的系统。

柔性制造系统的概念是随着制造业的发展逐步形成的。一方面，制造是一个由需求启动的，包括给予信息、改变物性、实现增值的受控造物过程。获取最大增值一直是制造技术所追求的目标。物质生活的丰富、市场竞争的加剧、客观需求的越来越多样化，限制了部分生产方式的发展，迫使制造业不得不向低成本、高品质、高效率、多品种、中小批量自动化生产方向转变。另一方面，科学技术的迅猛发展也推动了自动化程度和制造水平的提高，使制造业转型在技术上成为可能。在满足需求和技术进步两者的促使下，出现了柔性制造系统，它迅速在制造业中得到了广泛应用。柔性制造系统由两部分设备组成：一部分为主要设备，包括各类数控机床、清洗机等；另一部分为辅助设备，包括托盘站、装卸零件站、刀库、毛坯与成品库及输送系统等。柔性制造系统的雏形源于美国马尔罗西（Malrose）公司，该公司在 1963 年制造了世界上第一条加工多种柴油机零件的数控生产线。柔性制造系统的概念由英国莫林（Molin）公司最早正式提出，并在 1965 年取得了发明专利，1967

年推出了名为"Molins System-24"(意思是可 24h 无人值守自动运行)的柔性制造系统。此后,世界上各工业发达国家争相发展和完善这项新技术,使之在实际应用中取得了明显的经济效益。但是柔性制造系统目前尚无统一的定义,一般认为:柔性制造技术是一种能迅速响应市场需求而相应调整生产品种的技术;柔性制造系统是由若干台数控设备、物料运储装置和计算机控制系统组成的,并能根据制造任务和生产品种变化而迅速进行调整的自动化制造系统。由于柔性制造技术是一项工程应用技术,它的内部组成根据使用目的不同,客观上也难以有一个统一的模式。柔性制造系统的特点一般包括:具有高度柔性,能实现多种工艺要求不同的同组零件加工,自动更换工件、夹具、刀具及装夹,有很强的系统软件功能;具有高度的自动化程度、稳定性和可靠性,能进行长时间无人自动连续工作;提高设备利用率,提高生产效率,降低成本,增加经济效益。

目前,柔性制造系统虽然是一种较新的且具有很大发展前景的生产系统,但它并不是万能的。它是在结合了数控加工设备高度灵活性和刚性自动生产线高生产效率两者优点的基础上逐步发展起来的,原则上柔性制造系统与单机加工和刚性自动生产线有着不同的适用范围。如果用柔性制造系统加工单件,则其柔性比不上单机加工,且设备资源得不到充分利用;如果用柔性制造系统大批量加工单一品种,则其效率比不上刚性自动生产线。通常柔性制造系统的优越性是以多品种、中小批量生产和快速市场响应为前提的。另外,柔性制造系统的建立和运行是耗资较大的系统工程。

图 2-1 所示为柔性再制造成形系统。

1. 激光器

系统采用的激光器为全固态固体激光器,与传统灯泵浦固体激光器比较,全固态固体激光器具有以下技术特点:

(1)转换效率高。传统灯泵浦固体激光器电光转换效率为 2%~3%;全固化固体激光器电光转换效率为 20%~30%,电光转换效率提高了一个数量级。

(2)性能可靠、寿命长。传统灯泵浦固体激光器闪光灯的寿命只有 300~600h,全固态固体激光器激光二极管的寿命可高达 20000h 以上,其性能可靠、寿命长,适用于大规模生产。

(3)输出光束质量好。由于全固态固体激光器二极管泵浦激光的高转换效率,减少了激光工作物质的热透镜效应,大大改善了激光器的输出光束质量,激光光束质量已接近理论极限($M^2=1$)。

(4)全固态固体激光器结构紧凑、体积小、重量轻,易于系统集成,便于运输转移。

图 2-1 柔性再制造成形系统

(从左至右依次为 YAG 激光器、配套水冷机、机器人控制机、6 自由度机器人、工作台、气动式送粉器)

图 2-2 所示为激光腔的结构。

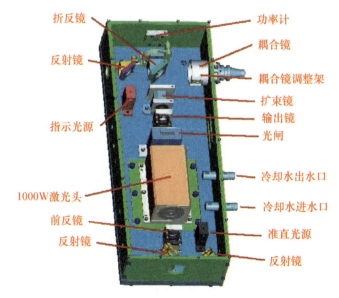

图 2-2 激光腔的结构

当半导体泵浦装置通电并达到或超过激光的产生阈值时，YAG晶体棒内的Nd粒子达到粒子数反转要求，此时如果激光的光闸被关闭，前后反射镜无法构成谐振器，腔内无谐振激光产生，能量最终转换为热能。当光闸打开时，前后反射镜构成谐振器，在谐振器内部构成稳定的光场振荡并且由谐振器的输出镜片端输出激光。输出的激光束经由扩束镜扩束后又被分束镜片将大部分激光反射给光纤传输耦合镜，经由光纤传输到激光加工头，再经扩束、整形和聚焦，在工件表面形成加工光斑。其中，输出的激光束剩余的小部分激光被投射至激光功率探测片上，转换为电信号传输到控制板，以满足实时检测激光输出功率的需要。

YAG激光器的主要参数如表2-1所示。

表2-1 YAG激光器主要参数

系统主要参数		光纤参数	
最大输出功率	1200W	长度	10m
输出波长	1064nm	芯径	1.2mm
设计寿命	10000h	最小弯曲半径	200倍芯径
传输方式	光纤传导	数值孔径	0.22mm

水冷机由控温水箱、变频压缩机、盘管式蒸发器、电加热管、工作水泵、循环管路、变频温度控制系统、压力监测及报警系统等组成。水冷机的主要功能是为激光头、晶体棒和镜片提供冷却水。因为激光器运行时会产生大量的热能，所以需要一个大功率的冷却设备将这些热能置换掉，从而保持激光头温度恒定在一安全范围内，使激光器稳定运行。

水冷机在使用一段时间后要检查其水箱里的去离子水，并做定期更换，以保证水质。表2-2所示为激光器水冷机的主要技术参数。

水冷机的工作原理如下：变频恒温冷水机系统有3个控温池，控温池内装有盘管式换热器。由压缩机输入的制冷剂R22通过在盘管式换热器内蒸发，使控温池内的水降温。当水的温度接近设定温度时，变频温控系统控制压缩机频率，从而达到控温的目的。温控系统的变频控温系统设有特殊的控温程序，它可根据温度上升或下降曲线斜率的数值，自动提前或滞后调节频率，以消除热惯性，提高控温精度。这个控温程序同时控制控温池中的电加热管，使本系统升温、降温均能达到较高的速率和控温精度。

表 2-2 激光器水冷机主要技术参数

额定电源	AC380V，50Hz	水泵流量	3kW：21L/min($H=50$m)
额定制冷功率	3kW + 7kW		7kW：46L/min($H=50$m)
最大耗电量	8500W	使用环境温度	5～38℃
电加热功率	2000W + 4000W	控温池容积	8L、45L、90L
控温范围	12～25℃	制冷剂/注入量	R22/2500g + 900g
控温精度	±0.2℃	工作噪声	≤65dB(A)
水泵扬程	3kW：≤55M	外形尺寸	850mm×900mm×1750mm
	7kW：≤68M	绝缘电阻	≥100MΩ

由于激光是不可见的，因此为了显示激光束的大致形状和焦点光斑位置，激光头带有指示光源。指示光与激光经过分光镜合为一束后经耦合镜进入光纤。指示光与激光分别通过面板上的指示光开关按钮和激光光闸按钮独立控制，互不影响。

通过加工头输出的可见指示光的焦点即为激光的焦点大致位置，激光加工头模型如图 2-3 所示。

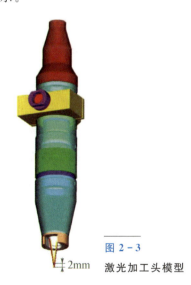

图 2-3 激光加工头模型

2. 机器人系统

众所周知，机器人已经成为现代工业不可缺少的工具，它标志着工业的现代化程度。21 世纪以来，随着计算机技术、微电子技术及网络技术等快速发展，机器人技术也得到了飞速发展。它集机械工程、电子工程、自动控制工程以及人工智能等多种学科的最新科研成果于一体，目前已有许多类型的机器人投入工程应用，创造了巨大的经济和社会效益。

机器人系统是指连接于一台控制装置的机器人与悬式示教作业操纵按钮台，以及外围设备的组合系统。机器人系统如图2-4所示，其由机器人本体、控制柜、操作盒、悬式示教作业控制盒等组成。

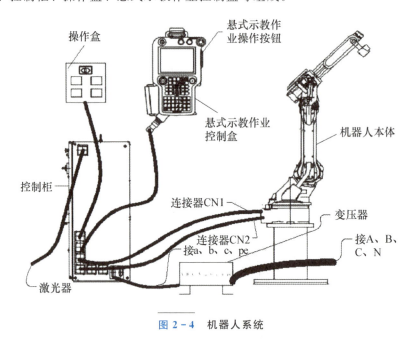

图2-4 机器人系统

图2-4中的机器人为弧焊机器人。将其作为激光再制造成形的运动执行机构，由于机械手臂末端的工具由焊枪更换为激光加工枪头，因此需要在硬件连接结构和软件参数设定方面做一些改动，以便固定夹持激光加工头进行加工。

3. 送粉系统

送粉器为双筒式送粉器，其采用气相介质将固体粉末颗粒送出，经送粉软管输送至粉末喷嘴。送粉时，通过调节同步电机的电压来控制送粉盘的转速，从而控制送粉量；而载气的流量或压力通过流量计来调整。载气的流量具有下限，流量小于该值会使粉末在吸粉口堆积堵塞，从而造成送粉过程中断。

图 2-5 所示为送粉器电压和实际送粉量的对应关系,可以看出其相互关系呈现明显的线性关系。

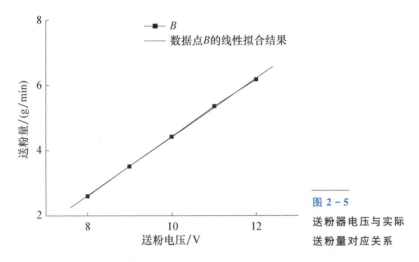

图 2-5 送粉器电压与实际送粉量对应关系

4. 工装卡具

某些装备零件的激光再制造成形需要借助专用的工装卡具进行固定,或按一定方式进行移动。图 2-6 所示为常用的两轴转动变位机,适用于轴类零件的激光再制造成形修复。当激光平面熔覆成形没有平台,且余粉易进入卡盘内时,需要采用其他的工装。

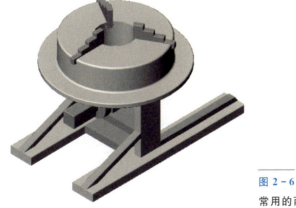

图 2-6 常用的两轴转动变位机

在激光再制造成形试验研究中,有平板状试样的工件基体,也有对轴类零件的修复成形。在侧向送粉式激光再制造成形中,对轴类和转盘类的零件激光成形一般是激光加工头保持静止而工件相对激光光斑旋状运动。在旋转时还需要精确计算旋转线速度，以便设定加工工艺参数。

图 2-7 所示为激光再制造成形系统的试验工装转台，图中一个转盘被夹持在旋转卡盘上进行激光增材制造修复。设计制作的试验工装转台具有相互垂直的两个工作台面，手动翻转台架即可使卡盘在水平面和竖直面进行工作。转台卡盘的转速通过调速电机按成形设定的线速度换算控制，制作中还考虑了粉末的收集及电机的密封保护。

图 2-7 激光再制造成形系统的试验工装转台

2.1.2 软件系统

激光再制造成形系统采用 6 自由度工业机器人作为运动执行机构，其编程软件系统的性能直接影响成形工艺的可操作性和效率。

工业机器人是一个可编程的机械装置，其运动灵活性和智能性很大程度上决定于机器人控制器的编程能力。由于机器人应用范围的扩大和所完成任务复杂程度不断增加，机器人作业任务和末端运动路径的编程已经成为一个重要难题。通常，机器人编程方式可分为示教在线编程和离线编程。目前，在国内外生产中应用的机器人系统大多为示教在线型。示教在线型机器人在实际生产应用中具有完全在线示教路径的功能，在应用中存在的技术问题主要有机器人的在线示教编程过程烦琐、效率低；示教路径的精度完全依靠示教者的经验和目测决定，对于复杂路径难以取得令人满意的示教效果；对于一些需要根据外部信息进行实时决策的任务则无能为力。而离线编程系统可以使编程过程完全在虚拟环境中进行，简化了机器人的编程过程，提高了编程效率，且具有碰撞检查等其他功能，是实现系统集成必要的软件支撑系统。

1. 离线编程软件

机器人离线编程系统利用计算机图形学的成果，建立起机器人及其工作环境的三维模型，再利用一些路径规划算法，通过对虚拟机器人的控制和操作，在离线的情况下进行机器人末端的轨迹规划。通过对编程结果进行三维图形动画仿真，以检验编程的正确性和可执行性，最后将生成的机器人运动代码传输到机器人控制柜，再执行程序来完成给定任务。机器人离线编程系统已被证明是一个有力的工具，它不仅可以增加机器人操作的安全性，还可以减少机器人不工作时间和降低运行成本，所以在机器人应用中得到广泛关注。

机器人离线编程系统是机器人编程语言的拓展，通过该系统可以建立机器人和 CAD/CAM 之间的联系。构建一个离线编程系统应具备相关的软件、硬件及理论知识：

(1) 机器人和工作环境的三维数字模型。

(2) 机器人几何学、运动学和动力学的知识。

(3) 具备基于图形显示的软件系统、可进行机器人运动的图形仿真算法。

(4) 算法检查和轨迹规划，如检查机器人关节角超限、检测碰撞以及规划机器人在工作空间的运动轨迹等。

(5) 传感器的接口和仿真，以利用传感器的信息进行决策和规划。

(6) 通信功能，以完成离线编程系统所生成的运动代码到各种机器人控制柜的通信。

(7) 具备用户接口，以提供有效的人机界面，便于人工干预和进行系统的操作。

此外，离线编程系统是基于机器人系统图形模型，模拟机器人在实际环境中的工作进行编程的，因此为了使编程结果能尽量与实际情况相吻合，系统应能够计算仿真模型和实际模型之间的误差，并通过标定尽量减少二者之间的误差。

机器人离线编程系统不仅需要在计算机上建立机器人系统的物理模型，

而且需要对其进行编程和动画仿真，以及对编程结果后置处理。一般来说，机器人离线编程系统主要包括传感器、机器人系统 CAD 建模、离线编程、图形仿真、人机界面以及后置处理等模块。

机器人系统的 CAD 建模一般包括零件建模、设备建模、系统设计和布置、几何模型图形处理。由于利用现有的 CAD 数据及机器人理论结构参数所构建的机器人模型与实际模型之间往往存在着误差，因此必须对机器人的位置进行标定，对其误差进行测量、分析，不断校正所建模型。随着机器人应用领域的不断扩大，机器人作业环境的不确定性对其作业任务有着十分重要的影响，固定不变的环境模型是不够的，极可能导致机器人作业的失败。因此，如何对环境的不确定性进行抽取，并以此动态修改环境模型，是机器人离线编程系统实用化的一个重要问题。

离线编程系统的一个重要作用是离线调试程序，而程序的离线调试最直观有效的方法是在不接触实际机器人及其工作环境的情况下，利用图形仿真技术模拟机器人的作业过程，提供一个与机器人进行交互作用的虚拟环境。计算机图形仿真是机器人离线编程系统的重要组成部分，它将机器人仿真的结果以图形的形式显示出来，直观地显示出机器人的运动状况，从而可以得到从数据曲线或数据本身难以分析出来的许多重要信息，离线编程的效果正是通过这个模块来验证的。随着计算机技术的发展，在计算机的 Windows 平台上可以方便地进行三维图形处理，并以此为基础完成计算机辅助设计、机器人任务规划和动态模拟图形仿真。一般情况下，用户在离线编程模块中为作业单元编制任务程序，经编译连接后生成仿真文件。在仿真模块中，系统解释控制执行仿真文件的代码，对任务规划和路径规划的结果进行三维图形动画仿真，以模拟整个作业的完成情况，检查发生碰撞的可能性及机器人的运动轨迹是否合理，并计算机器人的每个工步的操作时间和整个工作过程的循环时间，为离线编程结果的可行性提供参考。

编程模块一般包括机器人及设备的作业任务描述（包括路径点的设定）、建立变换方程、求解未知矩阵及编制任务程序等。在进行图形仿真以后，根据动态仿真的结果，对程序做适当的修正，以达到满意效果，最后在线控制机器人运动以完成作业。在机器人技术发展初期，较多采用特定的机器人语言进行编程。一般的机器人语言采用了计算机高级程序语言中的程序控制结构，并根据机器人编程特点，通过设计专用的机器人控制语句及外部信号交互语句控制机器人的运动,从而增强了机器人作业描述的灵活性。

近年来,随着机器人技术的发展,传感器在机器人作业中起着越来越重要的作用,对传感器的仿真已成为机器人离线编程系统中必不可少的一部分,并且也是离线编程能够实用化的关键。利用传感器的信息能够减少仿真模型与实际模型之间的误差,增加系统操作和程序的可靠性,提高编程效率。对于有传感器驱动的机器人系统,传感器产生的信号会受到多方面因素的干扰(如光线条件、物理反射率、物体几何形状以及运动过程的不平衡性等),使基于传感器的运动不可预测。传感器技术的应用使机器人系统的智能性大大提高,机器人作业任务已离不开传感器的引导。因此,离线编程系统应能对传感器进行建模,生成传感器的控制策略,对基于传感器的作业任务进行仿真。

后置处理的主要任务是把离线编程的源程序编译为机器人控制系统能够识别的目标程序,即当作业程序的仿真结果完全达到要求后,将该作业程序转换成目标机器人的控制程序和数据,并通过通信接口下载到目标机器人控制柜,驱动机器人去完成指定的任务。由于机器人控制柜的多样性,要设计通用的通信模块比较困难,因此一般采用后置处理将离线编程的最终结果翻译成目标机器人控制柜可以接受的代码形式,然后实现加工文件的上传及下载。在机器人离线编程中,仿真所需数据与机器人控制柜中的数据是有些不同的。因此离线编程系统中生成的数据有两套:一套供仿真用;一套供控制柜使用,这些都是由后置处理进行操作的。

2. 功能与特点

与在线示教编程相比,离线编程系统具有如下优点:①减少机器人停机的时间,就算对下一个任务进行编程,机器人仍可在生产线上工作;②使编程者远离危险的工作环境,改善了编程环境;③离线编程系统使用范围广,可以对各种机器人进行编程,并能方便地实现优化编程;④便于和 CAD/CAM 系统结合,做到 CAD/CAM/ROBOTICS 一体化;⑤可使用高级计算机编程语言对复杂任务进行编程;⑥便于修改机器人运动程序。因此,离线编程软件引起了人们的重视,成为机器人学中一个十分活跃的研究方向。

离线编程软件可用于加工机器人的离线编程。软件在计算机上运行,可以不与机器人联线运动,通过动画演示其编程控制机器人运动情况。该软件主要用途有两个：一是可以在计算机上实现机器人的模拟操作，其动画演示功能可以满足程序演示需要，并检查程序运行时各工件是否碰撞，编程是否可行；二是用户采购机器人系统时，用于动画演示各组件安装方案、运行情况等，尤其是加入新的工具和卡具后进行位置坐标确认，即模拟将新的工具或卡具等放入机器人工作环境时，检查其是否处在正确位置上。

离线编程软件应用的优点：首先，软件具有简单的 CAD 功能和外部 CAD 数据输入功能，即能读取一定格式（IGES/SAT）的外部 CAD 图形数据，这为成形中模型转化和数据处理提供了方便；其次，在图形编程界面上，鼠标可以捕捉选择模型图形的顶点、棱线，记录成程序语句，编程更直观迅速；最后，通过精确控制激光加工点在工件上的三维坐标，提高了激光成形路径的位置精度。

3. 应用

离线编程软件一般为弧焊机器人的离线编程设计，而激光再制造成形立体结构需要根据零件基体的三维坐标来进行三维路径的规划和编程。将该软件应用于激光再制造成形，需要进行一些必要的研究工作，且在应用过程中需要对其特点进行分析。这些工作包括：在软件中由于机器人末端工具由弧焊枪换成了激光加工头，需要对激光加工头按实际尺寸进行建模；确定待成形模型的分层方式和分层厚度；对成形路径进行规划；软件与硬件系统的通信连接等。

2.2 气动粉末束流特性研究

气动送粉是以一定压力和流量的气流为载体携带粉末从粉末喷嘴流出形成粉末粒子流的过程。喷嘴出口内径、喷管形式、粉末种类及其粒度、载送气体流量、送粉量等送粉工艺规范参数的不同，粉末粒子流会有不同的形态结构及粒子运动速度、浓度。激光再制造过程中，激光束与基体/成形层作用前必须先穿过粉末粒子流，由于粉末粒子的散射、吸收会使其能量发生衰减，被移除能量的大小主要依赖于激光束与粉末粒子流相互作用区域浓度分布。同时，粒子温升决定于其受激光束辐照作用的时间长短，也就是说，取决于粒子速度。当粉末粒子以一定速度进入熔池时，液相表面将承受其粉末束流的作用，从而一定程度影响成形层成形。此外，在绝大多数情况下，粉末流与基体相交平面的面积大于熔池的表面积。粉末束流与激光束中心交互位置不同，还会影响成形金属粉末利用率。可见，充分认识、掌握粉末束流特性是深入研究激光束在粉末束流相互作用的一个基础。

目前应用广、速度快、效率高的一种粒子瞬时浓度场、速度场的可视化技术是粒子图像测速(particle imgae veofcimerty，PIV)技术。它的基本原理是通过计算数字相机记录的图像得到局部粒子的统计平均位移 Δs，再根据激光器两次脉冲的时间间隔 Δt 确定流场的速度。由气固两相流的研究现状来看，气固两相流动理论与数值计算还不成熟，气相与固相之间相互作用的结论较分散，许多结果相差悬殊，甚至相反。这些促使了粒子测速技术的发展，并已广泛应用于各个工业和研究领域。目前，应用较多的非接触式可视化技术就是 PIV 技术。虽然一些科技工作者敏锐地捕捉到了这个发展趋势，并取得了一些工作成果，但研究内容及结果仍缺乏广泛性和深入性。因此，本章借助 PIV 技术详细考查激光增材再制造用粉末束流特征，并分析送粉工艺参数对其特征的影响规律，为后续工作提供翔实、可靠的数据。

2.2.1 粉末束流场结构特性

选用流动性好的球体 Fe901 合金、纯 Al 和 SiO_2 粉末作为试验材料。为提高固相粉末粒度的均匀性以及分析粒子尺寸对速度场的影响，测试前使用泰勒标准筛将原始粉末进行筛分，Fe901 合金粉末分成 −150～+200 目、−200～+250 目和 −250～+300 目 3 种规格，Al 粉末加工为 −200～+250 目和 −250～+300 目两种规格。为避免粒子团聚，选定材料进行了烘干处理，具体规范为 110℃、2h。

PIV 技术分析激光增材再制造用金属粉末流实物照片如图 2−8 所示。其中，图 2−8(a)所示为沿轴向截面检测，图 2−8(b)所示为沿轴向横截面检测。为尽可能充分展现流场的实际工况条件，沿轴向截面检测时，令送粉喷嘴轴线与水平面夹角(β)成 45°；片光源聚焦平面垂直通过射流轴对称面，置于粉末束流一侧的 CCD 相机与之平行。同时，为便于观察与分析，令射流轴线与采集图像的水平中心线重合。沿轴向横截面检测时，鉴于测量位置距喷嘴出口较近，粒子的重力对其速度与浓度的影响表现不明显，尤其是在粉末流中心区域，为减少片光源及 CCD 相机位置与姿态的调整，令粉末喷嘴轴向沿水平方向放置。同时，为防止粉末粒子对 CCD 相机的镜头及其坐标平台的污染、损坏，试验时在它们之间安装一片透光性好的玻璃，隔绝粉末粒子的不利影响。此外，对喷出后的金属粉末采取相应的收集措施，便于材料的再利用；对需防尘部位进行有效保护，避免对检测设备造成污染。

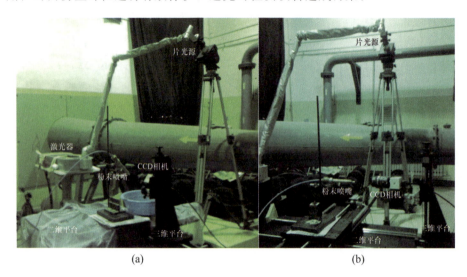

图 2-8 利用 PIV 技术检测激光增材再制造用粉末束流装置

(a)沿轴向截面；(b)沿轴向横截面。

送料工艺规范采用固体激光再制造成形系统常用技术指标，即载送气体流量(Q_0)为 100～250L/h、送粉电压(u)为 8～16V、喷嘴内径(D_0)为 1.5～2.0mm、外保护气体流量(Q_{out})为 0～300L/h。文中未有特别标注处，送粉条件即指 -250～+300 目的 Fe901 合金粉末、D_0 为 2.0mm、Q_0 为 200L/h(压缩空气)、u 为 12V、无外保护气体。固相流场轴截面分析时成像区域为 52.3mm×52.3mm，气相轴截面和固相流场检测时成像区域为 43.5mm×40.9mm，放大比依次为 0.025548mm/像素、0.017462mm/像素。双曝光时间间隔为 20～30μs，每秒记录 2 次，每个工况条件下连续采集 50 对(100 张)，以各个瞬时的平均速度和平均浓度作为试验值，减小过程不稳定对测量结果的影响。计算采用互相关算法，相关计算窗口为 32×32，网格步长为 32×32。

尽可能减少更换粉末粒度和种类的次数是保证整个试验过程中工艺规范参数恒定不变的一个最好方法，这就要求合理安排拟订方案的实施顺序。表现尤为突出的是载送气体流量，该计量设备为浮球式流量计，一旦设置值有所变动，完全不可能再恢复至原始状态。例如，若在整个试验过程中典型载送气体流量（这里设计为 200L/h）不能保持恒定，那么不同送粉条件下测得试验值的对比性将大大降低。依据现有试验条件、结合操作规程，优化后的实施顺序列于表 2-3 中，按照表中序号进行图像数据的采集。

1. 粉末束流轴截面特征

粉末束流轴截面 PIV 检测试验设备安置如 2-8(a)所示。

考查载粉气流量的影响。试验材料为 $-250 \sim +300$ 目的 Fe901 合金粉末，喷嘴出口直径为 2.0mm、送粉电压为 12V，载粉气流量依次变化为 250L/h、150L/h、100L/h、200L/h，即表 2-3 中 №1～№4。

分析送粉量的影响。试验材料为 $-250 \sim +300$ 目的 Fe901 合金粉末，喷嘴出口直径为 2.0mm、载粉气流量为 200L/h，送粉电压依次变化为 16V、14V、10V、8V（送粉电压 12V 已在第一步中完成），即表 2-3 中 №5～№8。

检测外保护气的影响。试验材料为 $-250 \sim +300$ 目的 Fe901 合金粉末，喷嘴出口直径为 2.0mm、载粉气流量为 200L/h、送粉电压为 12V，外保护气流量为 300L/h（无保护气条件的测量已在第一步中完成），即表 2-3 中 №9。

考查喷嘴直径的影响。试验材料为 $-250 \sim +300$ 目的 Fe901 合金粉末，载粉气流量为 200L/h、送粉电压为 12V，喷嘴出口直径依次为 1.5mm、1.0mm（喷嘴出口直径 2.0mm 已在第一步中完成），即表 2-3 中 №10～№11。

分析粉末粒度的影响。试验材料为 Fe901 合金粉末、喷嘴出口直径为 2.0mm、载粉气流量为 200L/h、送粉电压为 12V，粉末粒径依次为 $-150 \sim +200$ 目、$-200 \sim +250$ 目，即表 2-3 中 №12～№13。

分析粉末种类的影响。试验材料为纯 Al 粉末，喷嘴出口直径为 2.0mm、载粉气流量为 200L/h、送粉电压为 12V，粉末粒径依次为 $-250 \sim +300$ 目、$-200 \sim +250$ 目，即表 2-3 中 №14～№15。

测量载送气体速度。用粒径 2μm 的 SiO_2 粉末作为示踪材料，喷嘴出口直径为 2.0mm、送粉电压为 8V，再依次改变气流量为 200L/h、250L/h、150L/h、100L/h，即表 2-3 中 №16～№19。

2. 粉末束流横截面特征

粉末束流横截面 PIV 检测试验设备安置如图 2-8(b)所示。其中，片光源置于距喷嘴出口平面 16mm 处。其他分别参照表 2-3 中 №20～№27。

表2-3 激光增材再制造用气固两相粉末流特征检测试验顺序及其工艺规范

序号	No1	No2	No3	No4	No5	No6	No7	No8	No9	No10	No11	No12	No13	No14	No15
粉末种类	Fe901合金													纯Al	
载粉气流量/(L/h)	250	150	100	200											
送粉电压/V	12											12			
粒子尺寸/目	250~300目				16	14	10	8	150~200目			200~250目	250~300目	200~250目	
喷嘴出口直径/mm	2.0								1.5	1.0		2.0			
保护气体流量/(L/h)	无								300			无			
备注	轴向截面流场特征分析														

序号	No16	No17	No18	No19	No20	No21	No22	No23	No24	No25	No26	No27
粉末种类	纯SiO$_2$						Fe901合金					
载粉气流量/(L/h)	200	250	150	100	250	150	100			200		
送粉电压/V	8						12		16	14	10	8
粒子尺寸/目	3 μm						250~300目					
喷嘴出口直径/mm	2.0											
保护气体流量/(L/h)	无											
备注	轴向截面流场特征分析						横向截面流场特征分析					

考虑到送粉器中刮板的形状、尺寸为常数,送粉量调节只有通过带动转盘运转的电机的工作电压来完成。在送粉电压相同的条件下,由于粉末密度因其种类不同而不同、粉末质量因粒度不同也会稍有差异,送粉量(单位时间内输送粉末的质量)严格意义上是不同的。为增强试验结果与分析的对比性,拟用送粉电压间接描述送粉量。

图 2-9~图 2-11 所示分别为激光再制造典型气动粉末束流中气、固相形貌。

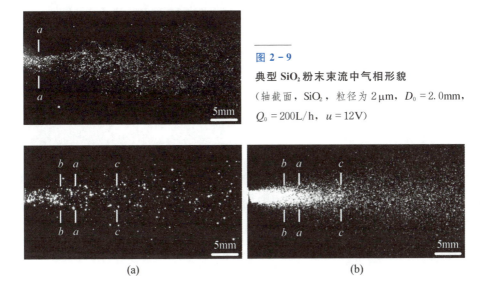

图 2-9 典型 SiO_2 粉末束流中气相形貌

(轴截面,SiO_2,粒径为 $2\mu m$,$D_0 = 2.0mm$,$Q_0 = 200L/h$,$u = 12V$)

(a)　　　　(b)

图 2-10 典型 Fe901 合金粉末束流中固相形貌

(a)瞬时;(b)50 对瞬时合成。

(轴截面,$-250\sim +300$ 目,$D_0 = 2.0mm$,$Q_0 = 200L/h$,$u = 12V$)

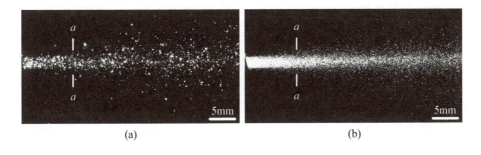

(a)　　　　(b)

图 2-11 典型纯 Al 粉末束流中固相形貌

(a)瞬时;(b)50 对瞬时合成。

(轴截面,$-250\sim +300$ 目,$D_0 = 2.0mm$,$Q_0 = 200L/h$,$u = 12V$)

由图2-9可以看到，气相流场在距喷嘴出口平面10mm（$a-a$截面）内基本保持出口形状，与工程计算的单相气体自由射流初始段长度相近，随后才为拟序结构。

由图2-10所示，粉末束流沿轴向（x轴向）自喷嘴出口平面附近即开始呈放射状，在距喷嘴出口约7mm（$b-b$截面）的区域内粒子相对较为集中，之后便逐渐分散。不过，距喷嘴出口18mm（$c-c$截面）之内轴心区域粒子浓度相对较高[图2-10（a）]。这意味着若激光束与之相互耦合超过此区域，粉末利用率会大大降低。由图2-11可以看到，它的射流初始段长度与其气相流场的初始段长度相近（图2-9），扩张角减小、轴心区域粒子浓度高。与Fe901合金粉末相比，相同工作条件下纯Al粉末利用率将明显增高。可见，激光再制造用气动粉末流中固相流场结构不能等同于气相流场结构，其特征受材料自身特性影响。

对于单相气体轴对称自由射流，由于气体具有黏性和湍流横向脉动特性，致使流动进程中不断地将周围的一部分介质黏结和裹挟走，也就是说，气体与周围介质二者不断发生质量和动量交换，使射流的质量流量和横截面面积沿径轴方向不断增加，结果形成锥形的流场。一般工程应用时，用图2-12所示描述其结构。该流场以极点O为源点、以喷嘴中心轴为轴心的圆锥体，它的外边界直线OAB和$OA'B'$通过喷嘴出口平面（$A-A'$平面）半径R_0和扩散角α（又称极角，$\angle AOA'$的一半）绘制。气体以均匀速度v_0自喷嘴出口射出，均匀分布的速度场由于周围介质的不断混入而沿轴向（x轴向）呈线性逐渐减小，最后缩聚于O'点。称三角形$AO'A'$的匀速度区为核心区，除去核心区的整个流场为边界层，直线AO'和$A'O'$线为内边界，O'点所在截面（$B-B'$平面）为过渡区或转换面，自喷嘴出口截面至转换面的区域为初始段，自转换面往后的区域为主体段。显然，核心区内轴心线上以及全区内的速度均为$v_{g,0}$；主体段轴心线上的速度$v_{g,m}$沿x方向不断下降，且主体段完全为边界层所占据。特征参数分别按下列各式计算：

扩散角 $\qquad\qquad\qquad \alpha = \arctan(3.4a)$ \hfill (2-1)

射流极点深度 $\qquad\qquad h_0 = \dfrac{0.294R_0}{a}$ \hfill (2-2)

核心区长度 $\qquad\qquad s_0 = \dfrac{0.67R_0}{a}$ \hfill (2-3)

核心区边界(内边界)收缩角

$$\theta = \arctan \frac{R_0}{s_0} = \arctan(1.49a) \quad (2-4)$$

初始段速度

$$v_{g,0} = \frac{Q_0}{\pi R_0^2} \quad (2-5)$$

主体段轴心速度

$$\frac{v_{g,m}}{v_{g,0}} = \frac{0.96}{0.294 + \frac{aS}{R_0}} \quad (2-6)$$

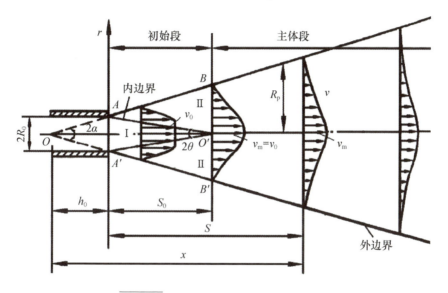

图 2-12　单相气体自由射流结构示意图

(Ⅰ—核心区；Ⅱ—边界层。)

其中，a 为湍流系数，是表示射流流动结构的特征系数，由试验确定。它的大小与出口截面上的湍流强度和出口截面上速度分布的均匀性有关。湍流强度越大，a 值也越大，表明射流与周围介质的混合能力大。a 值提高，扩散角 α 增大，被带动的周围介质增多，射流速度沿 x 轴下降加快。出口截面速度分布越均匀，湍流系数 a 取值越小。通常，a 的取值：收缩型喷管，$a=0.066\sim0.071$；圆柱形喷管，$a=0.076\sim0.08$。这里典型送粉条件下单相气体流场结构特征工程计算结果列于表 2-4。表中数据显示，它的核心区长度为 8~11mm。可见，气动粉末流中气相流场在距喷嘴出口附近基本保持出口形状的长度与之相近。忽略颗粒对气流的影响，借用单相载送气体的流场结构近似定量表征气固两相流中气相流场是可行的。

表 2-4 喷嘴出口内径 2.0mm 的气体自由射流结构部分特征参数

喷嘴类型	湍流系数 a	扩散角 $\alpha/(°)$	极点深度 h_0/mm	核心区长度 s_0/mm
收敛型	0.066	12.64	4.455	10.152
	0.071	13.57	4.141	9.437
直嘴型	0.076	14.49	3.868	8.816
	0.080	15.22	3.675	8.375

当沿管道传输的气、固两相流由喷嘴出口射出时，流动的气体带动粉末颗粒运动，粉末粒子亦形成锥形的流场。除受载送气体影响之外，粒子束流场结构还取决于粉末种类及其形态。材料密度越低，气相运动的跟随性越强（固、气相之间的速度差越小），粒子速度越高，粒子越易集中于轴心附近，粉末束流的挺度越大（粉末喷嘴稳定工作情况下，输出的粉末束流从粉末喷嘴出口处至其直径为喷嘴出口内径$\sqrt{2}$倍处的长度）。故相同工作条件下，密度小的 Al 粉末束流的挺度（抗挠刚度）大于密度大的 Fe901 粉末束流的挺度，其粉末利用率较高。

2.2.2 粒子速度场

1. 典型粒子速度场特点

图 2-13 和图 2-14 所示分别为典型激光再制造用气动粉末流中固、气相速度场 PIV 分析结果。由图 2-13 不难看出，轴心附近粒子速度较高[图 2-13(a)]，并基本沿轴向运动[图 2-13(b)]；距轴心越远，粒子速度越小，其运动方向有偏离轴向的趋势。这意味着当激光束斑小于粉末束斑且耦合于粉末束斑中心区域内时，可忽略粉末粒子的径向位移，简化为沿轴心运动。沿流向[图 2-13(c)]，在喷嘴出口附近一定区域内粒子的运动略有增强；当超过一定距离后，粒子移动速度又逐渐减慢，分析区域内轴心处粒子速度基本在 3.50～4.00m/s 范围内。沿横向[图 2-13(d)]，直径 4mm（y 轴）的轴心区域内速度均在 3.00～4.00m/s 之间，变化较为缓慢。图 2-14 中数据显示，轴心处粒子速度为 4.0～7.0m/s[图 2-14(a)]，直径 4mm（y 轴）的轴心区域内速度均在 2.00～8.00m/s 之间[图 2-14(b)中实线]，变化较快，远低于其计算值[图 2-14(b)中虚线]，这表明该流场中的固相速度明显低于气相速度。

横截面内粒子速度分布拟合结果[图 2-13(d)中虚线]显示,这种变化基本符合高斯曲线。若以粉末束流轴线作 x' 轴(图 2-8),则距喷嘴出口平面 z' 的截面内任意一点 (x', y') 的粒子速度 $v_p(y', z')$ 可写成

$$v_p(y', z') = v_{p,m} \exp\left(-\frac{y'^2 + z'^2}{2R_{p,v}^2}\right) \quad (2-7)$$

式中：$v_{p,m}$ 为轴心处峰值速度；$R_{p,v}$ 为名义粉末束流速度场半径,横截面($y'-z'$ 平面)内粒子速度达到最大值 $e^{-1/2}$ 时的径向距离。

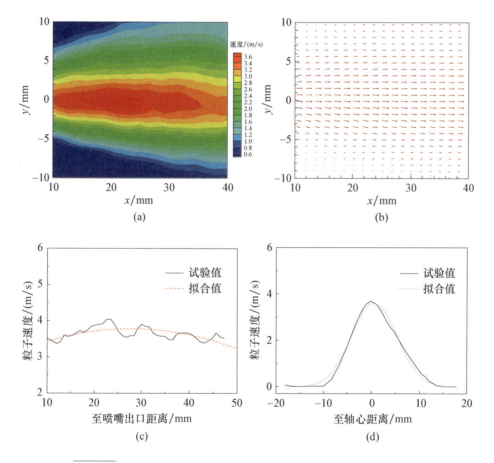

图 2-13 典型激光再制造用气动粉末束流中固相速度场(时间平均)

(a)等值线图;(b)矢量图;(c)沿轴心;(d)距喷嘴出口平面 20mm。
(Fe901, $-250 \sim +300$ 目, $D_0 = 2.0$ mm, $Q = 200$ L/h, $u = 12$ V)

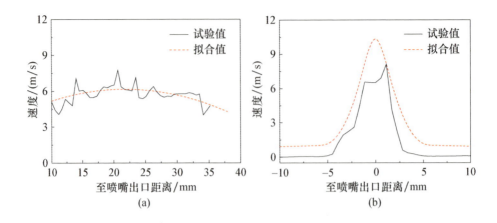

图 2-14 典型激光再制造用气动粉末束流中气相速度场(时间平均)

(a)沿轴心；(b)距喷嘴出口平面20mm。

(SiO_2，$2\mu m$，$D_0 = 2.0mm$，$Q = 200L/h$)

根据作用方式的不同，可以将固体颗粒在任意流场中所受到的作用力分为3类：

(1)与流体和颗粒间的相对运动无关的力，包括惯性力、压力梯度力、重力等。

(2)依赖于流体和颗粒间的相对运动，且与相对运动速度方向相同的力，这类力有 Stokes 黏性阻力、附加质量力、Basset 力等。

(3)依赖于流体和颗粒间的相对运动，但与相对运动速度方向垂直的力，如 Saffman 力、Magnus 力等。

一般情况下，不是上述所有作用力都具有相同的数量级。成形条件下，仅考虑重力、惯性力和黏性阻力，附加质量力、Basset 力、Saffman 力和 Magnus 力等次要力的作用可以忽略不计。其中，黏性阻力取决于固相与气相之间的相对速度和粒子的直径。轴向飞行的粒子所受黏性阻力可用非向量式表示为

$$F_D = \frac{1}{8} \rho_g C_D A_p |v_g - v_p|(v_g - v_p) \tag{2-8}$$

式中：ρ_g 为气流的密度；C_D 为粒子的拖曳系数；A_p 为粒子的表面积；v_g 为气流的速度；v_p 为粒子的速度。

现有的相关研究中，沿轴向飞行的粒子的拖曳系数并未有通用表达式，常为一些与雷诺数 Re 有关的经验公式。其中，Re 的定义为

$$Re = \frac{d_p \rho_g |v_g - v_p|}{\mu_g} \tag{2-9}$$

式中：μ_g 为气体的黏度。

例如，文献[5]中选用 C_D 的计算式是

$$C_D = 0.28 + \frac{6}{Re^{0.5}} + \frac{21}{Re} \tag{2-10}$$

而文献[6]中将其写成

$$C_D = a_1 + \frac{a_2}{Re} + \frac{a_3}{Re^2} \tag{2-11}$$

式中：a_1、a_2 和 a_3 为与颗粒形状有关的系数。

雷诺系数不同，相应的 C_D 表达式也不同。例如，文献[7]中

$$C_D = \frac{24}{Re} \quad (0.2 \geqslant Re)$$

$$C_D = \frac{24}{Re}\left(1 + \frac{3}{16}Re\right) \quad (0.2 \leqslant Re \leqslant 5.0)$$

$$C_D = 18.5\, Re[\exp(-0.6)] \quad (5.0 \leqslant Re \leqslant 500) \tag{2-12}$$

文献[8]中则采用

$$C_D = \frac{24}{Re}(1 + 0.15 Re^{0.687}) \quad (Re < 800) \tag{2-13}$$

粉末粒子流速度场的分布特征是不同区域粉末粒子主要承受作用力不同的结果。流场中心区域，粉末粒子主要受重力和拖曳力。粉末粒子因载送气体的带动作用而具有较高的传输速度，速度方向变化极小；黏性阻力一定程度阻碍了颗粒运动，造成固相速度低于气相速度。随着至轴心距离增加，气体的载送能力逐渐减弱，拖曳作用增强，颗粒速度随之逐渐降低。当远离轴心时，粉末粒子失去气体推动，惯性力使其还具有一定的运动速度。

根据牛顿第二定律，粒子的运动为

$$\frac{dv_p}{dt} = \frac{F}{m_p} = \frac{3\mu C_D Re}{4\rho_p d_p^2}(v_g - v_p)|v_g - v_p| + g\sin\beta \tag{2-14}$$

式中：β 为送粉喷嘴轴线与水平面夹角；m_p 为单个粒子的质量。

由式(2-14)可以看出，一方面，粒子的加速度与粒子的直径成反比，直径越大的粒子加速度越小，直径越小的粒子加速度越大。另一方面，粒子的加速度与气流粒子间的相对速度成正比，当气流速度大于粒子速度时，气流

对粒子起加速作用；当气流速度小于粒子速度时，气流对粒子起减速作用。由上可见，载送气体速度大于粒子速度，气流对粒子起加速作用。由前述已知，载送气体轴心速度随着其远离喷嘴出口而逐渐减少，表明气体传送粒子的能力逐渐减弱，两者的共同作用可能是粒子轴心速度表现为先略有增加再逐渐降低的根本原因。

杨楠等建立的同轴送粉条件下粒子运动模型：①粉末粒子始终在保护气体中运动，喷嘴出口处粒子速度等于气流速度；②忽略粉末粒子间的碰撞；③在较短喷射区间内保护气流速度和方向恒定。利用式(2-13)和式(2-14)计算结果表明[图 2-15(a)]，在喷嘴出口 100mm 内，粒子做加速运动。忽略重力的影响，李会山博士利用式(2-10)和式(2-14)计算有相似的结果[图 2-15(b)]，在喷嘴出口 35mm 内，粒子运动速度逐渐提高。可见，文献[5]的检测分析值与已有的数值计算略有差距，其中原因尚有待深入、细致地探究。

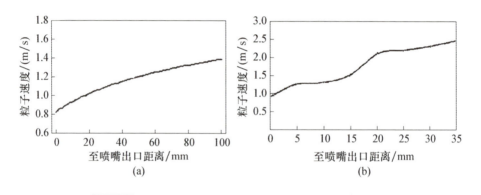

图 2-15 同轴送粉条件下金属粉末粒子速度数值计算结果

(a) $d_0 = 75\mu m$，$v_{p,0} = 0.8 m/s$；(b) $d_0 = 70\mu m$，$M_p = 0.67 g/s$，$Q_0 = 1400 L/h$。

2. 数据处理方法对检测值的影响

在理想条件下，激光增材再制造用气动粉末束流是一个稳态过程。实际上，多种因素会引起它的波动，这是一个准稳态过程。对于认知成形过程、控制成形质量而言，了解其统计描述比瞬时特征更为重要。因此，采用平均速度作为试验值。速度平均值计算方法主要有两种形式：时间平均 $v_{p,t}$ 和空间平均 $v_{p,s}$。时间平均速度定义为检测时间内，不同时刻 t_i 局部粒子群速度的算术平均值，数学表达式为

$$\bar{v}_{p,t} = \frac{\sum_{i=1}^{K} v_{p,i}}{K} \quad (2-15)$$

$$v_{p,i} = \frac{\Delta S_{p,i}}{\Delta t} \quad (2-16)$$

式中：$\Delta S_{p,i}$ 为 t_i 时刻片光源两次脉冲时间间隔 Δt 内局部粒子群的统计平均位移；$v_{p,i}$ 为 t_i 时刻瞬时速度。

空间平均速度是指给定时间内局部所有粒子的平均速度，即

$$\bar{v}_{p,s} = \frac{\Delta S_p}{\Delta t} \quad (2-17)$$

式中：ΔS_p 为检测时间内片光源两次脉冲时间间隔 Δt 内局部粒子群的统计平均位移。具体操作如下，分别重合叠加检测时间内多个瞬间 t_i 捕获的两幅图片，得到一对具有相同时间间隔的图像信息，再统计这对照片中局部粒子的平均位移 ΔS_p。将上述两种方法结合则可衍生出第三种速度平均值——空间加时间平均。根据需要将采集到的图像平均分成 K 组，先在每组内利用空间平均法得 $v_{p,j}(j=1,2,\cdots,K)$，再把这些空间平均值进行算术平均。

图 2-16、图 2-17 所示为典型送粉条件下数据处理方法对气动粉末束流中固相速度的影响。其中，时间平均、空间平均由 50 对瞬时来完成；空间加时间平均表示将 50 个原始数据分成 2 组测量。由图 2-16、图 2-17 中可以看到，空间加时间平均值与空间平均值相近，空间加时间平均分析效果略好；空间平均值、时间平均值之间存在差异，这种差异与粒子几何尺寸有关。如图 2-17 所示，粉末粒径较小（-250～+300 目）时，计算方法对流场中心区域试验值无明显影响，流场边缘区域时间平均速度偏小；随着粉末粒径增大，轴心速度之间的差距逐渐加大；当粉末粒径达到 -150～+200 目（图 2-17）时，时间平均速度仅为空间平均速度（最大值）的 2/3 左右。由此可知，平均值表达方法对测试值有影响，需依据具体情况合理选择。

在 PIV 技术中，局部粒子群的统计平均位移是利用相似性原理获得的。也就是，以视觉上最相似的原则确定其中一幅图片内某粒子团在另一幅图片内的位置。用相关系数描述这两个区域的相似程度，相似性越强，相关系数越大，反之亦然。某粒子团在不同图片中相关系数最大的两个区域称为相关区域。当相关计算窗口足够小时，它的速度视作其中各个粒子的速度。为确保查寻区域的相似性，一般要求相关计算窗口内至少包含 5 至十几个粒子。

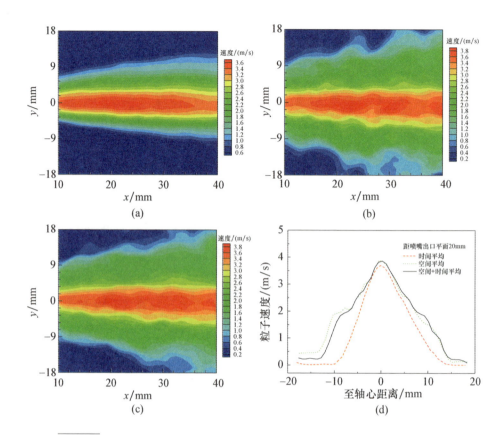

图 2-16 数据处理方法对气动粉末(-250～+300 目)束流中固相速度的影响
(a)时间平均；(b)空间平均；(c)空间+时间平均；(d)距喷嘴出口平面 20mm。
(Fe901，$D_0 = 2.0$mm，$Q = 200$L/h，$u = 12$V)

由前述可知，气、固两相自由射流的流场结构为锥形，流场内粒子数浓度是不均匀的。粒子数浓度在喷嘴出口、轴中心附近较高，并随着至喷嘴出口距离、至轴中心距离的增加而减少，见图 2-10。相同送粉条件下，粉末粒径越大，参与运动的粒子数目越少，流场的粒子数分布越稀疏(图 2-18)。对瞬时速度分析[图 2-10(a)和图 2-18(a)]时，相关区域内既有粒子数目不充足的可能，也有无粒子的可能。如果这些数据参与流场运算，计算软件先判断其有效性，当被认为是错误或干扰信息时，就会被过滤、剔除，再参照粒子周围的速度场，根据速度场连续性给出当地速度，致使测试值低于实际值。原始数据中粒子密度越小，上述现象越严重。因此，时间平均速度值低，粉末粒径大时尤为明显。

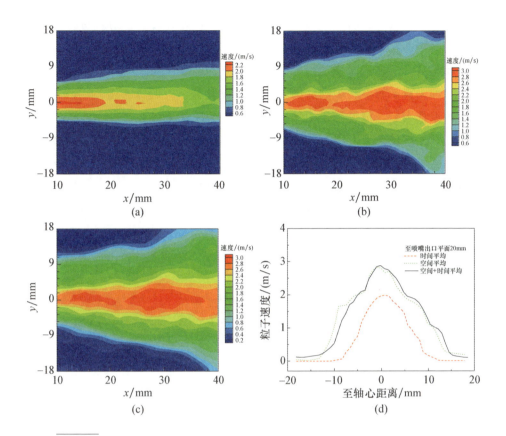

图 2-17 数据处理方法对气动粉末（-150～+200 目）束流中固相速度的影响

(a) 时间平均；(b) 空间平均；(c) 空间+时间平均；(d) 距喷嘴出口平面 20mm。

(Fe901，$D_0 = 2.0$mm，$Q = 200$L/h，$u = 12$V)

图 2-18 典型气动粉末束流中固相流场形貌

(a) 瞬时；(b) 50 个瞬时合成。

(Fe901，-150～+200 目，$D_0 = 2.0$mm，$Q = 200$L/h，$u = 12$V)

将多个瞬时捕获的两帧图像分别重合叠加，统计合成一对与瞬时具有相同时间间隔的新图像[图2-10(b)和图2-11(b)]。它既保留了各自瞬间状态下的粒子运动信息，又增加了粒子密度及其均匀性。用于确定其速度场，在弥补局部无粒子的不利影响的同时也大大增强了相关区域的相关性，分析结果更接近真实值。值得一提的是，它的高可靠性还需要通过合理选择样本数来保证。样本过少，上述不足仍得不到有效控制。图2-19给出了样本数对空间平均速度的影响。图中曲线显示，前后25个瞬时合成的计算结果之间还有一定程度的波动。样本数过大，大量粒子的相互重叠又令局部粒子群无法被识别，如合成图2-10(b)中喷嘴出口附近。这也表明喷嘴出口附近速度表征不适宜选用空间平均法。不过，激光再制造过程中，为提高粉末利用率，防止飞溅堵塞粉末喷嘴出口，激光束通常置于距喷嘴出口平面10~20mm范围内的粉末束流轴心区域。由图2-19可见，这个区域中图像信息是能够满足相关性计算的。此时，距喷嘴出口越远，图像中粒子的弥散程度越高，粒子分布相对较为均匀，计算误差将越低。故本节主要针对距离喷嘴出口20mm处平面展开讨论。

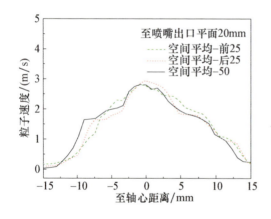

图2-19

样本数对空间平均速度的影响

(Fe901，-150~+200目，$D_0=2.0mm$，$Q=200L/h$，$u=12V$)

粉末粒子在瞬时流场边缘出现的概率小，然而，在统计合成粉末束流场中，它们"出现的概率"被大大地提高，因而其速度特征可以被展现，这是空间平均速度场范围扩大的主要原因。

综上可知，空间平均法并没有完全排除随时间变化而产生的波动，仍具有一定程度的瞬态特征，统计效果不完美。整合时间平均法与空间平均法，相互扬长避短是解决问题的一种实用方法。虽然空间加时间平均值与空间平均值相近，可前者的曲线变化更光滑，这也证明了这一点。

天津工业大学的李会山博士和西北工业大学的谭华博士也做了一些这方

面的工作。其中,李会山博士用 PIV 技术,检测了他所在单位自主研制的环状同轴喷嘴输送的粉末束流:当送粉量为 40g/min、载送气体流量为 1.4m³/h 时,距喷嘴出口 32mm 处粒子速度仅为 2.74m/s。谭华博士则利用高速摄影技术中的较长曝光时间反射法拍摄(图 2-20)实现对粉末颗粒在喷嘴出口运动速度的测量。也就是说,通过适当延长拍摄图片时的曝光时间,记录粉末颗粒在曝光时间内的运动轨迹,它们的物象表现为白亮小线段,并等效于粉末颗粒的位移 l_p。测量亮白线段长度,按下式计算得到相应参数的量值:

$$v_p = \frac{l_p}{\Delta t_e} \tag{2-18}$$

式中:Δt_e 为曝光时间。

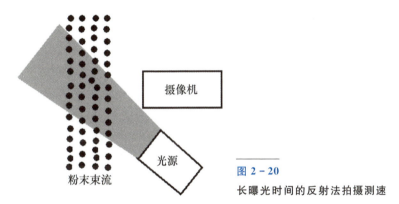

图 2-20
长曝光时间的反射法拍摄测速

同时,粉末流输送有强烈的方向性,绝大部分粉末颗粒都可以近似地认为与喷嘴轴线平行运动。为有效地减小因个别粉末颗粒的运动偏出拍摄平面而造成粉末颗粒运动速度测量结果偏小的不足,以多条线段测量的平均值作为粉末颗粒运动速度。在送粉量为 4.5g/min、载送气体流量为 400L/h、单个喷嘴出口内径为 1.5mm(四路同轴送粉量)情况下,-80~+120 目的 316L 粉末粒子出口平均速度为 5.1m/s。将它们与文献[5,11]中试验结果相互对比,虽然数值上表现为李会山博士所得的速度偏低而谭华博士所得的速度偏高,实质上这 3 种试验结果是相近的,试验条件不同是其根本原因。前者,喷嘴出口面积大、载送气体流量低、送粉量高;后者,喷嘴出口内径小、送粉量低,粒子速度随着越远离喷嘴出口平面而越低。

文献[11]中还分析了短曝光时间的反射法和投影法等获得的粉末流图像用于单个粉末颗粒运动速度测量的可行性。结果表明,短曝光时间反射法适

用于粉末流的宏观监测,不适用于单个粉末颗粒运动的定量描述。原因主要在于以下几点:

(1)粉末颗粒图像周围存在光晕,影响粉末颗粒位置的准确判断和识别。

(2)曝光时间内粉末颗粒有一定的位移,因此,颗粒图像在运动方向上的拉长效果将影响颗粒位置的准确判断。

(3)粉末颗粒上反射光强度与入射光相比有很大衰减,为了在极短的曝光时间内获得非常清晰的颗粒,必须采用极强的光源照射粉末流以获得强烈的反射,在目前的条件下较难实现。

(4)相邻两幅图像中,同一颗粉末的识别难度更大。

投影法能够获得单个粉末粒子的运动速度。它是由通过粉末粒子的形状、大小以及相对位置跟踪相邻两幅图像中某个颗粒 k,依据下式获得其运动速率 $v_{p,k}$ 为

$$v_{p,k} = f \cdot \sqrt{(y'_k - y_k)^2 + (x'_k - x_k)^2} \qquad (2-19)$$

式中:f 为摄影机帧率;x_k、y_k 为粒子在第一帧图片中的直角坐标;x'_k、y'_k 为粒子在第二帧图片中的直角坐标。

然而,必须注意的是,因为某些粒子的运动方向与拍摄平面不平行,所以得到的颗粒运动速率会比实际值小。

3. 送粉工艺的影响

图 2-21 所示为不同送粉条件下激光再制造用气动粉末束流中固相速度(空间加时间平均速度)横截面分布。由图可见,载送气体流量、送粉量、粉末粒度及粉末种类等参数变化对粒子速度均有影响。对于 Fe901 合金粉末,其他送粉参数一定条件下,载送气体流量由 100L/h 逐步提高至 250L/h 时,粒子速度分布曲线随之不断上移,最大值由 2.54m/s 增加到 5.04m/s[图 2-21(a)];送粉电压从 8V 逐渐增大至 16V 时,粒子速度分布曲线随之有下移趋势,其中轴心区域变化明显,最大值由 4.90m/s 减小至 3.19m/s[图 2-21(b)];粉末粒径从 -250~+300 目增大至 -150~+200 目时,截面粒子速度分布曲线随之下移,粒子的最大速度由 3.86m/s 减小至 2.88m/s[图 2-21(c)]。喷嘴出口内径减小至 1.5mm 时,粒子速度略有增加[图 2-21(d)]。增加外保护气体,粒子速度显著提高,最大值达到了 10.4m/s[图 2-21(e)]。纯 Al 粉末与相同条件下的 Fe901 合金粉末相比,速度场明显减小、轴心速度显著增加[图 2-21(f)],

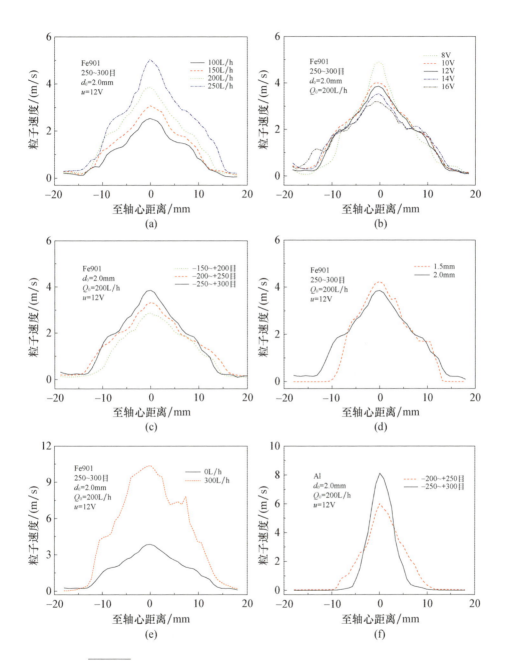

图 2-21 不同送粉条件下激光再制造用气动粉末束流中固相速度
(空间加时间平均)分布(距喷嘴出口平面20mm)
(a)载送气体流量;(b)送粉电压;(c)粉末粒径;
(d)喷嘴出口内径;(e)外保护气体;(f)粉末种类。

粉末直径越小表现越突出。粒径为-200~+250目时,直径ϕ3.0mm轴心区域内粒子速度不低于5.00m/s,最高值接近6.00m/s;粒径为-250~+300目时,直径ϕ4.0mm轴心区域内不低于5.00m/s,最高值超过了8.00m/s。可见,粉末粒子运动随载送气体流量提高、送粉量减小、粉末粒度降低、喷嘴出口内径减小、外保护气体流量增大和材料密度减小而加强。

由前述已知,横截面内粒子速度分布曲线符合高斯规律,其数学表达式中有两个特征参数:轴心处峰值速度$v_m(z')$和速度场半径$R_{p,v}(z')$。其中,速度场半径定义为横截面($x'-y'$平面)内粒子速度达到最大值$e^{-1/2}$时的径向距离。由图2-21中可直接读出峰值速度$v_m(z')$值,但还不能确定速度场半径$R_{p,v}(z')$。为此,对这些曲线进行了拟合,结果如图2-22所示。由图2-22清晰地显示,Fe901合金粉末速度场半径随载送气体流量增加、送粉量增加、粉末粒径减小而提高;纯Al粉末速度场半径随粉末粒径减小却降低。这表明送粉工艺对粒子速度分布的影响可能会受粉末种类的控制。

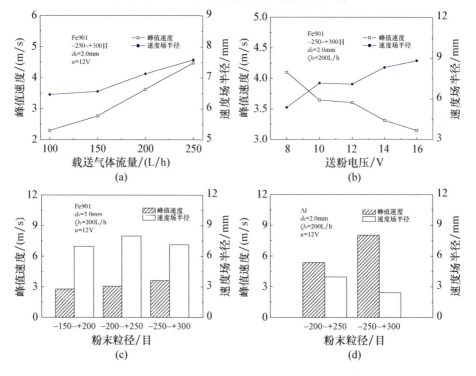

图2-22 粒子空间加时间平均速度拟合结果(距喷嘴出口平面20mm)

(a)载送气体流量;(b)送粉电压;(c)粉末粒径;(d)粉末种类。

若采用时间平均速度作为评估指标,送粉工艺对粒子速度的影响具有相同的变化规律,如图 2-23 和图 2-24 所示。这进一步证明上述结果的正确性。

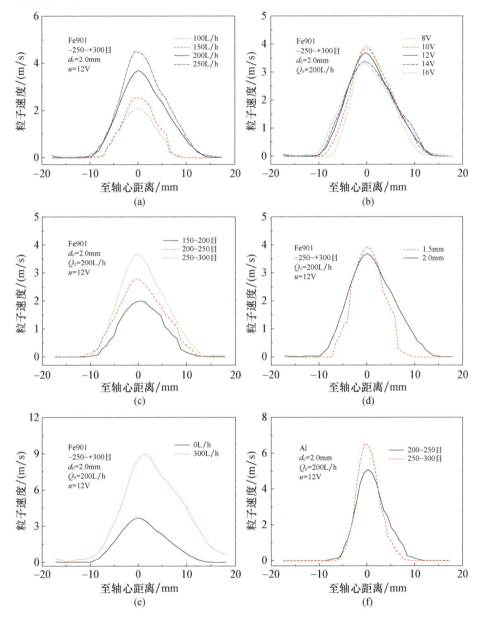

图 2-23 不同送粉条件下激光再制造用气动粉末束流中固相速度
(时间平均)分布(距喷嘴出口平面 **20mm**)

(a)载送气体流量;(b)送粉电压;(c)粉末粒径;(d)喷嘴出口内径;(e)外保护气体;(f)粉末种类。

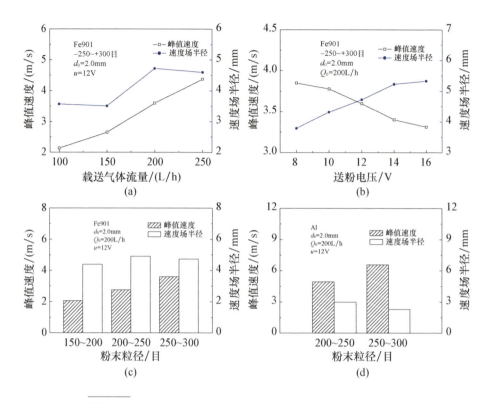

图 2-24 粒子时间平均速度拟合结果(距喷嘴出口平面 20mm)
(a)载送气体流量;(b)送粉电压;(c)粉末粒径;(d)粉末种类。

载送气体流量增加、喷嘴出口内径减小和增加外保护气体,气体的流速增大,气相动能增强。依据能量守恒原理,气相传递给固相的动能越多,粉末粒子的速度被提高越多。送粉电压增加,送粉器中载送粉末的转盘运动速度加快,单位时间内被输送的单个粒子数增多,颗粒在流出喷嘴前后的传输过程中能量耗散增大,进而引起粒子速度下降。粉末粒径增大,单个粒子的体积增大,粒子在传输过程中获得的速度减小;同时,粒子的表面积增加,气、固相之间速度差发生变化,引起拖曳力增强。两者综合作用致使粒子速度降低。粒子几何形状相同,材料密度越低,单个粒子的质量越小,对气相的跟随性越好。故与相同条件下的 Fe901 合金粉末相比,纯 Al 粉末的速度场明显减小、轴心速度显著增加。

粉末束流场结构主要取决于喷嘴出口内径、喷嘴类型和粉末种类,送粉工艺对其影响不明显。由速度场半径定义可知,其大小与其峰值速度值相关。

Fe901 合金粉末密度较大，与气体的跟随性较差，载送气体流量增加、送粉量增加、粒子直径减小时，虽然它们的峰值速度增加，但提高程度相对较低。然而，纯 Al 粉末密度小，与气体的跟随性好，粒径减小，其峰值速度大大增加。因而，不同粉末粒径下两者的速度场半径表现不同。

李会山博士和谭华博士在这方面得到的相关研究成果分别总结在表 2-5 和表 2-6 中。前者重点探讨了载粉气体流量和送粉量对速度场的影响。表 2-5 中数据显示，粒子速度随载粉气流量的提高、送粉量的增加而增大，但其变化幅度均不大。谭华博士检测了不同载粉气体流量、送粉量和粉末粒径条件下的粒子速度。由表 2-6 不难看出，粒子速度随载粉气体流量的增加而显著提高；粒子速度随粉末粒径的减小而提高，且载送气体流量大时表现更为明显；送粉量对粒子速度的影响不明显。

表 2-5 利用 PIV 分析同轴送粉条件下距喷嘴出口平面 32mm 处粒子速度

送粉量/(g/min)	40				20	50
载粉气流量/(L/h)	600	800	1200	1400	1200	
平均速度/(m/s)	1.82	2.16	2.31	2.47	2.00	2.38

表 2-6 较长曝光时间的反射法测量同轴送粉条件下粒子出口速度

粉末种类	纯 Ti(CP Ti)						
粒子直径/μm	65～75					124～178	
送粉量/(g/min)	3.15	4.5	5.3			4.5	
载粉气流量/(L/h)	250	150	250	400	550	250	400
平均速度/(m/s)	4.55	4.53	3.5	4.5	7.3	8.59	4.22	6.4

可见，与文献[5]和[11]试验结果有所不同。粒子速度随送粉量增加而提高的主要原因是粉末粒子势能起到一定作用的结果，因为势能使转化的动能有所增强。激光再制造粉末输送条件下，粉末颗粒在气流中所占体积分数极小，粉末颗粒之间以及粉末颗粒对气体流动的作用均可以忽略，即粉末颗粒数目的增加并不会改变单个粉末颗粒的受力条件。故粉末颗粒运动速度并不随送粉率的变化而发生明显改变。

根据杨楠等建立的同轴送粉条件下粉末粒子运动模型，不同粒子初速度和粒径条件下数值计算结果如图 2-25 所示。这里认为，粒子初速度决定整体速度值,速度初值较大的粒子在运动过程中速度依然大,5条曲线几近相互平行表示同一位置不同曲线的上速度值呈等差(此差取决于速度初值的差);同样速度初值的条件下,直径较大的粉末粒子更容易获得较大的速度值,这是由于较大的粒子较重,抵抗气体阻力的能力更大。

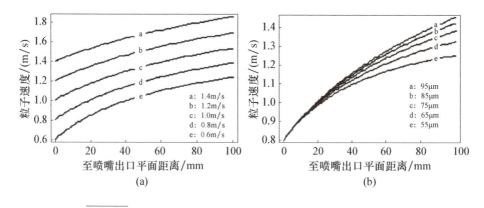

图 2 - 25 同轴送粉条件下粒子速度计算结果(喷嘴角度为 60°)
(a)喷嘴出口处粒子速度($d_p = 75\,\mu m$);(b)粒子直径($v_{p,0} = 0.8\,m/s$)。

综上所述,对激光增材再制造过程中粉末束流中粒子速度特点及其送粉工艺的影响(特别是送粉量和粉末粒度)认识在学术界仍未达成一致,诚然不同的研究者所关注的送粉条件不同是其中的主要原因之一,但是否为决定因素,尚待给出令人信服的、合理的解释。

2.3 激光束与粉末束流相互作用机制

同步送粉式激光再制造过程是激光束、粉末颗粒以及基体交互作用的结果。由于粉末粒子对激光的消光作用,穿过粉末束流的激光束到达基体/成形层时将发生能量衰减,其损耗程度与粉末的种类及尺寸、送粉量、载气量等送粉工艺有关。若激光输出功率被粉末流衰减过大,则到达工件的激光能量可能不足以在其表面形成熔池,致使增材再制造失败。盲目地提高激光输出功率或变化送粉规范,或许会牺牲加工质量、成形效率。激光束穿过粉末束流的同时,因粒子吸收能量而自身温度升高。因此,粉末颗粒落入熔池前既可能未熔化,也可能部分熔化或完全熔化。通常,固体颗粒撞到固体表面,会被其反弹掉；液态颗粒撞到固体表面，会被其黏附；不论固态还是液态颗粒撞入液态熔池，都会被其吸收。可见，粉末颗粒到达基体/成形层的状态一定程度上影响成形层的质量平衡。另外，射入熔池的材料将与液相混合，它的温度及其状态会影响熔池的流场和温度场。当材料进入熔池前的温度高于熔池液体温度时，粉末粒子会放出能量给熔池；当材料进入熔池前的温度低于熔池液体温度时，粉末粒子会吸收熔池的能量。如果固体粉末颗粒进入熔池，熔池内的流动属于两相流问题。因此，认知激光束与粉末束流相互作用对掌握激光再制造机理有重要的意义。

激光束与粉末束流相互作用涉及激光在粉末束流中传播和激光/粉末粒子的热作用两方面的内容。其中，激光在粉末束流中传播是指光波通过粉末粒子流所引起的光学特性的变化。它主要包括由于粒子流散射与吸收造成的辐射能量衰减（以下简称激光能量衰减）和由于粒子流速度、浓度的变化造成的光束的漂移扩展以及传输的线性和非线性光学效应。相对而言，激光能量衰减对再制造成形的作用是至关重要的。故激光能量衰减和粉末粒子温升成为该研究方向的基本问题。

2.3.1 激光能量衰减

Picasso 等提出了用遮光率描述激光能量衰减，它是指被金属粉末遮挡的激光功率 ΔP 与输出的激光功率 P_0 之比，且等效于参与遮光的金属粉末和激光束在工件表面的投影面积之比，其原理示意图如图 2-26 所示。借助以下假设给出计算式：

(1) 金属粉末颗粒均匀，且为半径 r_p 的球体。

(2) 金属粉末颗粒在气体-粉末射流中的体积分数很低，粒子之间不发生相互重叠。

(3) 不考虑被金属粉末反射的能量。

(4) 激光束穿过金属粉末颗粒间空隙时不发生衍射、散射。

(5) 粉末束流和激光束为两个相互交叉的圆柱体。

$$\frac{\Delta P}{P_0} = \frac{S_p}{S_1} = \begin{cases} \dfrac{M_p}{2\rho_p R_1 r_p v_p \cos\varphi} & (R_{p,w} \leqslant R_1) \\ \dfrac{M_p}{2\rho_p R_{p,w} r_p v_p \cos\varphi} & (R_{p,w} > R_1) \end{cases} \quad (2-20)$$

式中：S_p 为参与遮光的金属粉末在工件表面的投影面积；S_l 为激光束在工件表面的投影面积；M_p 为单位时间内输送的金属粉末质量；ρ_p 为材料密度；φ 为粉末束流与水平面夹角；$R_{p,w}$ 为粉末流束流到达工件表面时的半径；R_l 为激光束半径。

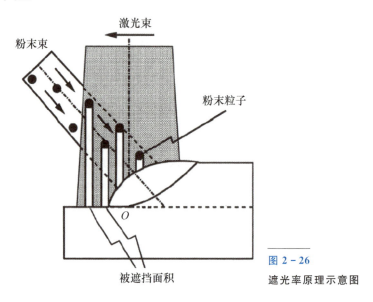

图 2-26 遮光率原理示意图

黄延禄和刘珍峰等则认为，穿过粉末束流的激光，其功率密度按指数衰减，方程的表示形式相近，即

$$I_1(r, l) = I_0(r, l) e^{-XC_p l} \qquad (2-21)$$

式中：$I_0(r, l)$ 为激光距其中心 r 处的功率密度；$I_1(r, l)$ 为激光在粉末束流中穿过距离 l 后距其中心 r 处的剩余功率密度；C_p 为金属粉末浓度（粒子数浓度或质量浓度）；X 为系数。

不过，X 和 C_p 的意义略有不同。在黄延禄的研究中，X 为消光面积，其值视为颗粒投影面积；C_p 代表粒子数浓度，即单位体积内粒子的个数。在刘珍峰的研究中，X 为光学因子，在一定波长下与材料本身的特性及入射光束的特性有关，若用符号 ε_p 表示，由下式确定：

$$\varepsilon_p = \frac{3(1-\xi)}{2r_p \rho_p} \qquad (2-22)$$

式中：ξ 为材料对激光的吸收系数，常用单位是 cm^{-1}。

值得注意的是，式(2-22)给出有两个假设：一是消光截面与光束入射辐射强度、介质浓度无关。对于辐射强度大于一定值的强激光，要考虑到衰减率受到辐射强度的影响;二是消光系数与介质的浓度无关。然而,大量的研究证明,在低浓度时该假设是正确的,当介质浓度增加时,衰减系数会发生变化。

2.3.2 金属粉末温升

通常,构建金属粉末温升数学模型时,不考虑等离子体影响(能量密度低于 $10^5\ \mathrm{W/cm^2}$),粒子直接吸收激光辐射能,并放出辐射能。为便于计算,一般还做如下简化:

(1)忽略金属粉末颗粒之间相互加热和对流换热。

(2)粒子的热导率无限大,即金属粉末颗粒有均匀一致的温度,迎光面和背光面无差异。

(3)只有金属粉末颗粒的迎光面吸收能量,而对外辐射则在整个球体表面发生,且吸收率及发射率为常数。

(4)粉末不吸收来自基体的反光。

基于此,Lin 建立了同轴送粉条件下一维模型,杨永强等提出了热传导模型,等等。依据各自模型,通过粒子的能量平衡推导出金属粉末温升公式。

由上可见,激光束与金属粉末相互作用基本采用理论分析/数值模拟方法。为弥补或克服理论分析/数值模拟方法的不足,激光增材再制造成形过程研究方法有向理论与试验结合或以试验为主的方式转变的趋势。如李延民等用多路热电偶实时测量多层成形过程的温度场,所得数据作为边界条件对工件的温度场进行有限差分数值模拟。Hu 等采用红外成像技术由熔池正上方对熔池进行实时观测,再经过图像处理获得了熔池中的温度分布。陈铮等采用近距离拍摄技术和高速摄影技术对成形过程熔池行为进行实时观察与分析,定量表征了熔池形态。Moat 等采用中子衍射考查了激光直接沉积件的残余应力分布特征。虽然也有人注意到利用 CCD 相机及其分析技术检测金属粉末流浓度场,但仅用于粉末喷嘴的设计及工艺规范参数的调整,并未应用于机理分析。技术的推广、理论水平的提升全都要求认知激光增材再制造成形机理,系统地定量分析激光束与金属粉末相互作用是有重大经济与科学的意义。

参考文献

[1] 韩全平,邓毅凌,马宪卫. 柔性制造系统及应用[J]. 江苏航空,2000,2:16-19.

[2] JEHNMING L. Concentration mode of the powder stream in coaxial laser clad-

ding[J]. Optics & Laser Technology,1999,31(3):251-257.

[3] ANDREW J P,LIN L. Modelling powder concentration distribution from a coaxial deposition nozzle for laser-based rapid tooling[J]. Journal of Manufacturing Science and Engineering,2004,126(1):33-41.

[4] 杨洗陈,雷剑波,刘运武,等. 激光制造中金属粉末流浓度场的检测[J]. 中国激光,2006,33(7):993-997.

[5] 李会山. 激光再制造的光与粉末流相互作用机理及试验研究[D]. 天津:天津工业大学,2004.

[6] 赵承庆,姜毅. 气体射流动力学[M]. 北京:北京理工大学出版社,1998.

[7] 贾文鹏,陈静,林鑫,等. 激光快速成形过程中粉末与熔池交互作用的数值模拟[J]. 金属学报,2007,43(5):546-552.

[8] LIU C,LIN J. Thermal processes of a powder particle in coaxial laser cladding[J]. Optics & Laser Technology,2003,35(2):81-86.

[9] LIN J. Temperature analysis of the powder streams in coaxial laser cladding[J]. Optics & Laser Technology,1999,31(8):565-570.

[10] 杨楠,杨洗陈. 激光熔覆中金属粉末粒子与激光相互作用模型[J]. 光学学报,2008,28(9):1745-1750.

[11] 谭华. 激光立体成形的粉末送进与沉积层形成研究[D]. 西安:西北工业大学,2009.

[12] 董辰辉,姚建华,胡晓冬,等. 激光熔覆载气式同轴送粉三维气流流场的数值模拟[J]. 中国激光,2010,37(1):261-265.

[13] PICASSO M,MARSDEN C F,WAGNIERE J D. A simple but realistic model for laser cladding[J]. Metallurgical and Meterials Transactions B,1994,25(4):281-291.

[14] 黄延禄,邹德宁,梁工英,等. 送粉激光熔覆过程中熔覆轨迹及流场与温度场的数值模拟[J]. 稀有金属材料与工程,2003,32(5):330-334.

[15] 刘珍峰,邱小林,姚育成,等. 送粉式激光熔覆过程中的激光能量控制[J]. 激光杂志,2007,28(3):75-76.

[16] 杨永强,宋永伦. 送粉激光熔覆时激光与粉末的交互作用[J]. 中国激光,1998,A25(3):280-284.

[17] 刘振侠,陈静,黄卫东,等. 侧向送粉激光熔覆粉末温升模型及实验研究[J]. 中国激光,2004,31(7):875-878.

[18] FU Y,LOREDO A,MARTIN B,et al. A theoretical model for laser and powder particles interaction during laser cladding[J]. Journal of Materials Processing Technology,2002,128(3):106-112.

[19] 李延民,刘振侠,杨海欧,等. 激光多层涂敷过程中的温度场测量与数值模拟[J]. 金属学报,2003,39(5):521-525.

[20] HU D M,KOVACEVIC R. Sensing,modeling and control for laser-based additive manufacturing[J]. International Journal of Machine Tools and Manufacture,2003,43(1):51-60.

[21] 陈静,谭华,杨海欧,等. 激光快速成形过程熔池行为的实时观察研究[J]. 应用激光,2005,25(2):77-80.

[22] MOAT R J,PINKERTON A J,HUGHES D J,et al. Stress distributions in multilayer laser deposited waspaloy parts measured using neutron diffraction[C]. Torrance:26th International Congress on Applications of Lasers and Electro-optics (ICALEO),2007.

[23] 靳晓曙,杨洗陈,冯立伟,等. 激光制造中载气式同轴送粉粉末流场的数值模拟[J]. 机械工程学报,2007,43(5):161-166.

第3章
激光增材再制造成形缺陷控制

3.1 合金钢激光增材再制造成形层缺陷控制

3.1.1 激光成形层缺陷形貌及分布

良好的成形性是确保激光熔化沉积(laser melting deposition，LMD)样品具有优异力学性能的关键。本节采用宏观金相分析、微观SEM形貌分析和断口分析研究缺陷的类型和分布，发现不同工艺下试样中均存在缺陷，缺陷类型主要为气孔、未熔化粉末和半熔化粉末。在此以激光功率为2000W、扫描速度为6mm/s制备的试样为例进行说明。

试样截面经过抛光和腐蚀后的形貌如图3-1所示。试样经过抛光后，采用金相显微镜能够清楚地观察缺陷的形貌、数量等特征，如图3-1(a)所示，试样中的缺陷基本为球形，尺寸大小不一，缺陷较多，分布相对均匀。经过腐蚀，观察缺陷相对于熔池的位置分布，如图3-1(b)所示，熔池的边界清晰可见，缺陷在熔池内分布比较均匀。

3.1.2 激光成形层缺陷类型

图3-2所示为成形层内缺陷的SEM形貌，其中图3-2(a)中缺陷表面粗糙，尺寸约为50μm，该缺陷为未熔化的粉末颗粒。图3-2(b)中球形缺陷尺寸约为30μm，表面光滑，表明该粉末表面产生了熔化，在凝固后形成了光滑的表面，因此该缺陷为半熔化粉末。

断口形貌没有经过抛光、腐蚀等破坏，因此断口处的缺陷保留了其原始状态。图3-3(a)所示缺陷为球形缺陷，直径约为20μm，缺陷表面光亮，缺陷与周围基体分离，表现为"塌缩状"，表明粉末只是经过了部分熔化，而后凝固收缩，因此该缺陷为半熔化粉末。图 3-3(b)所示缺陷也为球形，直径约为 20 μm，缺陷表面较光滑，证明为气孔缺陷。

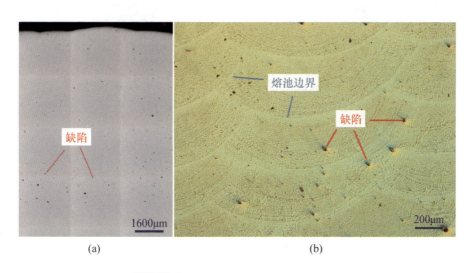

图 3-1 激光成形层内部缺陷形貌及分布

(a)抛光后截面形貌；(b)腐蚀后截面形貌。

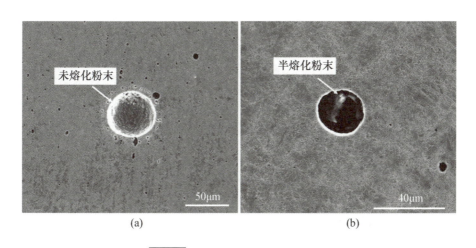

图 3-2 成形层内缺陷的 SEM 形貌

(a)未熔化粉末；(b)半熔化粉末。

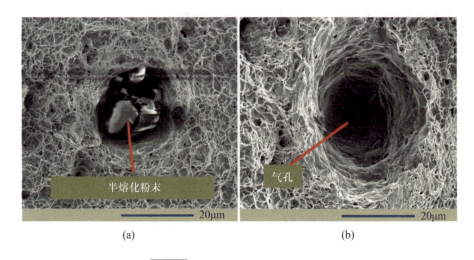

图 3-3 激光成形层断口缺陷分析

(a)半熔化粉末；(b)气孔。

3.1.3 激光成形层缺陷形成机理

众所周知，在激光束照射下熔池内部温度梯度大，会形成马兰戈尼（Marangoni）对流，马兰戈尼对流强度（Ma）可表示如下：

$$Ma = \Delta\gamma \frac{l_0}{\mu\alpha} \tag{3-1}$$

$$\mu = \frac{16\gamma}{15}\sqrt{\frac{m}{kT}} \tag{3-2}$$

式中：$\Delta\gamma$ 为相对于温度的表面张力梯度；l_0 为熔池特征长度；α 为热扩散率；μ 为动态黏度；m 为原子质量；k 为玻耳兹曼常数；T 为温度；γ 为表面张力。

根据式（3-1）和式（3-2），熔池中马兰戈尼对流强度与多种因素有关，而表面张力、熔池特征长度、热扩散率、黏度等都是温度的函数，因此马兰戈尼对流的强度主要取决于熔池温度。采用有限体积法模拟了激光功率为 2000W、扫描速度为 6mm/s 时熔池的马兰戈尼对流流动过程，如图 3-4 所示。熔池的最大流动速度达到 2m/s。由于熔池的剧烈对流，外部的粉末和空气会被卷入到熔池内，气孔和粉末被困在熔池中并随马兰戈尼对流，由于熔池冷却速度极快，粉末颗粒只能部分熔化甚至不熔化，熔池凝固后样品中便存在未熔化和半熔化的粉末颗粒。

在成形过程中,气泡在熔池中的溢出速度可以表示为

$$v = \frac{2(\rho_0 - \rho_1)gr^2}{9\nu} \quad (3-3)$$

$$\nu = \nu_0 \exp\left(\frac{E}{RT}\right) \quad (3-4)$$

式中:ρ_0 为基体熔化之后的密度;ρ_1 为界面处产生的气泡的密度;v 为熔池的流速;g 为重力加速度;r 为气泡的半径;R 为气体常数(J/(mol·K));T 为热力学温度(K);E 为黏流活化能;ν_0 为常数。

由式(3-3)可知,熔池流动速度越快,气体溢出速度越小;气泡直径越小,溢出速度越低。由于熔池的强烈对流,直径较小的气泡很难从熔池中溢出,从而形成残余气孔缺陷。

此外,由于气泡和粉末随着马兰戈尼对流流动,因此在熔池内分散均匀。

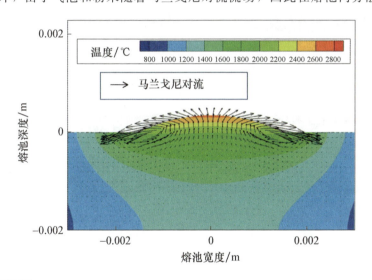

图 3-4 激光功率为 2000W、扫描速度为 6mm/s 时 LMD 过程熔池流动模拟

3.1.4 激光增材再制造工艺优化

1. 熔池几何形状

与选区激光熔化成形过程不同,激光增材再制造在基板或下层金属表面直接成形,不存在相邻两层之间冶金结合不良的问题,熔池的大小对成形致密度的影响较小,熔池形状对致密度的影响较大。熔池的形状主要与激光功

率和扫描速度有关,熔池的形状决定了成形效率、热累积程度以及成形样件表面粗糙度。本节主要讨论工艺参数对熔池形状的影响规律。经过工艺探索试验,分别采用3种激光功率(1500W、2000W和2500W)以及3种扫描速度(3mm/s、6mm/s和9mm/s)、送粉率14g/min制备了9个单道成形试样,其单道成形层截面金相形貌如图3-5所示。从图中可以清楚地分辨出熔池及热影响区,对各单道试样的熔池宽度、熔池深度、热影响区宽度和热影响区深度进行了统计,熔池几何参数示意图如图3-6所示,统计结果如表3-1所示。

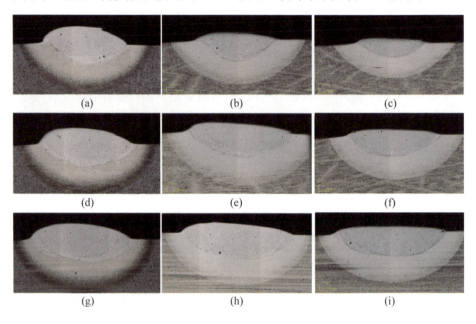

图 3-5 不同工艺参数下单道成形层截面金相形貌

(a)~(c)激光功率为1500W、扫描速度为3~9mm/s;(d)~(f)激光功率为2000W、扫描速度为3~9mm/s;(g)~(i)激光功率为2500W、扫描速度为3~9mm/s。

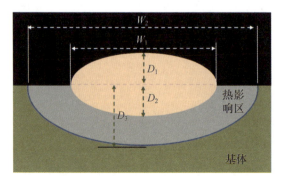

图 3-6
熔池几何参数示意图

表 3-1 不同工艺参数下熔池几何参数统计

激光功率/W	扫描速度/(mm/s)	熔池宽度 W_1/mm	熔池深度(D_1+D_2)/mm	HAZ 宽度 W_2/mm	HAZ 深度 D_3/mm
1500	3	3.2	0.6+0.8=1.4	5.4	1.1
1500	6	2.5	0.2+0.66=0.86	4.2	0.7
1500	9	2.2	0.12+0.44=0.56	4	0.66
2000	3	4.2	0.62+0.94=1.56	5.9	1.3
2000	6	3.4	0.26+0.79=1.05	4.8	0.94
2000	9	3	0.17+0.69=0.86	4.3	0.72
2500	3	5.2	0.7+1=1.7	6.9	1.5
2500	6	4.4	0.4+0.92=1.32	5.9	1
2500	9	3.6	0.2+0.7=0.9	4.7	0.78

根据表 3-1，绘制了激光功率和扫描速度对各熔池几何参数的影响规律图，如图 3-7 所示。由图可知，随着激光功率增加，熔池宽度、熔池深度、热影响区宽度和热影响区深度均增加；而随扫描速度增大，熔池宽度、熔池深度、热影响区宽度和热影响区深度均减小。即随激光功率增大，熔池的截面积增大；随扫描速度增大，熔池截面积减小。

2. 熔池稀释率及增材制造效率

在激光焊接和激光熔化沉积等工艺过程中，常用稀释率来评价单道工艺的优劣。通常情况下，稀释率 η 的计算方法有两种：

第一种为

$$\eta = \frac{\sum M_i - \sum M_i'}{\sum M_i} \tag{3-5}$$

式中：$\sum M_i'$ 为粉末中主要元素在成形层中的含量；$\sum M_i$ 为粉末中主要元素在粉末中原有含量。

第二种为

$$\eta = \frac{A_2}{A_1+A_2} \tag{3-6}$$

式中：A_1为熔池中沉积层的截面积；A_2为熔池中基体部分的截面积。A_1、A_2和熔池的相对关系如图3-8所示。

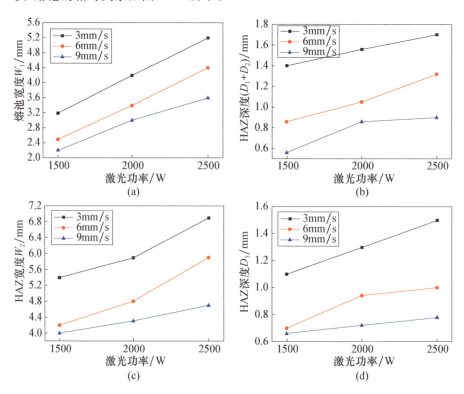

图3-7 熔池形状参数随工艺参数变化规律

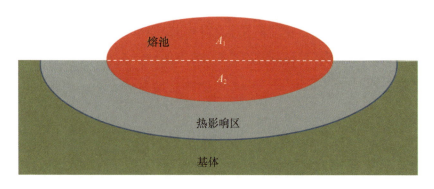

图3-8 稀释率计算中A_1、A_2区域示意图

增材制造效率f可以表示为

$$f = A_1 \cdot v \tag{3-7}$$

式中：v 为扫描速度。

不同工艺参数下熔池稀释率及增材制造效率的统计结果如表 3-2 所示。二者随工艺参数变化规律如图 3-9 所示，熔池稀释率随激光功率的变化不明显，但是随扫描速度增加，熔池稀释率降低。稀释率的变化表明，扫描速度越快，进入熔池的粉末越少，粉末利用率越低。如图 3-9(b)所示，制造效率随激光功率增加而增大，随扫描速度降低而增大。

表 3-2　不同工艺参数下熔池稀释率及制造效率统计结果

激光功率 /W	扫描速度 /(mm/s)	横截面积 A_1 /mm²	横截面积 A_2 /mm²	稀释率	制造效率 /(mm³/s)
1500	3	3	4	0.57	9
1500	6	0.88	2.6	0.75	5.28
1500	9	0.42	1.5	0.78	3.78
2000	3	4.1	6.2	0.6	12.3
2000	6	1.4	4.2	0.75	8.4
2000	9	0.8	3.2	0.8	7.2
2500	3	5.7	8.2	0.58	17.1
2500	6	2.8	6.4	0.7	16.8
2500	9	1.13	4	0.78	10.17

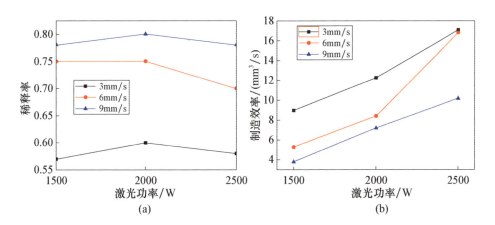

图 3-9　工艺参数对熔池稀释率和制造效率的影响
(a)熔池稀释率；(b)制造效率随工艺参数变化规律。

3.2 灰铸铁件激光增材再制造缺陷控制

3.2.1 激光成形层成形质量评价

激光增材再制造的工艺参数包括激光功率(P)、扫描速度(v_s)、送粉量(v_f)、光斑直径(D)、载气流量、搭接率等。根据成形结构的点、线、面、体几何形状,激光增材再制造工艺还可划分为单道线成形、多道面搭接成形、单道多层薄壁堆积成形、多道多层堆积成形等。

在多种工艺参数中,激光功率、扫描速度和送粉量对成形层性能影响较为显著。激光功率越大,能量密度越大,基体熔化程度越深,成形层厚度增加。激光功率过大,基体吸收热量高,导致成形层与基体热变形效应增大,成形层易产生裂纹;激光功率过小,导致粉末熔化不彻底,熔池流动性降低,合金元素易形成宏观偏析。随着送粉量的增加,激光有效利用率增大,透过粉末束到达基体的能量减少,导致成形层与基体冶金结合质量降低。而增加扫描速度,单位长度所熔化的粉末量减小,因此导致成形层厚度降低。

激光增材再制造工艺对成形影响的实质表现在传热、传质两方面,即单位时间内单位面积熔池获得的能量和单位长度成形线所需的粉末质量。前者可用激光比能量 λ 表示,而后者可用绝对送粉率 v_g 表示,表达式分别为

$$\begin{cases} \lambda = \dfrac{P}{v_s D} \\ v_g = \dfrac{v_f}{v_s} \end{cases} \quad (3-8)$$

式中:P 为激光功率;v_s 为扫描速度;v_f 为送粉量;D 为光斑直径。

为考查表3-3中6种合金粉末在灰铸铁基体上的激光增材再制造成形工艺性能,按照上述激光比能量和绝对送粉率配比关系分别进行工艺试验。

针对纯 Ni、Ni15 合金、Ni25 合金、Ni35 合金、CuNi 合金和 Fe314 合金 6 种粉末制定了相同的工艺参数表,对比分析各成形材料的工艺性能。分别通过单道单层试验,对比分析成形层的成形性、显微组织和力学性能。对不同材料成形成形层的缺陷种类、分布规律及形成原因进行分析,选定最佳材料。

表 3-3 合金粉末性能参数

牌号	合金成分/%	硬度/HRC	工作温度/℃	粒径/目
纯 Ni	Ni	<20	≤700	140~325
Ni15 合金	C0.10，Cr3.06，Fe3.28，B1.59，Si3.02，Ni 余量	<20	≤700	140~325
Ni25 合金	C0.08，Cr5.06，Fe3.28，B1.59，Si3.02，Ni 余量	20~30	≤700	140~325
Ni35 合金	C0.03，Cr 7.01，Fe 3.28，B 1.59，Si 3.05，Ni 余量	30~40	≤650	140~325
CuNi 合金	C0.08，Cr1.02，Fe2.25，Si0.06，Cu 19.80，Ni 余量	15	≤700	140~325
Fe314 合金	C0.1，Cr15.0，Ni10.0，B 1.0，Si1.0，Fe 余量	25~30	≤650	140~325

表 3-4 所列为不同激光比能量与绝对送粉率对应下的单道激光增材再制造工艺。光斑直径为 3.5mm，载气流量为 200L/h，搭接率初步选为 40%~50%。待考查的工艺参数：激光功率为 700~1200W，扫描速度为 120~600mm/min，送粉量为 3.5~7.8 g/min。在此基础上调整激光功率、扫描速度和送粉量，进行工艺的优化分析。

表 3-4 6 种成形材料的激光增材再制造工艺参数表

试样编号	激光功率/W	扫描速度/(mm/min)	送粉电压/V	送粉量/(g/min)	激光比能量 λ /(J/cm^2)	绝对送粉率 v_g /(10^{-3} g/mm)
1	1200	300	14	7.8	68.6	26
2	1200	600	14	7.8	34.3	13
3	1200	480	14	7.8	42.9	16.3
4	1200	240	14	7.8	85.7	32.5
5	1200	200	14	7.8	103.99	39
6	1200	200	13	7.1	103.99	35.5

续表

试样编号	激光功率/W	扫描速度/(mm/min)	送粉电压/V	送粉量/(g/min)	激光比能量 λ/(J/cm²)	绝对送粉率 v_g/(10^{-3} g/mm)
7	1200	200	11	5.36	103.99	26.8
8	1200	300	11	5.36	68.6	17.9
9	1200	300	12	6.17	68.6	20.6
10	1200	600	12	6.17	34.3	10.3
11	1200	600	10	4.42	34.3	7.4
12	1200	300	10	4.42	68.6	14.8
13	1000	300	14	7.8	57.1	26
14	1000	200	14	7.8	85.7	39
15	1000	200	12	6.17	86.6	30.9
16	1000	150	12	6.17	114.3	41.1
17	900	200	14	7.8	77.9	39
18	900	300	14	7.8	51.4	26
19	900	480	12	6.17	32.1	13.0
20	900	300	11	5.36	51.4	17.9
21	900	200	11	5.36	77.9	26.8
22	800	300	14	7.8	45.7	26
23	800	200	14	7.8	69.2	39
24	700	480	12	6.17	25.0	13.1
25	700	300	14	7.8	40.0	26
26	700	200	14	7.8	60.6	39
27	700	120	9	3.5	105	29.1

评价成形层内部成形质量的原则：

(1)成形层气孔率。气孔的存在严重降低成形层结构致密性，极易在成形层内形成应力集中，导致断裂。因此，对于成形层，应严格控制气孔率。评价试验中采用无气孔、气孔少和气孔多3种等级。其中，气孔少是指成形层横截面内平均气孔数不大于2个，气孔多是指成形层横截面内平均气孔数大于2个。

(2)成形层裂纹状态。成形层出现裂纹即认定其成形失败，成形层做报废处理。因此，必须避免出现成形层裂纹。采用着色探伤手段观察成形层裂纹数量，沿横截面方向切割、抛光成形层后观察内部气孔率。

图 3-10 所示为不同激光比能量和绝对送粉率条件下激光增材再制造成形质量分布，虚线所围区域为具有相对较佳成形质量的激光比能量与绝对送粉率工艺参数匹配区间，在此区域内合理匹配激光功率、扫描速度和送粉速率均能获得较高的激光增材再制造成形质量。

对比 6 种成形粉末，图 3-10(a)所示的 CuNi 合金激光成形层在激光比能量、绝对送粉率(51.4,26)、(51.4,17.9)、(77.9,26.8)三点所围区域内具有最佳的成形质量，成形层无气孔、裂纹缺陷。因此，在此区域匹配激光功率、扫描速度和送粉量可获得良好质量的铸铁激光成形层。图 3-10(b)、(c)所示纯 Ni 和 Ni15 合金成形性略次之，其激光比能量、绝对送粉率的虚线所围区域面积相对较大，这极大地提高了激光增材再制造工艺的灵活性，且成形层无裂纹缺陷，但存在少量的气孔缺陷，降低了成形层致密性。图 3-10(d)所示的 Ni25 合金的激光比能量、绝对送粉率的虚线所围区域面积大幅减小，使工艺调整范围受到限制，在工艺分布图内成形层缺陷以多气孔并发裂纹形式为主。图 3-10(e)、(f)所示 Ni35 合金和 Fe314 合金激光成形层成形质量最差，在其质量分布图内可见，成形层缺陷以多气孔并发裂纹形式为主，且所有成形层均发生横断断裂，而出现断裂缺陷可认为其再制造成形失败。因此，判断这两类材料不适于铸铁件的激光增材再制造。

综上所述，从成形层内部质量角度评价成形质量，可知 CuNi 合金成形层最适于灰铸铁件的激光增材再制造，其最优化工艺可调范围宽、灵活性大。

3.2.2 激光成形层缺陷评价

1. 表面质量

图 3-11 所示为不同工艺参数下各成形粉末的激光成形层表面形貌。图 3-11(a)所示为 Ni35 合金激光成形层试样的宏观照片。从图中可以看出，不同工艺参数下的 Ni35 合金激光成形层上均有明显的气孔和裂纹。结合图 3-11(e)可以看出，改变激光功率、扫描速度和送粉量等参数，均无法避免 Ni35 合金成形层的开裂。由此可见，Ni35 粉体在灰铸铁件基体上的成形性欠佳。

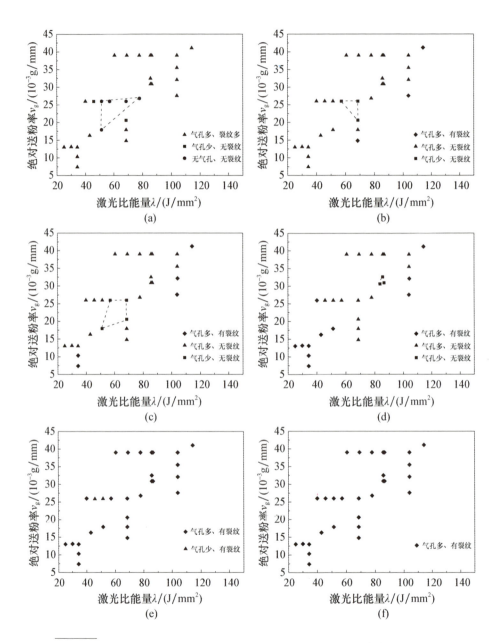

图 3-10　不同激光比能量和绝对送粉率条件下激光增材再制造成形质量分布
(a)CuNi 合金；(b)纯 Ni；(c)Ni15 合金；(d)Ni25 合金；
(e)Ni35 合金；(f)Fe314 合金。

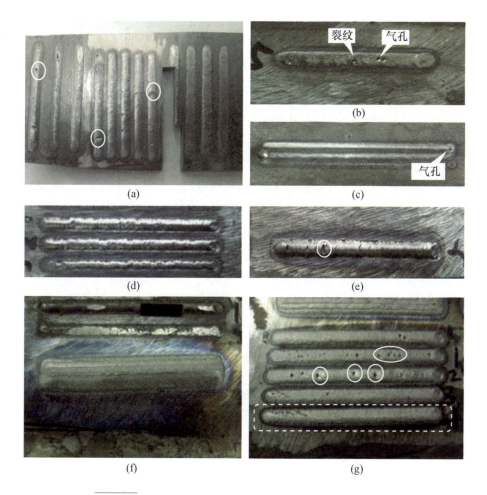

图 3-11 不同工艺参数下各成形粉末激光成形层表面形貌
(a)Ni35 合金;(b)、(c)Fe314 合金;(d)、(e)纯 Ni 粉;(f)、(g)CuNi 合金。

图 3-11(b)、(c)所示为 Fe314 合金激光成形层的表面形貌。可见在成形层表面产生贯穿裂纹,裂纹方向为垂直于成形层长轴方向,同时发现成形层表面存在多个气孔[图 3-11(b)]。多次试验结果显示该合金成形层均出现裂纹,灰铸铁件基体上的开裂现象不可控,表明 Fe314 不适于在灰铸铁件基体上进行激光增材再制造成形。

图 3-11(d)、(e)所示为纯 Ni 成形层的宏观形貌。观察发现成形层无裂纹缺陷萌生,表面光亮连续;但成形层气孔率较高,在表面就可观察到气孔凹坑,横截面切割发现内部也存在大量气孔,导致成形层结构疏松,从而降

低成形层承受外载荷的能力,且成形层存在"咬边"形象。产生上述现象的原因主要是纯 Ni 的熔点较高,在试验所用的激光功率条件下,其熔融不充分,导致其与 HT250 基体的润湿性相对较差,熔池横向铺展能力较弱,形成不连续表面形貌。另外,从图 3-11(d)中还可以看出,纯 Ni 粉激光增材再制造时,成形层两侧基体"发蓝"氧化现象严重。因此可见,纯 Ni 粉激光增材再制造灰铸铁件的成形工艺性相对较差。

图 3-11(f)、(g)所示分别为 CuNi 合金在不同激光增材再制造工艺参数下所制备的单道和立体成形层形貌。由图 3-11(g)可见,虚线所标成形层的表面质量最佳,光滑、连续,无气孔、裂纹缺陷,对应的工艺参数激光功率为 900W、扫描速度为 200mm/min、送粉量为 5.36 g/min。而其他工艺成形的成形层均存在一定的表面气孔。图 3-11(f)所示为上述最佳激光增材再制造工艺制备的堆积试样(搭接率为 50%,堆积 2 层)。可见成形层表面无气孔、开裂现象,说明该工艺下 CuNi 合金具有较好的成形性。

为进一步评估 CuNi 合金激光成形层内部质量,采用 X 射线探伤技术对上述试样进行无损探伤,结果如图 3-12 所示。图 3-12(a)中虚线圈内区域为待检测的成形层,图 3-12(b)、(c)所示分别为成形层单道探伤结果和多层堆积成形层的探伤结果。X 射线探伤结果表明,CuNi 合金成形层内部质量最佳。

因此,确定了 CuNi 合金在 HT250 基体上的最优化工艺参数:激光功率为 900W,扫描速度为 150mm/min,送粉量为 5.36g/min。

2. 内部缺陷

成形层内部缺陷形式以气孔和裂纹为主。在气孔方面,图 3-13 所示为 CuNi 合金、Ni15 合金、纯 Ni 和 Ni25 合金成形层切割后横截面气孔分布形态。由图可见,在同等工艺条件下,Ni15 合金与 Ni25 合金成形层内部气孔率较大,纯 Ni 成形层气孔率次之,而 CuNi 合金成形层的内部气孔率最低。图 3-13(a)中可见整个横截面内仅有一个气孔,且尺寸较小,对成形层内部结构致密性影响最弱。所以,CuNi 合金成形层内部成形质量在所选材料中最优。

在裂纹方面,根据图 3-10 和图 3-13 可知,CuNi 合金激光成形层在工艺图谱内无明显开裂现象,裂纹率较低。分析是由于 Cu、Ni 元素影响了熔池

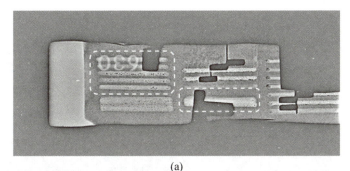

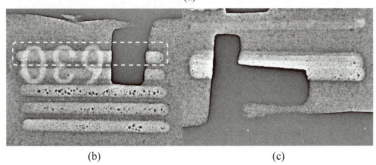

图 3-12 CuNi 合金成形层 X 射线探伤结果
(a)整体探伤;(b)单道成形层;(c)堆积成形层。

冶金相变过程,抑制了成形层脆性白口组织的出现,很好地阻隔了基体中碳元素向熔池的扩散,使成形层组织以 CuNi 固溶体形式存在,组织硬度低,抗开裂性能突出。因此,获得了上述较佳的成形质量。

对比 CuNi 合金与纯 Ni 激光成形层,添加了 Cr 元素的 Ni15 合金和 Ni25 合金成形质量则相对较差,内部裂纹率较高,且多为贯穿式裂纹。以 Ni15 合金为例,图 3-14 所示为在激光功率为 1200W、扫描速度为 600mm/min、送粉量为 4.42g/min 的条件下制备的 Ni15 合金成形层截面组织形貌,可见成形层内部气孔较多,且开裂明显。

Ni15 合金成形层气孔大量分布于底部,且依据气泡尺寸不同分布于距界面不同距离的位置。较小气泡接近界面,较大气泡稍向熔池顶部浮起,凝固后即形成图 3-14(a)所示形貌。气孔的存在为裂纹的扩展起到了推动作用。

图 3-14(b)所示为 Ni15 合金成形层的裂纹形貌,裂纹贯穿成形层并深入到基体内部,裂纹尖端穿越基体热影响区止于基体原始组织。由图中可见,裂纹在气孔存在部位有了扩展,上下两处气孔在竖直方向上临近分布时,受

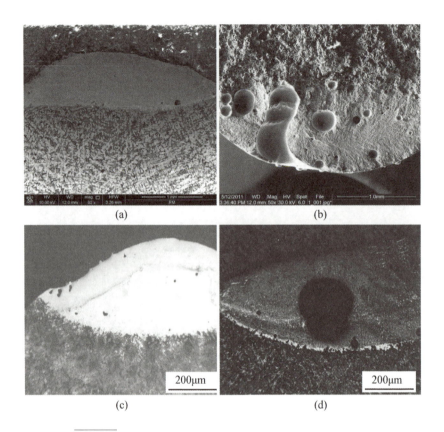

图 3-13　不同材料激光成形层切割后横截面气孔分布形态

(a)CuNi 合金；(b)Ni15 合金；(c)纯 Ni；(d)Ni25 合金。

应力集中作用影响，在相邻两气孔之间发生连接断裂，形成裂纹，裂纹向两端扩展即会贯穿成形层与基体组织，产生图 3-14(c)所示断裂形貌。因此，控制激光成形层内气孔的产生可以有效防止裂纹的萌发与扩展。

分析成形层产生气孔、裂纹等缺陷的原因，主要与以下几方面因素有关：首先是成形层底部白口组织。由于促进石墨化元素较少和极大的冷却速度，导致碳元素石墨化过程不能充分进行，而组织白口化趋势增强，产生脆硬组织导致裂纹。其次，灰铸铁件基体中存在气孔、夹杂及局部偏析的硫、磷等有害元素，在增材再制造过程中也易产生裂纹。再次，由于灰铸铁件基体有残存的油、锈、污垢等，在激光增材再制造过程中，上述杂质可能会进入到熔池，从而导致成形层产生气孔并开裂。另外，气孔的产生可能还与成形粉末受潮、熔池保护不充分、增材再制造工艺不适合等因素有关。

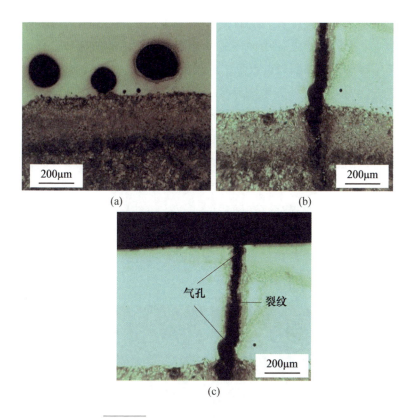

图 3-14　Ni15 合金成形层缺陷形貌观察
(a)气孔；(b)裂纹；(c)复合断裂。

3.2.3　激光成形层界面缺陷控制

图 3-15 所示为 Ni35 成形层和基体金相组织。由图 3-15(a)可看出成形层和基体之间存在明显的热影响区。成形层中存在着尺寸较大的气孔，在成形层与基体结合界面处存在着白亮的组织，该组织为 Fe_3C，即在熔合区形成了"白口"组织。该组织硬而脆，塑性很差，延伸率几乎为零，在应力的作用下极易诱发裂纹，这是成形层开裂的主要原因之一。白口组织分布于成形层与基体之间，导致成形层承受外载荷的能力降低。

图 3-15(b)所示为 Ni35 成形层组织，成形层内部组织比较致密，在靠近基体的部位形成了树枝晶，成形层中上部主要以平面胞状晶为主，成形层中的白亮组织为富 Ni 相。图 3-15(c)所示为半熔化区，从图中可以看出，该区

域在靠近成形层的一侧，有大量的白色条状物，即"渗碳体"。这主要是因为成形过程中，灰铸铁件基体中的碳迁移至熔池，在随后的冷却过程中，形成白口组织。渗碳体周围的黑色点状、条状物为奥氏体转变后形成珠光体组织，而在靠近基体的一侧为奥氏体快速冷却转变成的竹叶状高碳马氏体，白色为残余奥氏体，还可以看到一些未熔化的片状石墨。图3-15(d)所示为基体热影响区，该区域在靠近成形层的一侧以高碳马氏体为主。激光增材再制造属于极热、极冷的过程，在激光增材再制造过程中，基体热影响区瞬间被加热到较高温度，形成奥氏体。另外，基体中的石墨也会在高温下发生部分溶解，使奥氏体中含碳量大大提高。在随后的快速冷却过程中，极易形成高碳马氏体。这些高碳马氏体在形成过程中，因相互碰撞，而在碰撞区域形成大量的显微裂纹，在适当应力的作用下，这些显微裂纹将进行扩展，进而形成宏观裂纹，这也是Ni35成形层易开裂的主要原因之一。

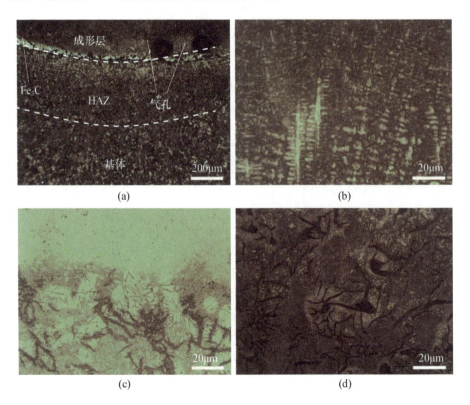

图3-15 Ni35成形层和基体金相组织

(a)整体形貌；(b)成形层；(c)半熔化区；(d)热影响区。

试验研究发现,在 HT250 基体上进行 Ni35 合金单道成形试验,在改变工艺参数,并多次试验的情况下,Ni35 成形层均出现开裂现象。初步分析认为由于该合金粉末 Cr 含量最高,而 Cr 是强碳化物形成元素,在熔池冶金过程中,起到促进形成 Fe_3C 亚稳定相的作用,易在结合界面处形成大量的白口组织,降低成形层和基体之间的结合强度;同时极易在晶间形成硬质第二相,从而降低成形层冲击韧性。成形层的极冷作用还将导致基体在熔合区和基体热影响区形成大量高碳马氏体,进一步增大了成形层开裂倾向。因此,综合分析认为,Ni35 合金粉不适宜作 HT250 激光增材再制造的成形材料。

图 3-16 所示为 Ni15 合金成形层金相组织。由图可见成形层主要以树枝晶为主,靠近成形层表面部位枝晶尺寸变小,组织愈加致密,成形层底部沿结合界面断续分布着高亮的一次 Fe_3C 相,在界面部位形成狭窄的、宽度小于 100 μm 白口区。

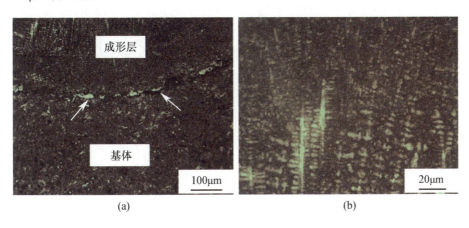

图 3-16 Ni15 合金成形层金相组织
(a) 整体形貌;(b) 成形层。

图 3-17 所示为纯 Ni 激光成形层的金相组织照片。从图 3-17(a) 中可以看出,纯 Ni 成形层中气孔尺寸明显小于上述几种合金粉末成形层,成形层中存在少量极微小的气孔。成形层与基体结合界面附近的白口组织呈断续状,且分布较为分散。成形层顶部[图 3-17(b)]和中部[图 3-17(c)]主要由细小的胞状晶和交叉树枝晶组成,整体分布比较均匀,组织细小致密。图 3-17(d) 所示为成形层与基体的结合界面,从图中可以看出,该处分布有少量的渗碳体,且在成形层底部呈断续状分布,对成形层与基体的结合界面性能的影响相对较小。

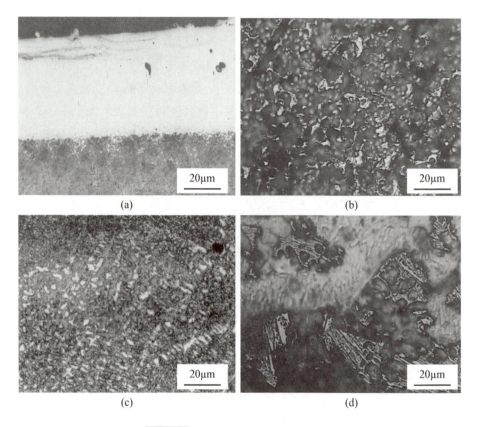

图 3-17 纯 Ni 激光成形层金相组织
(a)成形层全貌；(b)顶部；(c)中部；(d)结合区。

对于出现裂纹等体积损伤的灰铸铁件而言，采用 Ni 基、Fe 基合金粉末进行激光增材再制造时，成形结构力学性能应平衡，应与基体相匹配，这样有利于确保成形层与基体性能协调一致，并延长再制造零部件的使用寿命。以 HT250 基体上的 Ni 基、Fe 基合金再制造成形结构的显微硬度为例，硬度过高，将降低结构冲击韧性，导致成形层抗裂性降低，成形层在成形过程中或在后期时效过程中萌生裂纹，导致结构断裂。因此，HT250 激光增材再制造成形时应保证成形层硬度不宜过高，与基体接近即可，如此有利于提高体成形结构的抗裂性能。

图 3-18 所示为 6 种合金成形层的显微硬度分布。由图可见，6 种成形材料显微硬度由大至小分别为 Ni35 合金＞Fe314 合金＞CuNi 合金＞Ni25 合金＞Ni15 合金＞纯 Ni 粉。从基体至成形层内部的显微硬度分布均呈现为逐渐

增大的趋势，在成形层-基体界面处往往硬度最大，该处硬度分布特征的产生是与此处组织结构密切相关。由成形层截面金相组织观察可见，该处主要以白口组织为主，导致该处硬度较高。进入成形层，由于熔池极冷作用，导致凝固组织晶粒尺寸极其细小，细晶强化效果明显，成形层硬度偏高。具体到每个成形合金，结合图 3-19 所示的各成形层 XRD 图谱分析结果，详细解析各成形层硬度变化规律。

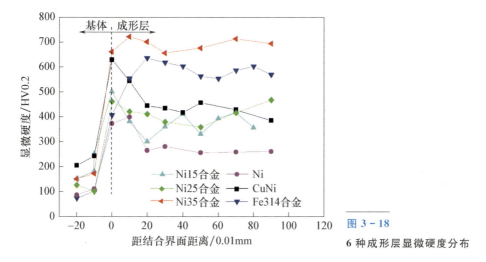

图 3-18　6 种成形层显微硬度分布

图 3-18 中成形层硬度分布最高的合金是 Ni35 成形层。横截面成形层分为 4 个区：成形区、半熔化区、热影响区和基体区。距离结合界面 0.1～0.5mm 内，硬度较高达到 650～800HV0.2，此区域为成形区。可见 Ni35 成形层硬度在所有层中最高。原因有两方面：一是激光增材再制造极大的凝固结晶速度使成形层晶粒来不及长大，形成细小致密的凝固组织。相比传统铸造组织，成形层组织晶粒尺寸小约一个数量级，故此区域硬度显著提高。二是由图 3-19(a)可知，Ni35 成形层主要物相为 $\gamma-Ni_{2.9}Cr_{0.7}Fe_{0.36}$ 软质相，但同时存在大量 Cr_2Ni_3 共晶相以及 $Cr_{23}C_6$ 硬质相，这些 Cr 的化合物相具有高硬度、低韧性等特点，可大幅提高成形层硬度，但在晶间分布形式也降低了成形层的抗开裂性能，导致成形层冷裂纹敏感性增加。

Fe314 合金成形层显微硬度仅次于 Ni35 成形层。由图 3-18 可见，Fe314 成形层平均硬度较大(550～700HV0.2)，仅次于 Ni35 成形层。Fe314 成形层的硬度分布先随着距离的增大而增高，当达到成形层内部一定距离后，硬度达到最大值，然后呈现上下波动变化，成形层硬度远高于灰铸铁件基体(100～

200HV0.2）。成形层的 XRD 分析显示主要物相为 γ-Fe；同时，组织观察显示，在成形层底部结合界面和成形层内出现了连续分布的 Fe_3C 组织，导致其脆性增大，在冷却和后期时效过程中极易开裂。

CuNi 合金成形层的显微硬度分布范围为 350～500HV0.2。在成形层与基体结合界面处由于存在白口组织，硬度偏高达到 600HV0.2。图 3-19(e) 中显示 CuNi 合金成形层的主要物相为[Cu，Ni]固溶体和 $Cu_{2.76}Ni_{1.84}Si_{0.4}$ 金属间化合物，还存在微量的 Ni_3Si 硬质相。研究表明，Ni_3Si 硬质相具有较高的强度、硬度，耐蚀性极其优异。但该相同时表现出环境脆性和强度-温度异常效应，即材料屈服强度随着温度的增高而增大，室温时屈服强度较低，脆性较高。该相含量较少时，可对成形层起到第二相强化作用，但含量较多时，极易在晶间形成网状魏氏组织，大幅降低成形层韧性，易诱导晶界脆断，冷裂纹敏感性大幅上升。因此，铸铁件激光增材再制造成形 CuNi 合金应极力避免该相大量出现，从图 3-19(e) 中的 CuNi 合金成形层 XRD 分析结果来看，Ni_3Si 相含量较低，较适宜。

Ni25 合金成形层硬度分布范围是 350～500HV0.2，而 Ni15 合金成形层硬度分布范围是 300～500HV0.2。图 3-19(b) 所示 Ni25 合金成形层主要物相为 $\gamma-Ni_{2.9}Cr_{0.7}Fe_{0.36}$，但同时存在大量 Cr_2Ni_3 共晶相以及 $Cr_{23}C_6$ 硬质相。对比 Ni35 合金成形层，根据衍射峰强度可见，由于 Ni25 合金成形层 Cr 含量降低，Ni 含量增加，因此成形层主相 $\gamma-Ni_{2.9}Cr_{0.7}Fe_{0.36}$ 比例增加，而 Cr_2Ni_3、$Cr_{23}C_6$ 等物相比例则减少。随着合金 Cr 含量的减少，$\gamma-Ni_{2.9}Cr_{0.7}Fe_{0.36}$ 软质相比例增多，如图 3-19(c) 所示的 Ni15 合金成形层 XRD 图谱。此时，成形层内未出现 $Cr_{23}C_6$ 等硬质碳化物相，且 Cr_2Ni_3 相含量也大幅减少。因此，导致成形层的硬度进一步降低。

纯 Ni 激光成形层的显微硬度分布范围为 250～400HV0.2。在靠近结合界面处成形层硬度较高，随离界面距离的增加，成形层硬度呈下降趋势。由图 3-19(d) 中可知，纯 Ni 成形层主要物相为 Ni 单质相，并含有较小比例的 $NiSi_2$ 金属间化合物。Ni 单质相为软质相，大幅降低了成形层硬度，同时，也有利于提高成形层韧性和抗开裂性能。

综合考虑成形粉末的成形性、白口组织分布与内部缺陷分布等因素，认为 CuNi 合金粉末最适于大型灰铸铁件局部损伤的激光增材再制造。从成形层/基体的凝固特征匹配性方面，CuNi 合金的凝固温度区间约为 30℃，范围较小，其熔池凝固过程中流动性较好，增大了气孔浮出能力，最终使 CuNi 合金成形层内部致密性增加，提高了 CuNi 合金成形层的抗开裂性能。

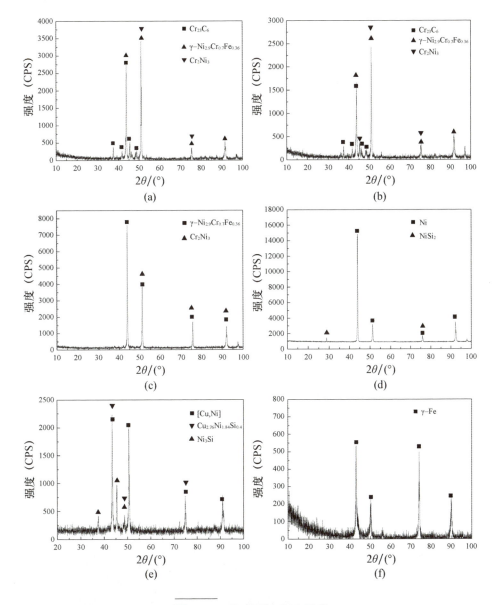

图 3-19　各成形层 XRD 图谱

(a)Ni35 合金；(b)Ni25 合金；(c)Ni15 合金；
(d)纯 Ni 粉；(e)CuNi 合金；(f)Fe314 合金。

3.3 球墨铸铁件激光增材再制造缺陷控制

在球墨铸铁件激光增材再制造过程中，除了不能出现裂纹之外，白口以及气孔的形态和分布对球墨铸铁件修复后的性能起着至关重要的作用。同时，界面区域的组织及结构特征以及成形层的组织形态也是影响增材再制造之后性能的关键。

本章通过系统的工艺试验，重点研究球墨铸铁激光增材再制造过程中界面区域的组织结构演变规律。通过合理的参数设计和路径规划等成形策略，实现连续状白口组织的消除，同时明确球墨铸铁激光增材再制造成形过程中影响界面组织特征的关键性因素。通过不同的坡口设计和路径设计，有效控制了多层多道成形过程中的开裂现象，最大的修复深度超过 6mm。

3.3.1 不同工艺参数下的成形效果

研究激光功率、扫描速度以及送粉量对球墨铸铁件激光增材再制造成形质量以及组织缺陷的影响，探讨工艺参数对成形质量的影响机制，最终优化出成形质量良好的工艺区间。

为了研究不同工艺参数下的成形质量，先选定较为宽泛的工艺区间：激光功率范围为 800～1200W，扫描速度范围为 100～200mm/min，送粉量范围为 5.0～9.0g/min，获得的成形效果如图 3-20 所示。当激光功率过低或者扫描速度过快，粉末熔化不充分，成形层高度较低，无法进行实际成形应用。因此初步排除成形质量非常差的参数组，选定合适的参数范围进一步优化。最终选定的激光功率为 900W，扫描速度为 120mm/min、150mm/min 和 180mm/min，送粉量为 5.36g/min、6.17g/min 和 7.80g/min，具体的参数设计如表 3-5 所示。

图 3-20 不同参数下的成形层形貌

表 3-5 初步优化之后的工艺参数

试样编号	激光功率/W	扫描速度/(mm/min)	送粉量/(g/min)
a	900	120	5.36
b	900	120	6.17
c	900	120	7.80
d	900	150	5.36
e	900	150	6.17
f	900	150	7.80
g	900	180	5.36
h	900	180	6.17
i	900	180	7.80

采用初步优化之后的参数进行进一步成形试验,得到的成形层宏观形貌如图3-21所示,截面金相形貌如图3-22所示。可以看出,扫描速度以及送粉量对成形表面质量的影响非常明显。在同样的功率下,如果扫描速度过慢,会增加熔池的温度,使成形层表面熔化明显,成形层的吸粉能力增强,但部分粉末无法充分熔化,残留在表面;而当扫描速度过快时,熔池温度过低,熔池吸粉能力下降,大量的粉末无法熔化,造成明显的黏粉现象。因此通过最终的工艺优化,选定的参数范围:激光功率为900W,扫描速度为120~150mm/min,送粉量为6.5~7.5g/min。

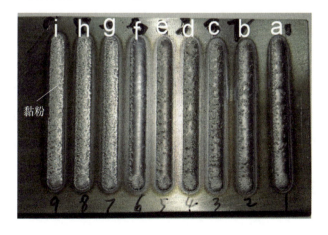

图 3-21 优化参数之后的成形层宏观形貌

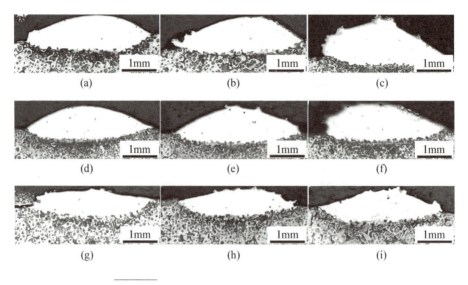

图 3-22 优化参数之后的成形层截面金相形貌

3.3.2 激光增材再制造成形缺陷特征

采用优化的参数进行多层多道堆积成形，其中激光功率为 900W，扫描速度为 150mm/min，送粉量为 5.36g/min，粉末选用镍铜合金粉末。采用平行路径进行激光增材再制造成形，分别成形 3 层 3 道、4 层 6 道及 8 层 10 道。成形之后的截面形貌如图 3-23 所示。成形层及界面区域没有明显的裂纹缺陷，但在多层多道成形过程中，在成形层的一侧，出现明显的塌缩现象，且塌缩的一侧下方的界面向基体深入。这是因为成形过程中激光头或是送粉喷嘴出现小角度的倾斜。

成形层中出现少量的气孔，主要是由石墨氧化燃烧或者保护气没有及时逸出导致。在镍铜成形层中出现两种形态的石墨：微米级的石墨球和分布在晶界的纳米级的石墨球。微米级的石墨球主要是基体中的石墨在成形过程中随着熔池流动进入成形层中的，而纳米级的石墨球则是由于碳元素扩散进入镍铜合金中，因为较低的溶解度而在晶界析出导致的。

3 层 3 道成形层的纵截面形貌如图 3-24 所示，由图可以看出，除了成形层的尾端之外，成形层与基体的界面极为平整，没有明显的缺陷出现，成形层的高度也基本一致，没有出现明显的局部严重塌缩现象。

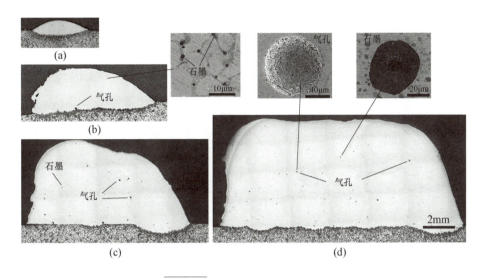

图 3 - 23　成形层横向截面形貌

(a) 单道；(b) 3 层 3 道；(c) 4 层 6 道；(d) 8 层 10 道。

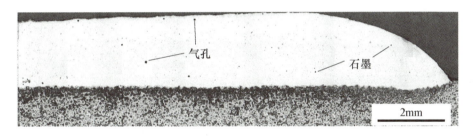

图 3 - 24　3 层 3 道成形层纵截面形貌

3.3.3　激光增材再制造成形缺陷控制策略

球墨铸铁件的激光增材再制造，由于界面区域容易出现白口以及马氏体等硬脆相，因此界面区域的性能通常较为薄弱，开裂通常出现在界面区域。在实际成形过程中，除了采用合适的工艺参数降低界面区域白口化的程度之外，实际修复过程中坡口的设计和成形策略的规划也是影响成形过程开裂的重要因素。因此本节通过研究不同坡口设计和不同成形策略，最终优化出合理的成形方法。

1. 坡口设计对开裂的影响

为了研究坡口形状和成形路径的影响，设计了 4 种典型的坡口和两种典型的成形路径规划。坡口分别是 V 形、梯形、弧形和凹坑形坡口,成形路径分别是弓字形平行路径和垂直交叉形路径。坡口形状和路径设计分别如图 3-25 和表 3-6 所示。成形参数选用之前优化的工艺参数,成形之后采用着色探伤对成形件进行初步检测。

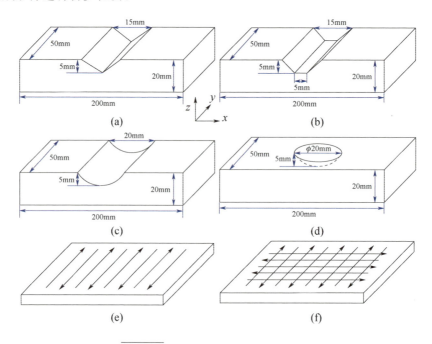

图 3-25 坡口设计和路径设计示意图

(a) V 形槽;(b) 梯形槽;(c) 弧形槽;(d) 凹坑形槽;(e) 平行扫描;(f) 交叉扫描。

表 3-6 不同的坡口设计和路径设计

试样编号	坡口设计	路径设计
B_1	图 3-25(a)	平行路径
B_2	图 3-25(a)	交叉路径
B_3	图 3-25(b)	平行路径
B_4	图 3-25(b)	交叉路径
B_5	图 3-25(c)	平行路径
B_6	图 3-25(c)	交叉路径
B_7	图 3-25(d)	平行路径
B_8	图 3-25(d)	交叉路径

图3-26所示为不同坡口下的成形结果,可以看出,采用平行路径成形获得的V形、梯形和弧形3种成形层均出现明显的贯穿性裂纹。裂纹均起源于成形层与基体的界面位置,并且裂纹通常沿着凹槽的中心部位以及两侧侧壁位置扩展直至最终贯穿至表面。在实际成形过程中,裂纹的出现均出现在低温冷却阶段,在试验过程中能够清楚听到成形层开裂发出的脆响声,因此形成的裂纹主要是冷裂纹,为残余应力过大导致的开裂。仅仅通过改变坡口的形态很难改善成形过程的开裂现象,尤其是对于像V形和梯形这样具有尖角特征的坡口,在成形过程中,尖角位置容易出现明显的应力集中,造成裂纹的萌生,如图3-27所示。因此,这也从客观上说明采用单纯的弓字形平行路径很难控制成形过程中的开裂行为。

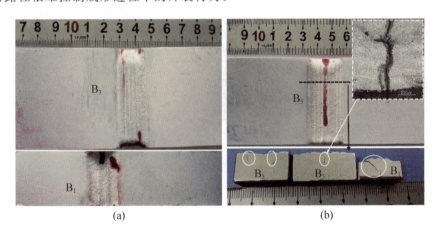

图3-26 不同坡口的成形结果

(a)B_1和B_3的渗透检测结果;(b)B_5的渗透检测结果和横截面形貌。

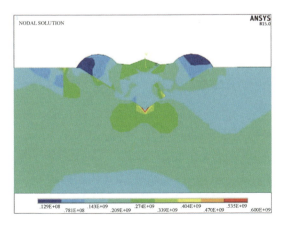

图3-27

V形坡口成形尖角位置出现的应力集中

2. 成形路径对开裂的影响

图3-28所示为在同样的坡口下采用垂直交叉成形路径获得的成形结果。通过渗透探伤结果可以看出，成形部位没有贯穿性裂纹。通过试样的横截面和纵截面观察，发现开裂现象得到了很好的抑制和消除。除了在梯形坡口的倒角位置发现微裂纹之外，其他试样均未出现开裂现象。因此在同样的条件下，采用垂直交叉路径对裂纹的抑制是非常明显的。

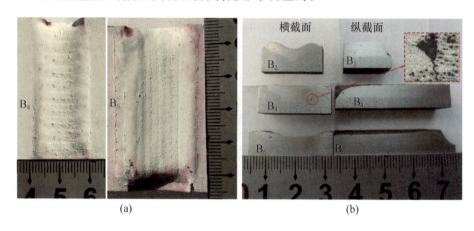

图3-28 不同路径的成形结果

(a) B_4 和 B_6 的渗透检测结果；(b) B_2、B_4、B_6 的横纵截面宏观形貌。

图3-29所示为凹坑修复的结果，可以看出，使用平行路径进行凹坑修复成形时，在成形层的底部出现成形层与基体的剥离现象，剥离位置出现在成形层与基体的界面位置。导致这种剥离的原因是界面某处出现裂纹，裂纹沿着界面向周围扩展。而采用垂直交叉路径进行成形时，界面区域结合良好，没有出现开裂现象，整体成形质量较好，进一步验证了交叉路径对成形过程开裂行为的抑制作用。

3. 不同成形路径下的残余应力模拟

在激光增材再制造过程中，产生的残余应力可分为两种：第一种为收缩应力；第二种为热应力。两种残余应力可以通过以下方式表达：

$$\sigma_{vol} = \sigma_1 + \sigma_2 + \sigma_{tr} \tag{3-10}$$

式中：σ_1、σ_2 和 σ_{tr} 分别为成形材料由液态变为固态产生的收缩应力，成形层从高温固态到常温的收缩应力以及基体熔化的部分在凝固过程中收缩产生的

应力。σ_{tr} 可以表示为

$$\sigma_{tr} = \frac{\Delta_{tr}}{W} E_s \qquad (3-11)$$

式中：W 和 E_s 分别为成形层与基体结合界面的宽度和基体的弹性模量。成形过程中由于快速的热输入带来的温度梯度的较大差异，同样带来残余应力，这类热应力可以表示为

$$\sigma_T = \frac{E_c E_s t_s (\alpha_c - \alpha_s) \Delta T}{(1-\nu)(E_s t_s + E_c t_c)} \qquad (3-12)$$

式中：E_c 和 E_s 分别为成形层和基体的弹性模量；α_c 和 α_s 分别为成形层和基体的热膨胀系数；t_c 和 t_s 分别为成形层和基体的高度；ν 为泊松比；ΔT 为成形材料凝固点和室温之间的温度差。因此总的残余应力可以表示为

$$\sigma_{res} = \sigma_{vol} + \sigma_T \qquad (3-13)$$

将 σ_{vol}、σ_T 代入式(3-13)，得到

$$\sigma_{res} = \sigma_1 + \sigma_2 + \frac{\Delta_{tr}}{W} E_s + \frac{E_c E_s t_s (\alpha_c - \alpha_s) \Delta T}{(1-\nu)(E_s t_s + E_c t_c)} \qquad (3-14)$$

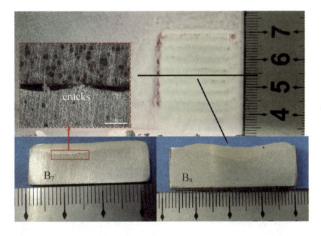

图 3-29
凹坑修复结果

4. 低残余应力特性 CuNi/Fe36Ni 复合成形层设计

采用 CuNi 合金粉末激光进行球墨铸铁件激光增材再制造时，由于碳元素不溶于铜，微溶于镍，因此 CuNi 合金对碳元素具有较好的阻隔作用。采用 CuNi 合金进行激光增材再制造时，界面区域的碳元素扩散能够得到很好的抑制，因此界面白口化能够得到有效的抑制。但采用 CuNi 合金进行成形时，界面区域仍然会出现一定量的白口组织，同时界面区域由于快冷作用，产生大

量的高碳马氏体，在多道成形回火作用下，莱氏体仍然存留，马氏体得到一定的回火，但由于较高的碳含量，回火之后大量的弥散渗碳体相析出，因此界面区域仍然是球墨铸铁件激光增材再制造的薄弱区域。在球墨铸铁件激光增材再制造过程中，凹坑深度较大或者凹坑整体体积较大时，很容易因为较大的残余应力导致界面开裂以及整体变形。因此为了进一步降低激光增材再制造成形之后的残余应力，除了通过改变工艺策略进行调控之外，成形粉末材料的热物理参数也是影响残余应力的重要因素。但铸铁件激光增材再制造的合金材料设计较为复杂，除了要满足物性条件外，还要满足对界面白口化的控制，因此很难找到具有较低残余应力特征同时还能满足界面组织结构调控的粉末材料。

基于上述原因，大胆提出了采用复合成形层进行球墨铸铁件激光增材再制造的设计方法。具体的方法：先在球墨铸铁件损伤部位的表面激光增材制造一层 CuNi 成形层，用以抑制碳元素的扩散，调控界面的白口化。之后在 CuNi 成形层上继续成形具有较低膨胀系数特征的合金粉末材料，此时的粉末材料只需要和 CuNi 具有较好的冶金结合，满足基体匹配的力学性能，同时具备较低的膨胀特性即可。复合成形层的成形示意图如图 3-30 所示。因此，根据上述的设计，最终选用低膨胀合金粉末 Fe36Ni 作为后续的成形材料。Fe36Ni 是常见的低膨胀合金材料，在精密仪器等领域应用广泛，同时和 Cu-Ni 合金具有晶体结构上的良好匹配。为了最大化保证材料的低膨胀特性，对 Fe36Ni 合金粉末中的其他合金元素进行最少化控制。

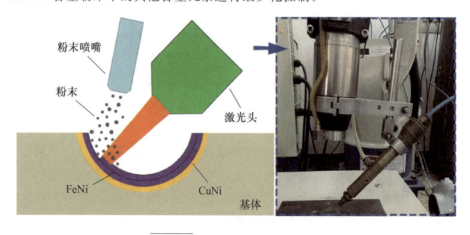

图 3-30 复合成形层成形示意图

设计的模拟凹坑尺寸如图3-25(d)所示。激光增材再制造成形之后经过初步渗透探伤,没有出现裂纹,如图3-31所示。图3-32所示为激光增材再制造凹坑的截面形貌,可以看出底层的CuNi合金层和上部的Fe36Ni成形层有明显的界限,并且呈现明显的组织形貌。底部的CuNi成形层厚度均匀,厚度在2mm左右。Fe36Ni成形层在底部和顶部呈现不同的组织形态,底部的成形层晶粒细小,而顶部的晶粒较为粗大,很多晶粒在长度上超过1mm。在Fe36Ni成形层中,晶粒的生长方向基本沿着垂直于界面方向生长,但是由于晶粒尺寸较大,晶粒的生长会偏向于激光扫描方向生长,如图3-33所示。在晶界位置,没有出现明显的微裂纹。

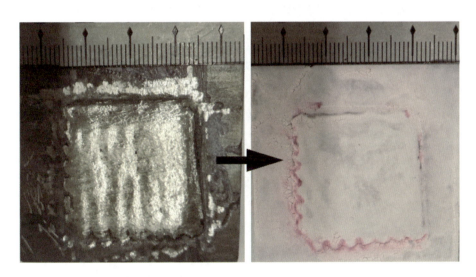

图3-31 复合成形之后渗透探伤检测

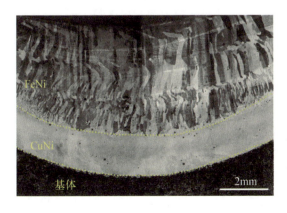

图3-32 激光增材再制造成形之后凹坑的截面形貌

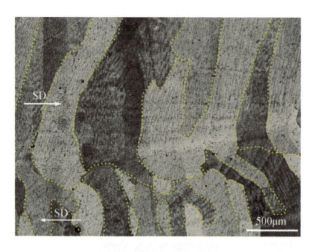

图 3-33
Fe36Ni 成形层的晶粒形貌

图 3-34 所示为成形层与基体，以及成形层与成形层之间的界面组织形貌。在基体与 CuNi 成形层的界面，没有明显的缺陷，且晶粒的生长形貌和常规的 CuNi 成形层基本一致。而在 CuNi 成形层与 FeNi 合金成形层的界面，晶粒尺寸存在明显的差异，在激光增材再制造 FeNi 成形层时，界面出现明显的重熔现象，如图 3-34(c)所示。CuNi 合金成形层和 FeNi 合金成形层类似，均为面心立方结构，均为镍的固溶体，因此两种成形层能够实现良好的冶金结合，界面区没有出现明显的失配以及明显的缺陷。但是，由于 FeNi 成形层和 CuNi 成形层在晶粒尺寸上的差异，两种成形层在界面位置没有出现明显的取向关系。这也间接反映了 FeNi 合金的其他元素含量较低。在界面位置，已经形成的 CuNi 合金晶粒可以作为 FeNi 合金生长所需的晶核。因此在开始的部位，FeNi 的晶粒尺寸较小，但是在后续的成形过程中，随着热量的累积，过冷度不断变小，晶核减少，晶粒变得越来越粗大。FeNi 合金形成层的晶粒基本为粗大的柱状晶，生长方向沿着过冷度较大的方向生长。

图 3-35 所示为 FeNi 合金成形层和 CuNi 成形层的 XRD 分析结果，图 3-36 所示为复合成形层的 TEM 分析结果。由图可以看出，两种成形层呈现相同的晶体结构，均为面心立方结构。但是相对 FeNi 合金成形层，CuNi 成形层的衍射峰基本上发生了向大角度偏移的现象。这也间接地反映了 CuNi 成形层集聚了相对较大的残余应力。由 TEM 分析结果可以看出，FeNi 成形层内部之间的晶粒晶界非常纯净，没有发现明显的晶界析出相，而对比 CuNi 一侧的组织，(CuNi)颗粒弥散析出。在通常情况下，FeNi 合金容易在界面位置析出低熔点共晶。在成形过程中，低熔点共晶会导致结晶裂纹及再热裂纹的

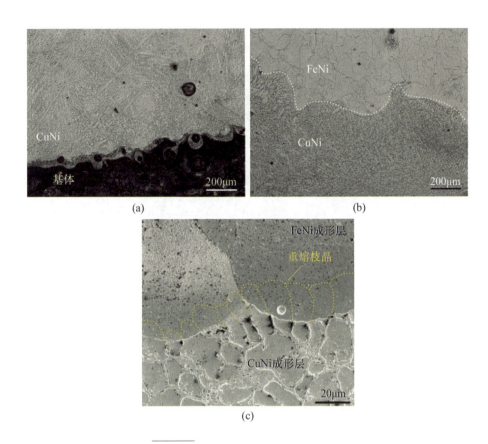

图 3-34 成形层的界面组织形貌特征

（a）CuNi 成形层与基体间界面；（b）CuNi 与 FeNi 间界面；（c）界面重熔区域。

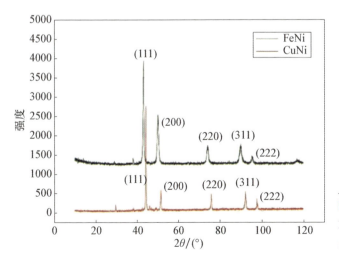

图 3-35
FeNi 成形层和 CuNi 成形层的 XRD 分析结果

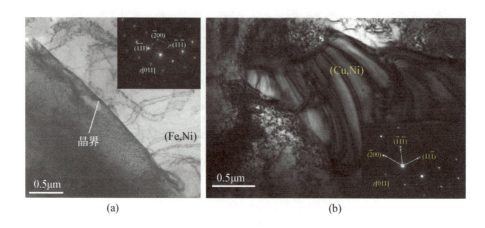

图 3-36　FeNi 成形层和 CuNi 成形层的 TEM 分析结果

出现，尤其是对于凹坑再制造成形来说，成形过程需要多层多道进行，热循环次数多，热累积严重，同时产生的拉应力较为明显。而在本章中，FeNi 成形层没有出现明显的热裂纹。

图 3-37 所示为复合成形层的界面区域的 EDS 能谱分析。在 FeNi 成形层的内部，从底部到顶部没有出现明显的元素分布上的差异，元素分布均匀一致，如图 3-37(a)所示。在基体与 CuNi 成形层的界面以及 CuNi 成形层与 FeNi 成形层的界面，均没有出现明显的元素扩散现象，如图 3-37(b)、(c)所示，只是在界面线的位置出现少量的元素扩散，而远离界面的地方，没有元素分布上的明显不均匀。在 FeNi 合金层的内部，晶界两侧也没有出现明显的元素差异，这也再次验证了晶界没有出现明显的低熔点共晶的析出。图 3-38 所示为复合成形层的截面硬度分布特征，可以看出，CuNi 成形层和基体界面区域的最高硬度不超过 500HV，CuNi 成形层的平均硬度为 350HV，而 FeNi 成形层的平均硬度为 190HV，略高于球墨铸铁件 QT500-7 的最低硬度要求。如果从硬度上来衡量复合成形层的效果，成形层的硬度要求仅仅满足 QT500-7 的最低要求，但符合激光增材再制造的要求。FeNi 成形层内部的晶粒粗大，由于要保证较低的膨胀特性，严格控制合金中的其他元素，因此没有明显的固溶强化和二次相强化，导致成形之后的硬度偏低。但对于一般的球墨铸铁件的激光增材再制造来说，基本符合其硬度要求。

对复合成形层进行性能上的测试，制备最大深度为 5.5mm 且宽度为 20mm 的弧形凹槽，在拉伸试样取样过程中，避开凹槽的底部，选择成形层

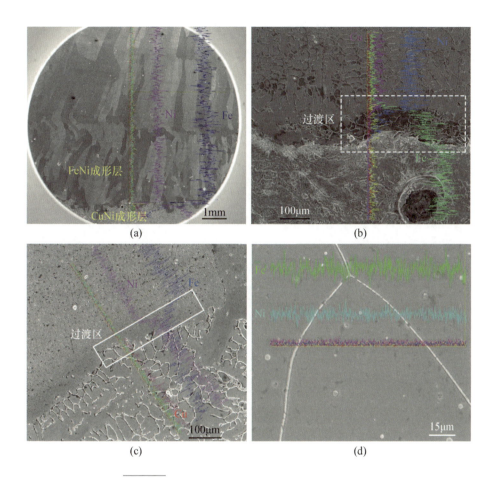

图 3-37 复合成形层和界面区域的元素分布特征
(a)FeNi 成形层；(b)CuNi 成形层与基板界面；
(c)CuNi 成形层与 FeNi 成形层界面；(d)FeNi 成形层晶界。

上部的 FeNi 合金层区域。复合成形层的抗拉强度曲线如图 3-39 所示，抗拉强度达到 460MPa，和一般的电弧焊接修复获得的焊缝抗拉强度相当。对于一般的球墨铸铁件的激光增材再制造，抗拉强度基本满足要求。为了进一步验证成形层的膨胀特性，对 FeNi 成形层、CuNi 成形层和基体的膨胀特性进行了测定，结果如图 3-40 所示。由图可以看出，在高温段(950℃以上)和低温段(220℃以下)，FeNi 成形层的膨胀系数明显低于基体；在中温段(220~950℃)，FeNi 成形层的膨胀系数高于基体。而对比 CuNi 成形层来说，在高温段的膨胀系数低于基体，但是在中温段和低温段，膨胀系数均高于基体。在成形过程中，低温段膨胀系数上的差异是导致成形过程中开裂的重要原因。

在试验中,开裂出现在低温区间,成形之后,在冷却到低温段时,往往听到成形层开裂出现的脆响。因此从测试的效果来看,采用 FeNi/CuNi 复合成形层进行球墨铸铁件的激光增材再制造在理论和实际的应用中均是可行并且有效的。

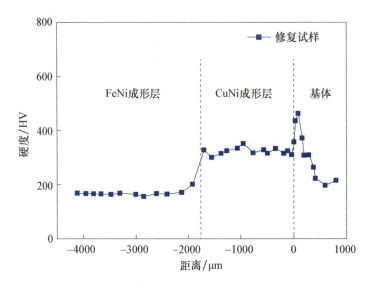

图 3-38 复合成形层的截面硬度分布特征

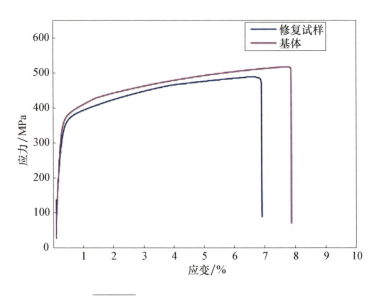

图 3-39 复合成形层的抗拉强度曲线

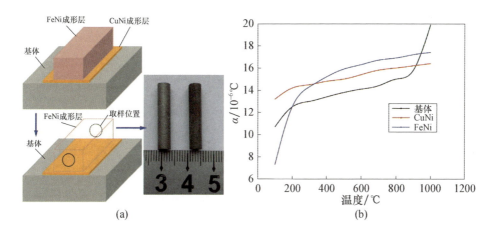

图 3-40 复合成形层的膨胀曲线

(a)示意图；(b)热膨胀曲线。

参考文献

[1] SIMCHI A, POHL H. Effects of laser sintering processing parameters on the microstructure and densification of iron powder[J]. Materials Science and Engineering: A, 2003, 359: 119-128.

[2] GU D, HAGEDORN Y C, MEINERS W, et al. Densification behavior, microstructure evolution, and wear performance of selective laser melting processed commercially pure titanium[J]. Acta Materialia, 2012, 60(9): 3849-3860.

[3] GU D, YUAN P. Thermal evolution behavior and fluid dynamics during laser additive manufacturing of Al-based nanocomposites: Underlying role of reinforcement weight fraction[J]. Journal of Applied Physics, 2015, 118: 401-477.

[4] GAO X L, ZHANG L J, LIU J, et al. Porosity and microstructure in pulsed Nd: YAG laser welded Ti6Al4V sheet[J]. Journal of Materials Processing Technology, 2014, 214: 1316-1325.

[5] PLEVACHUK Y, SKLYARCHUK V, YAKYMOVYCH A, et al. Density, viscosity, and electrical conductivity of hypoeutectic Al-Cu liquid alloys[J]. Metallurgical & Materials Transactions A, 2008, 39: 3040-3045.

[6] SONG B, HUSSAIN T, VOISEY K T. Laser cladding of Ni50Cr: A parametric and dilution study[J]. Physics Procedia, 2016, 83: 706-715.

[7] REDDY L,PRESTON S P,SHIPWAY P H,et al. Process parameter optimisation of laser clad iron based alloy:Predictive models of deposition efficiency,porosity and dilution[J]. Surface & Coatings Technology,2018,349:198-207.

[8] 王志坚. 装备零件激光再制造成形零件几何特征及成形精度控制研究[D]. 广州:华南理工大学,2011.

[9] 张文钺. 焊接传热学[M]. 北京:机械工业出版社,1989.

[10] 陆文华,李隆盛,黄良余. 铸造合金及其熔炼[M]. 北京:机械工业出版社,2002.

[11] YOKOYAMA T,EGUCHI K. Anharmonicity and quantum effects in thermal expansion of an Invar alloy[J]. Physical Review Letters,2011,107:065901.

[12] PARK W S,CHUN M S,HAN M S,et al. Comparative study on mechanical behavior of low temperature application materials for ships and offshore structures:part I—experimental investigations[J]. Materials Science and Engineering A,2011,528(25):5790-5803.

[13] CORBACHO J L,SUREZ J C,MOLLEDA F,et al. Welding of Invar Fe-36Ni alloy for tooling of composite materials[J]. Welding International,1998,12(12):966-971.

[14] YANG Z W,ZHANG L X,CHEN Y C,et al. Interlayer design to control interfacial microstructure and improve mechanical properties of active brazed Invar/SiO_2-BN joint[J]. Materials Science and Engineering A,2013,575(34):199-205.

第 4 章
激光增材再制造成形组织演变规律

4.1 合金钢成形层组织演变规律

4.1.1 成形层截面形貌变化特征

激光熔化沉积样品的组织是很复杂的,不同区域的组织存在较大差别,为了研究组织演化的规律,分别研究了激光功率为 2000W、扫描速度为 6mm/s 时单道试样[图 4-1(a)]、单层试样[图 4-1(b)]、四层试样[图 4-1(c)]和多层试样[图 4-1(d)]的组织特点。图 4-1 所示为各试样的横截面形貌。由图可知,各试样中熔池的边界清晰可见。

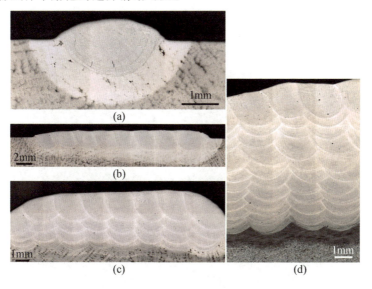

图 4-1 各试样横截面形貌

(a)单道试样;(b)单层试样;(c)四层试样;(d)多层试样。

1. 单道试样组织特征

如图4-2所示为单道试样横截面不同区域的组织特征。在图4-2中，A代表熔池区域，B代表热影响区域，C代表热影响边界区域，D代表基板区域。

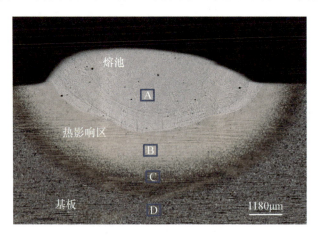

图4-2　激光功率为2000W、扫描速度为6mm/s时单道试样横截面形貌

熔池内晶粒的形貌如图4-3所示，熔池内晶粒主要为平行生长的柱状晶，晶粒宽度小于10μm，长度达到毫米级。据文献[11]研究，最大温度梯度的方向总是垂直于熔池的边界，晶粒倾向于沿着温度梯度的方向生长。该理论在经历快速凝固过程的镍基和钛合金中得到广泛验证。

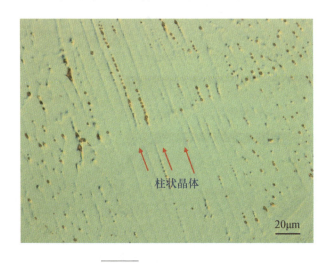

图4-3　试样的晶粒形貌

熔池内微观组织如图4-4(a)所示。由于熔池冷却速度极快，组织主要由马氏体组成。熔池区的硬度约为630HV。根据图4-4(b)、(d)的EBSD分析结果可知，单道试样的晶粒尺寸不均匀，晶粒的尺寸分布在几微米到30μm之间，大晶粒占了相当大的比例。图4-4(c)显示了凝固后微观结构的织构特征。

对于立方结构的晶体，晶粒倾向于向<100>方向生长。然而，如图4-4(c)所示，晶粒倾向于沿<111>方向生长，这是由相变引起的。当试样快速冷却时，奥氏体转变为马氏体，其晶粒继承了先前奥氏体晶粒的晶体学取向。由于马氏体的晶体结构不再是立方结构，因此这些新晶粒不再沿<100>方向生长。

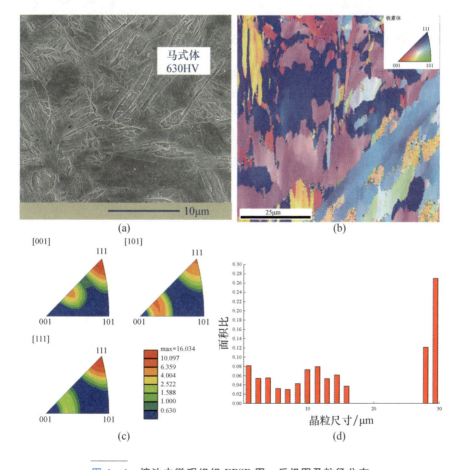

图4-4 熔池内微观组织EBSD图、反极图及粒径分布
(a)SEM形貌；(b)EBSD取向分布图；(c)反极图；(d)单道试样晶粒尺寸分布。

为了分析 LMD 过程中微观组织的形成和演化机理，采用有限元方法对熔池冷却速度进行了研究。模拟熔池与实际熔池有很好的对应关系，如图 4-5 所示。A_1 和 B_1 分别表示熔池区和热影响区。

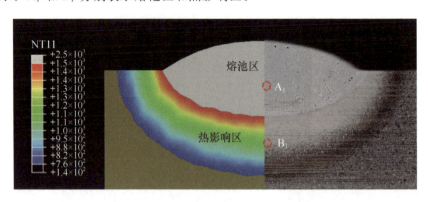

图 4-5　有限单元法模拟熔池内温度分布

图 4-6 所示为 LMD 过程中微观组织转变的动态模拟结果。当温度降至 900℃ 以下时，A_1 的冷却速度在 10～100℃/s 之间，冷却 10s 后，A_1 的温度接近 420℃，过冷奥氏体开始向下贝氏体转变。根据文献[21]中的研究结果，24CrNiMo 钢的马氏体转变起始温度（Ms）约为 370℃；当温度降至 370℃ 时，残余过冷奥氏体开始转变为马氏体。由于冷却速度快，下贝氏体的数量很少，因此，冷却后熔池中的组织主要为马氏体。

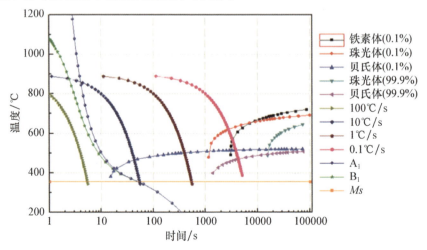

图 4-6　24CrNiMo 钢连续冷却转变曲线

图 4-7 所示为图 4-2 所示熔池不同区域的微观结构。热影响区的显微组织以马氏体为主，与熔池中的组织相似，如图 4-7(a)所示。根据图 4-6 所示热影响区（B_1 区）的冷却速度，当温度降至 800℃ 以下时，B_1 的冷却速度与 A_1 的冷却速度非常相似。因此，从奥氏体（γ）到马氏体的转变过程是相似的。虽然在室温下熔池和热影响区的显微组织是相同的，但它们的形成过程却有很大的不同。熔池中的组织是在液态凝固后直接形成的，而热影响区的组织是在固态相变后形成的。

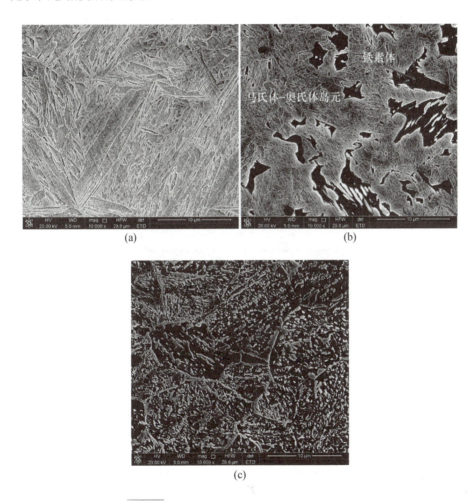

图 4-7 图 4-2 中熔池不同区域的显微组织
(a)区域 B；(b)区域 C；(c)区域 D。

热影响区边界处的微观结构与熔池和热影响区内部的完全不同,如图4-7(b)所示。该区域微观组织由铁素体和马氏体组成。根据非平衡加热相图(图4-8),热影响区边界温度处于(α+γ)区,加热后形成铁素体和奥氏体混合组织,冷却后奥氏体转变为马氏体。

图4-7(c)所示基体的显微组织为粒状珠光体(G-P)。上述分析表明,熔池不同区域晶粒的热循环过程不同,导致形成了不同类型的显微组织。

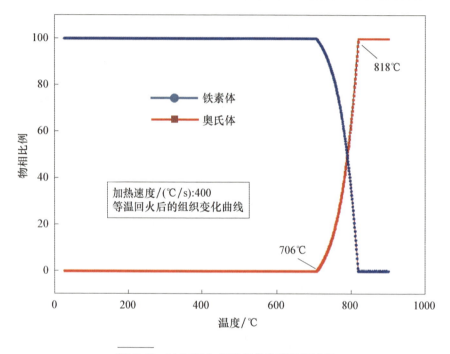

图4-8　24CrNiMo钢奥氏体化时相变过程

2. 单层试样组织特征

图4-9(a)～(c)所示为单层样品的显微组织形貌。单层试样由8条扫描道组成。第一道的组织为马氏体,与单道试样的微观组织一样,而第八道的组织为下贝氏体和马氏体的混合物,与单道试样的组织明显不同。图4-10所示分别为单道试样中第一道(L区)和第八道(R区)熔池位置的冷却曲线。由L区的快速冷却曲线可知,熔池冷却后,组织将由奥氏体转变为马氏体,这与单道试样的冷却过程非常相似。而R区冷却速度较慢,导致在冷却过程中形成马氏体+下贝氏体混合组织。

第 4 章 激光增材再制造成形组织演变规律

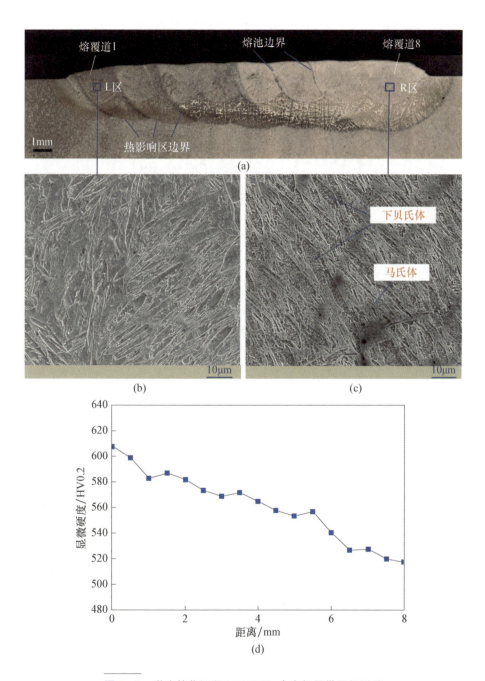

图 4-9 激光熔化沉积 24CrNiMo 合金钢显微组织形貌

(a)试样横截面金相形貌；(b)、(c)微观组织形貌；(d)试样硬度分布。

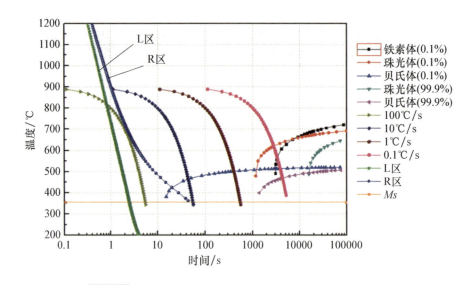

图 4-10　24CrNiMo 钢 CCT 曲线及 L 区和 R 区的冷却曲线

除微观组织类型外，单层试样的晶粒形态和晶粒尺寸也与单道试样的不同。图 4-11 所示为 L 区和 R 区的晶体取向和晶粒度分布。R 区的最大晶粒尺寸为 23 μm，而 L 区的最大晶粒尺寸为 17 μm。L 区小于 1 μm 晶粒的面积分数大于 R 区的，说明 L 区的晶粒更细。图 4-12 所示为 L 区和 R 区的反极图，可以看出，L 区和 R 区的织构强度分别约为 4.3 和 7.5。

3. 多层试样组织特征

图 4-13 所示为 LMD 成形 24CrNiMo 钢横截面显微组织形貌图。试样共成形了 4 层，每层有 8 个熔覆道。A_2 区和 B_2 区分别位于第四层的第一道和第八道，如图 4-13(a)、(b)所示，A_2 区由铁素体、马氏体和粒状贝氏体组成，B_2 区由马氏体和下贝氏体组成。图 4-14 所示为 A_2 区和 B_2 区的反极图和粒径分布。A_2 区和 B_2 区的最大晶粒尺寸分别约为 9 μm 和 13 μm。此外，A_2 区和 B_2 区出现了大量小于 1 μm 的细晶粒，其织构强度分别约为 3.6 和 4.7。

图 4-15 所示为 C_2 区的微观组织和 EBSD 分析结果，图 4-16 所示为 D_2 区的微观组织和 EBSD 分析结果。C_2 区和 D_2 区分别位于试样第一层的第一道和第八道。C_2 区组织由铁素体、马氏体和下贝氏体组成，D_2 区以下贝氏体为主。C_2 区的最大晶粒尺寸约为 9 μm，而 D_2 区的最大晶粒尺寸也约为 9 μm。另外，C_2 区和 D_2 区的织构强度分别为 2.3 和 3.0。

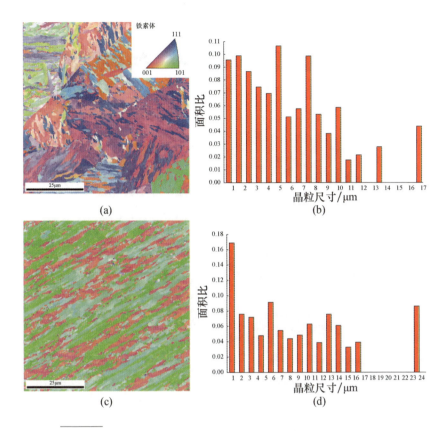

图 4-11 激光熔化沉积 24CrNiMo 合金钢晶体取向和晶粒度分布

(a)L 区 EBSD 取向分布图;(b)L 区晶粒尺寸分布;(c)R 区 EBSD 取向分布图;(d)R 区晶粒尺寸分布。

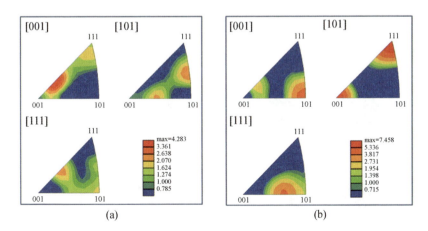

图 4-12 激光熔化沉积 24CrNiMo 合金钢反极图

(a)L 区反极图;(b)R 区反极图。

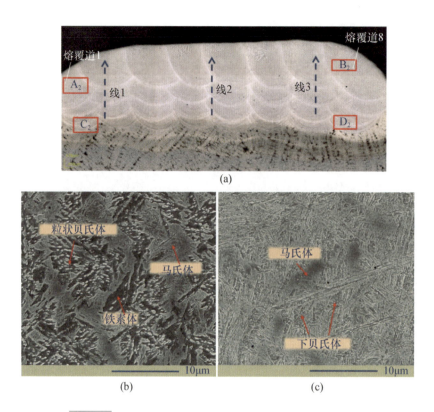

图 4-13 激光熔化沉积 24CrNiMo 钢横截面显微组织形貌

(a)四层试样金相截面图；(b)A_2 区域微观组织；(c)B_2 区域微观组织。

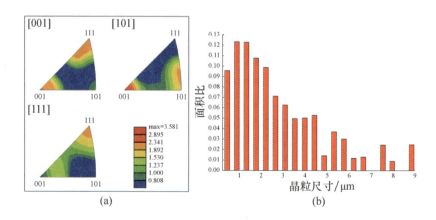

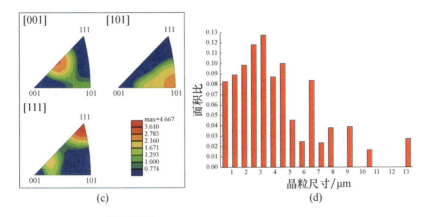

图 4-14 A_2 区和 B_2 区反极图及粒径分布

(a)A_2 区反极图;(b)A_2 区晶粒尺寸分布;(c)B_2 区反极图;(d)B_2 区晶粒尺寸分布。

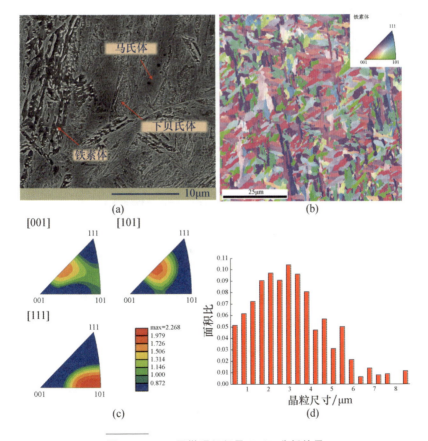

图 4-15 C_2 区微观组织及 EBSD 分析结果

(a)微观组织;(b)EBSD 取向分布图;(c)反极图;(d)晶粒尺寸分布。

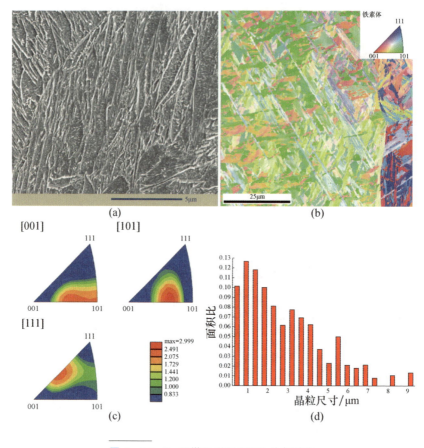

图 4-16 D_2 区微观组织 EBSD 分析结果

(a)微观组织；(b)EBSD 取向分布图；(c)反极图；(d)晶粒尺寸分布。

除熔池内组织外，LMD 成形 24CrNiMo 钢热影响区边界处还存在一种特殊的组织。如图 4-17(a)所示，在试样横截面上可以观察到许多热影响区边界带。热影响区边界的微观组织由铁素体和马氏体组成，如图 4-17(b)所示。根据 Fe-C 相图，在 LMD 成形过程中，热影响区边界带被加热到 Ac_1 和 Ac_3 之间的温度，微观组织将转变为铁素体和奥氏体的混合物。在随后快速冷却时，奥氏体转变为马氏体，而铁素体会保留下来。

在 LMD 成形过程中，由于热量的逐渐累积，基板和试样的温度升高。通过比较单道试样的 A 区、单层试样的 R 区和四层试样的 B_2 区的微观结构，可以说明基板温度累积对微观组织演化的影响，因为它们制备环境的唯一区别就是基板温度。

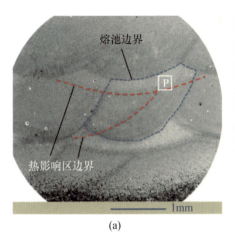 

图 4-17 激光熔化沉积 24CrNiMo 特殊组织

(a)LMD 成形 24CrNiMo 钢微观组织；(b)P 区的微观组织。

通过模拟可知，单道试样成形时基板温度为 20℃，单层试样的 R 区成形时基板温度为 200℃，四层试样的 B_2 区成形时基板温度为 400℃。根据上述分析可知，A 区和 R 区的微观结构为马氏体和马氏体+下贝氏体的混合物。B_2 区的显微组织为马氏体+下贝氏体的混合物，其中下贝氏体的含量明显高于 R 区中下贝氏体的含量。这是因为其基板温度更高，形成的下贝氏体含量更多。

A 区、R 区和 B_2 区的最大晶粒尺寸分别为 30μm、23μm 和 13μm，对应的织构强度分别为 16、7.5 和 4.7。下贝氏体的形成是晶粒细化和织构弱化的主要原因，马氏体形核和长大不依赖原子扩散，马氏体生长速度极快，因此 A 区晶粒尺寸较大。而下贝氏体的生长依赖原子扩散，晶粒长大需要一定时间，因此，更多的贝氏体晶粒可以一起生长，形成细晶粒。另外，在连续冷却过程中，下贝氏体先于马氏体形成，使得马氏体没有足够的空间生长，从而抑制了马氏体晶粒的生长。马氏体倾向于在特定方向形核和生长，这被称为惯习现象。因此，A 区的织构强度很强。下贝氏体也倾向于向一定方向形核和长大。然而，由于下贝氏体和马氏体的惯习面不同，混合马氏体+下贝氏体的织构强度降低。

通过比较单道试样 A 区和单层试样 L 区的微观组织，可以说明热循环对微观组织演变的影响。这是因为它们的成形条件完全相同，只是 L 区的微观组织受后续热输入的影响。

L区的热循环曲线如图 4-18(b) 所示，其中峰 2 和峰 3 分别由第二个扫描道和第三个扫描道的热输入引起。在第二道和第三道的成形过程中，L 区的温度可被加热到 1154℃ 和 469℃，这将导致组织因温度升高而变得不稳定，进而转变为其他相。24CrNiMo 钢的 Ms 温度约为 370℃，A_{C_1} 和 A_{C_3} 温度分别为 706℃ 和 810℃。当试样加热温度超过 706℃ 时，显微组织中开始形成铁素体。当加热温度超过 810℃ 时，显微组织将完全转变为奥氏体。

与 A 区相比，L 区最大晶粒尺寸由 30μm 细化到 17μm，细晶粒比例明显增加。L 区的晶粒细化是由于快速转变为奥氏体的过程。在此过程中，形成了细小的奥氏体晶粒。马氏体和下贝氏体通常在奥氏体晶粒中形核和长大。相变后，奥氏体晶粒中可形成较细的组织，这表明奥氏体晶粒的细度与显微组织的细度成正比。因此，L 区晶粒明显细化。图 4-18 所示为 L 区微观结构在奥氏体化时的细化原理，其中 A 区的织构强度从 16 降低到 L 区的 4.3。

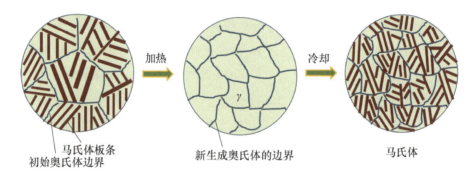

图 4-18 L 区微观组织在奥氏体化过程时的细化原理示意图

在大块试样中，热循环对微观组织演变的影响更为复杂，因为微观结构受同一层和不同层的热量输入的影响，这可以通过比较 C_2 区和 L 区或 D_2 区和 R 区之间的微观结构来说明。为了研究 C_2 区和 D_2 区的微观结构演变机理，模拟了第二层沉积过程中相应的热循环曲线，如图 4-19 所示。C_2 区和 D_2 区经历了一个复杂的热循环，包括一个奥氏体化过程。因此，与 L 区相比，C_2 区的最大晶粒尺寸从 17μm 进一步细化到 9μm，织构强度从 4.3 降低到 2.3。另外，相对于 R 区，D_2 区的最大晶粒尺寸从 24μm 进一步细化到 9μm，织构强度从 7.5 降低到 2.9。应注意的是，C_2 区的微观结构同时受到热循环和热累积的影响。在第二层的形成过程中，由于 C_2 区温度升高，奥氏体化过程的冷却速度和最终冷却温度都会受到影响，同样也会影响组织的演变。因此，24CrNiMo 合金钢在 LMD 过程中的组织转变更为复杂。

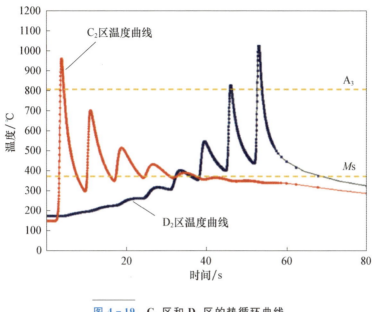

图 4-19　C_2 区和 D_2 区的热循环曲线

4. 成形层力学性能特点

如上所述，R 区的显微组织由下贝氏体和马氏体组成，而 L 区的显微组织由马氏体组成。从单层试样的第一道到第八道热量逐渐累积，凝固后初生组织中下贝氏体含量逐渐增加。这是由于热量累积降低了熔池的冷却速度，导致组织逐渐过渡。由于显微组织的演变，从第一道到最后一道的维氏硬度从大约 608HV 降低到 520HV[图 4-9(d)]。

由于热累积和热循环，单层和大块试样的微观组织不均匀，导致其力学性能必然存在差别。沿 3 条路径测试了四层试样横截面上的硬度分布(图 4-13)，结果如图 4-20 所示。3 条路径测得的硬度变化规律不同。沿路径 1 硬度逐渐增加，沿路径 2 硬度先增加后降低，而沿路径 3 硬度逐渐降低。结果表明，试样底部不同位置的硬度差异较大，而顶部不同位置的硬度相对较接近。此外，A_2、B_2、C_2、D_2 区的显微组织、晶粒尺寸和织构强度都存在差异，说明非均匀组织对材料的性能有很大的影响。

图 4-21 所示为 LMD 成形 24CrNiMo 钢的拉伸性能及其断口形貌。一般而言，韧性断裂的断口呈韧窝状，而脆性断裂的断口为解理形貌。然而，在 LMD

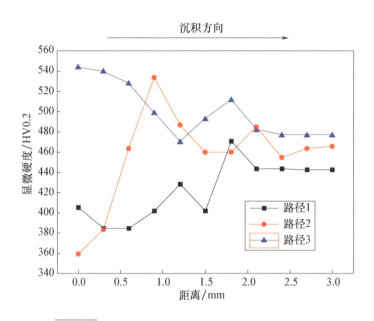

图 4-20　图 4-13(a)中所示 3 条路径测试硬度分布

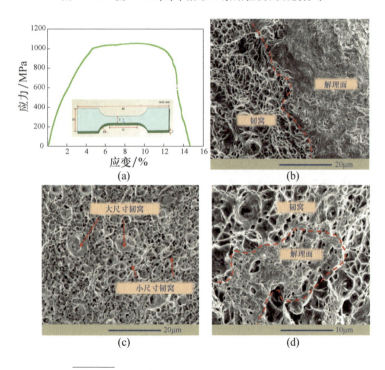

图 4-21　LMD 成形 24CrNiMo 钢拉伸断口形貌

(a)应力-应变曲线；(b)~(d)断口形貌。

成形 24CrNiMo 钢的断口形貌中,这两种断裂形态可以共存。该复合断口形貌的形成是由于显微组织和晶粒尺寸的不均匀造成的。试样的变形是由具有不同变形能力的不同微观结构协同变形引起的。马氏体的塑性较差,下贝氏体的变形能力中等,铁素体和粒状贝氏体的塑性最好。这表明脆性断裂可能是由马氏体在拉伸变形过程中引起的。

此外,不同的晶粒尺寸也会导致不均匀断裂。晶界可以作为位错运动的障碍,在晶界处容易形成位错堆积。大尺寸晶粒更容易引起位错累积和应力集中,导致裂纹和失效。因此,晶粒度对材料强度有很大影响。Hall 和 Petch 提出了低碳钢屈服强度与晶粒度相关的公式,如下所示:

$$\sigma = M(\tau_0 + Kd^{-1/2}) \quad (4-1)$$

式中:M 为泰勒取向因子;τ_0 为临界切应力;d 为平均晶粒度;K 为材料参数。

用统计方法研究非均匀组织对力学性能的影响,测试了 LMD 和铸造成形的 24CrNiMo 试样的极限抗拉强度(UTS)和延伸率(EL),每组试样测试了 5 次,测试结果如表 4-1 所示。标准差(Std)通常用于评估数据的波动性。标准差的定义为

$$\text{Std} = \sqrt{\frac{1}{N-1}\sum_{i=1}^{N}(X_i - \overline{X})^2} \quad (4-2)$$

式中:N 为数据总数;$\overline{X}$ 为所有数据的平均值。

表 4-1 LMD 及铸造成形的 24CrNiMo 钢拉伸性能测试

试样	LMD 成形试样					铸造试样				
	1	2	3	4	5	1	2	3	4	5
抗拉强度(UTS)/MPa	1184	1098	1121	1136	1067	1079	1086	1080	1073	1080
延伸率(EL)/%	10.5	11.2	11.8	13.8	14.6	9.5	11.5	10.0	11	11
UTS 的标准差	—	—	39.0	—	—	—	—	4.13	—	—
EL 的标准差	—	—	1.56	—	—	—	—	0.73	—	—

由表 4-1 可知,LMD 成形试样的标准偏差明显大于铸造试样的标准偏差。结果表明,显微组织的不均匀性会使 LMD 成形 24CrNiMo 试样的宏观力学性能发生波动。

虽然 LMD 试样的显微组织不均匀,但 LMD 试样的整体强度和塑性均高

于铸造合金，这是因为成形的样品具有更多的亚结构和更细的晶粒。

图 4-22 所示为 A 区和 C_2 区的晶界角度分布。C_2 区的大角度晶界比例明显增加。据研究表明，这些大角度边界可以有效地防止裂纹扩展，并提高韧性。因此，具有较多高角度晶界是 LMD 成形 24CrNiMo 钢具有良好综合性能的原因之一。

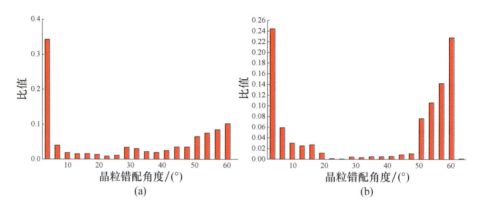

图 4-22 24CrNiMo 沉积层的晶粒错配角度比例
(a)A 区晶界角度统计；(b)C_2 区晶界角度统计。

当 LMD 成形试样厚度超过 4 层后，试样的微观组织会有新的变化，多层试样横截面的宏观形貌如图 4-23(a)所示。在图 4-23(a)中，白色细虚线表示熔池的边界，黄色粗虚线表示热影响区的边界。热影响区的边界是在成形最后一层时形成的。它将横截面分成两部分：上部(表面)的显微组织主要为马氏体和少量下贝氏体的混合组织[图 4-23(b)]，而下部(内部)的显微组织由回火马氏体(T-M)组成[图 4-23(d)]。表面形成少量下贝氏体是由于热累积导致冷却速度降低以及热循环引起的固态相变所致。热影响区边界处的组织由铁素体和马氏体组成[图 4-23(c)]，其形成过程与单道试样中热影响区的形成过程相似。

采用透射电镜对各区域的微观亚结构进行了表征，如图 4-24 所示。图 4-24(a)所示为相应的马氏体 TEM 图像。由图可知，马氏体板条平行分布，平均宽度约为 300nm。在一些板条中观察到了较高的位错密度和细小的孪晶亚结构，这对提高其力学性能起到了关键作用。Ⅰ区对应的暗场图像和选区衍射分析结果如图 4-24(b)所示，其中未观察到沉淀相。另外，在这两幅图中观察到了高位错密度。图 4-24(c)所示为下贝氏体的 TEM 图像。由图

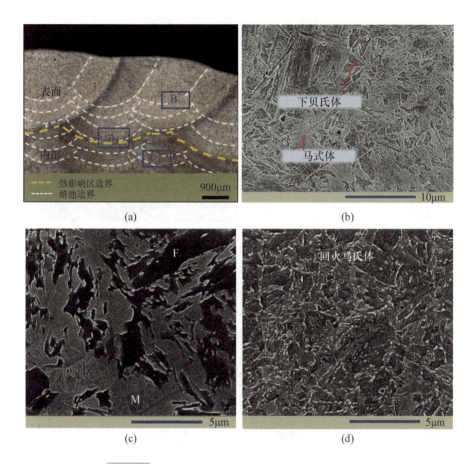

图 4-23 激光熔化沉积合金钢成形层顶部显微组织

(a)试样截面金相形貌；(b)B_3 区微观组织；
(c)A_3 区微观组织；(d)C_3 区微观组织。

可知，平行分布的板条中存在第二相颗粒，板条的边界发生扭曲，这是典型的下贝氏体板条的特征。图 4-24(d)所示为 Ⅱ 区相应的暗场图像和 SAD 分析结果。图 4-24(e)所示为回火马氏体的明亮场图像，其显著特征是板条的轮廓变得模糊，出现了小的圆形结构。这些结构颜色均匀，没有位错或缺陷。圆形组织为重结晶铁素体。在相应的暗场图像[图 4-24(f)]中，能观察到许多二次相粒子，它们比贝氏体中的沉淀大。由于再结晶过程不完全，认为其微观组织为回火马氏体。

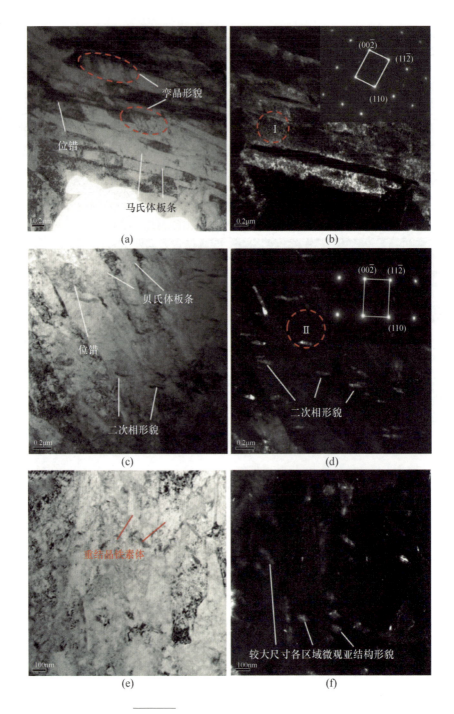

图 4-24 各区域微观亚结构形貌表征

(a)、(b)马氏体微观形貌;(c)、(d)下贝氏体微观形貌;(e)、(f)回火马氏体微观形貌。

除成形性和微观组织外,织构对 LMD 制备的构件性能有显著影响。在本样品的表面部分,观察到了<100>织构,如图 4-25(a)~(c)所示。然而,在样品内部,晶体取向是随机分布的,如图 4-25(d)~(f)所示。这是因为奥氏体在冷却后发生了转变。在试样表面,组织来源于过冷奥氏体,并在新组织生长过程中保留了部分奥氏体的取向,即所谓惯习现象。而在试样内部,由于多次热循环的影响,显微组织经历了多次形核和长大过程,取向的遗传关系逐渐减弱,新形成的微观组织织构逐渐弱化。

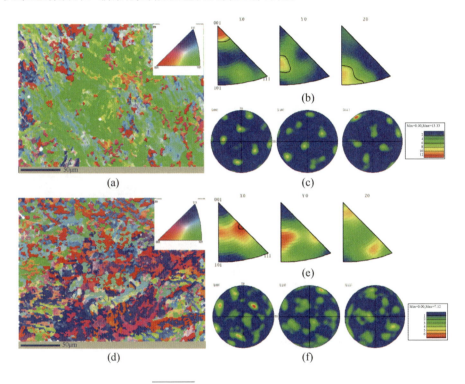

图 4-25 LMD 制备构件的结构

(a)~(c)图 4-24 中 B_3 区 EBSD 分析结果;(d)~(f)图 4-24 中 C_3 区 EBSD 分析结果。

图 4-26 所示为试样横截面的硬度分布。试样内部硬度约为 440HV,表面硬度约为 490HV。在试样中部、热影响区边界处硬度突然增加。这是因为高硬度区的组织由马氏体和少量的下贝氏体组成,而低硬度区的组织为回火马氏体。如图 4-24(a)所示,马氏体板条中存在高位错密度。这些位错很快纠缠在一起,并在移动时阻碍了彼此的运动。此外,固溶碳原子与马氏体板条之间的界面具有很强的阻止位错运动的能力,因此马氏体具有较高的强度。

在低碳马氏体板条中观察到孪晶,这可能与熔池的快速凝固有关,孪晶增加了马氏体的硬度和强度。下贝氏体中的析出物阻碍了位错的运动,保证了下贝氏体的高强度。此外,固溶碳原子在下贝氏体中的析出降低了晶格畸变程度,使铁素体具有良好的塑性。在回火马氏体中,由于大量碳原子的析出和聚集,基体强度降低。与回火马氏体相比,下贝氏体和马氏体的强度和硬度更高,韧性更低。

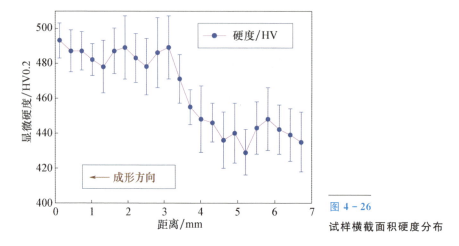

图 4 - 26　试样横截面积硬度分布

为了进一步分析其力学性能,分别从试样表面和内部切取了 3 个拉伸试样,并测试了其抗拉性能。此外,还与铸造成形 24CrNiMo 钢的抗拉性能进行比较。测试结果如表 4 - 2 所示。结果表明,LMD 成形试样具有良好的梯度特性:表面具有较高的极限抗拉强度和屈服强度,内部具有较好的延伸率。总的来说,与传统方法和文献报道的样品相比,其力学性能更优。

表 4 - 2　试样力学性能

试样	屈服强度 YS/MPa	平均误差	UTS/MPa	平均误差	EL/%	平均误差
试样表层	1107	32	1218	19	11.2	1.6
试样内部	1026	91	1113	64	19.2	1.5
铸造 24CrNiMo	970	11	1080	10	10.9	1.3

样品的表层及内部拉伸断口形貌如图 4 - 27 所示。由图 4 - 27(a)、(b)中可看到明显的颈缩,表明试样具有良好的塑性。断口中韧窝主要有两种类型,试样表面处的韧窝浅而大[图 4 - 27(c)],较大和较浅的韧窝会降低试样延展

性。表面处断口中还存在细小的韧窝,这可能是由于显微组织不均匀造成的。不同的晶粒尺寸和形貌对塑性变形的抗力不同,导致断口形貌不均匀。试样内部的断口中韧窝小而深[图4-27(d)],这表明试样具有良好的塑性。相比表面,内部断口形貌比较均匀,这是因为试样内部晶粒尺寸相对单一,显微组织由单相组成。因此,塑性变形相对均匀,断口形貌均匀。此外,在韧窝中可以看到细小的沉淀颗粒[图4-27(d)],这些细小的析出相增强了结构的韧性。

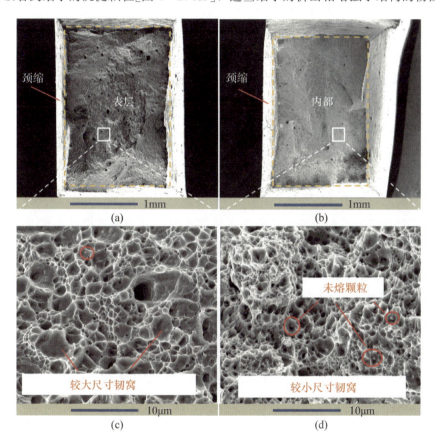

图4-27 激光熔化沉积24CrNiMo表层及内部拉伸断口形貌
(a)试样表面宏观断口形貌;(b)试样内部宏观断口形貌;
(c)试样表面微观断口形貌;(d)试样内部微观断口形貌。

4.1.2 成形层梯度组织性能控制

从4.1.1节分析可知,LMD成形多层试样的表层组织和内部组织不同,可获得具有梯度性能的试样，这种梯度组织和性能的产生是由热输入的差别导致的。激光功率和扫描速度对热输入的影响较大。因此理论上通过改变激光功率和扫描速度，能够获得不同的梯度成形层。基于该假设，本节采用3种激光功率(1500W、2000W 和 2500W)研究其成形层的梯度特性。

1. 成形层截面形貌

图 4-28 所示为 LMD 成形试样横截面的光学形貌。成形试样的厚度均为 8mm 左右。从图中可以隐约看到熔池的边界，熔池的横截面积随着激光功率的增加而增大。当激光功率为 1500W 时，成形试样共有 10 层；当激光功率为 2000W 时，成形试样共有 6 层；当激光功率为 2500W 时，成形试样共有 5 层，这意味着更高的激光功率有助于提高成形效率。3 个试样的成形效率如表 4-3 所示。结果表明，随激光功率增加，3 个试样的成形效率分别为 9.6mm³/s、13mm³/s 和 19.4mm³/s。

在成形时，熔池和热影响区是同时形成的。但在多层块体试样中，只有最后一层的热影响区清晰可见(图 4-28)。热影响区的边界将试样的横截面分为两部分，即表面和内部。这两个区域的显微组织和显微硬度有很大差别。此外，表层和内部的厚度也有很大差别。随着激光功率的增加，表层厚度由 2.7mm 增加到 5.6mm。表面厚度(D_S)相对于样品厚度($D_S + D_I$)的百分比从 34% 增加到 70%(表 4-3)。

表 4-3 3 个试样制备参数

激光功率/W	样品编号	成形效率/(mm³/s)	表层厚度/mm	$\dfrac{D_S}{D_S + D_I}$/%
1500	S_1	9.6	2.7	34
2000	S_2	13	3.4	43
2500	S_3	19.4	5.6	70

2. 成形层组织特征

图 4-29 所示为 3 个 LMD 成形试样的表面和内部的微观结构。由图可以看出，每个样品的表面和内部微观组织都有很大的不同。表面组织均为马氏体和下贝氏体的混合物。随着激光功率的增加，马氏体和下贝氏体的尺寸也

增大。内部组织主要为回火马氏体,是由打印过程中热累积和自回火形成的。随着激光功率的增加,回火马氏体逐渐粗化。

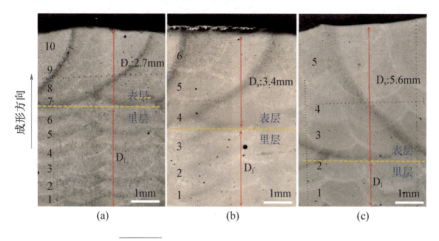

图 4-28　3 个试样表面和内部微观结构
(a)S_1; (b)S_2; (c)S_3。

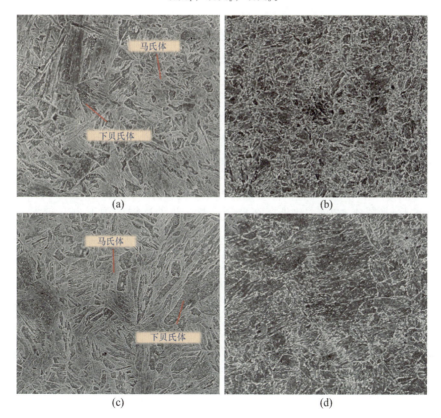

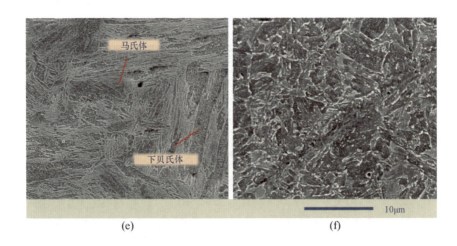

图 4-29 LMD 试样表面和内部微观结构

(a)S_1 试样表面微观组织；(b)S_1 试样内部微观组织；
(c)S_2 试样表面微观组织；(d)S_2 试样内部微观组织；
(e)S_3 试样表面微观组织；(f)S_3 试样内部微观组织。

3. 成形层梯度性能特点

图 4-30 所示为 3 个 LMD 成形试样横截面上的硬度分布。由图可以看出，3 种试样的表层硬度相近，约为 480HV0.2。从表面到内部，3 个试样的硬度突然下降。这是因为高硬度区的组织由下贝氏体和马氏体组成，而低硬度区的组织是回火马氏体。与回火马氏体相比，下贝氏体和马氏体具有较高的强度和硬度，较低的韧性。3 个试样的高硬度区范围不同，因为各试样的表层厚度不同（图 4-29）。此外，在低硬度区，3 种试样的硬度也有较大差异。S_1 试样的硬度最高，S_3 试样的硬度最低。这是由于随着激光功率的增加，回火马氏体逐渐粗化且组织中亚结构减少。

图 4-31 所示为 3 个 LMD 样品表面和内部的极限抗拉强度和延伸率。结果表明，试样表面的极限抗拉强度高于内部，而表面塑性低于内部。随着激光功率的增加，3 种 LMD 试样的表面和内部极限抗拉强度降低，塑性逐渐增加。

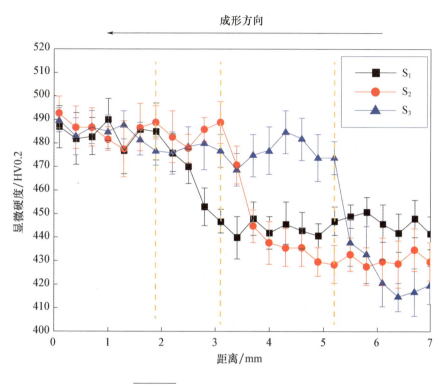

图 4-30 3个试样横截面硬度分布

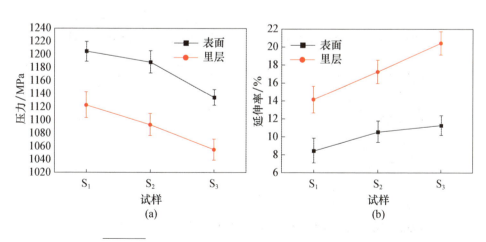

图 4-31 3个试样表面和内部的极限抗拉强度和延伸率
(a)极限抗拉强度；(b)延伸率。

4.2 灰铸铁件成形层界面组织特征

4.2.1 单道成形层显微组织

对单道成形层与堆积成形层，分别进行切样分析，观察成形层内部组织形态，进而评价成形层内部成形质量。图4-32所示为单道成形层横截面显微组织形貌，由图4-32(a)可见成形层与HT250基体形成良好的冶金结合，从基体组织变化来看，由于采用低功率成形，基体熔化深度较小，故基体热影响区范围较小，同时在结合界面处形成明显的白口组织。图4-32(b)～(d)依次展现了成形层由底部至顶部的组织变化规律，即由底部垂直生长的粗大树枝晶逐渐变化为顶部的细小致密的交叉状树枝晶，体现了典型的定向凝固组织特征。

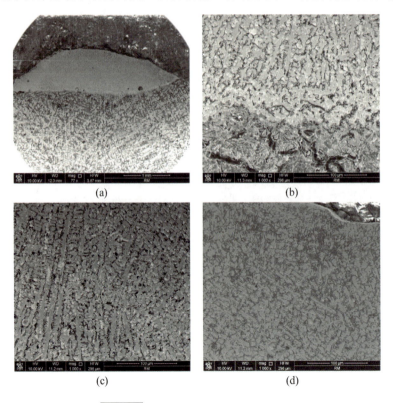

图4-32 单道成形层横截面显微组织
(a)横截面形貌；(b)成形层底部；(c)成形层中部；(d)成形层顶部。

试验选取基体温度在 30℃ 和 500℃ 所成形的激光成形层进行组织分析。沿成形层横截面方向进行线切割，然后抛光、腐蚀，先采用 5% 浓度硝酸与酒精混合溶液轻腐蚀成形层与基体(10s)。观察基体热影响区、半熔化区组织以及成形层晶间易腐蚀相特征，如图 4-33 所示。然后采用王水重腐蚀(20min)，观察成形层晶粒，如图 4-34 所示。

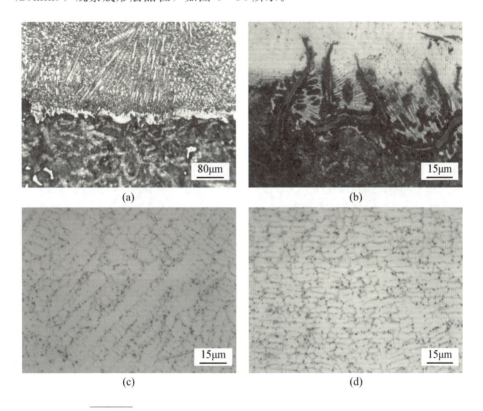

图 4-33　CuNi 合金激光成形层显微组织（基体温度为 30℃）
(a)横截面组织；(b)半熔化区；(c)成形层底部；(d)成形层心部。

由图 4-33 和图 4-34 可见，在两种不同基体预热温度条件下成形的 CuNi 合金成形层结合界面处均出现了白口组织，基体温度为 30℃、500℃ 的成形层白口组织宽度分别为 40μm 和 50μm。基体温度为 30℃ 的成形层白口组织沿界面连续分布，而基体温度为 500℃ 成形层白口组织则呈现断续分布状。可见提高基体预热温度虽然也会出现白口组织，但避免了连续性白口组织，从而有利于降低界面脆性，抑制成形层结合界面开裂倾向。

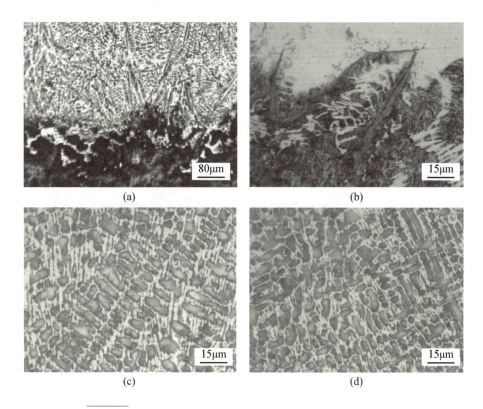

图 4-34 基体温度为 500℃ 时 CuNi 合金激光成形层显微组织
(a)横截面低倍组织；(b)半熔化区；(c)成形层底部；(d)成形层心部。

由图 4-33(b)、图 4-34(b)可见，半熔化区的组织为白色片状的 Fe_3C、层片极细小致密的屈氏体组织和片状石墨组织。其中，处于近熔池一端的石墨片已部分熔化，甚至分解的小石墨片随熔池对流运动漂移至熔池内部[图 4-33(b)]。图 4-34(b)中半熔化区呈现更清晰的分解特征，近熔池一端呈现脱离基体状态，而熔池内部 Cu、Ni 等元素渗入基体分解的空隙，形成石墨、Fe_3C、基体淬硬组织、CuNi 固溶体等组织互相融合的组织特征。

观察成形层组织，由图 4-33(c)、图 4-34(c)可见，底部成形层主要以相对粗大的枝状晶为主，枝晶一次晶轴较长，有明显的二次晶轴枝晶，一次晶轴生长方向垂直于底部界面，与温度梯度方向相反，在二次枝晶间隙分布着最后凝固组织和黑色点状金属化合物。而在成形层心部，组织则出现差异，由图 4-33(d)可见，成形层组织主要以细小密布的胞状晶为主，少量分布着细小枝晶，枝晶一次晶轴与二次晶轴长度接近。而由图 4-34(d)可见，主要以框架状枝晶为主,枝晶一次晶轴短,二次晶轴不明显,枝晶排列无规则。当基体温度为 30℃时,成形层凝固过冷度较大,导致框架状枝晶骨架间隙较小,间隙内分布着后凝固的网状组织和黑色点状金属化合物[图 4-33(d)];而当基体温度为 500℃时,成形层凝固过冷度减小,框架状枝晶骨架间隙变大,间隙内组织为数量增多的白色片状后凝固组织和黑色细片状金属化合物[图 4-34(d)]。

总体而言,由组织分析可见,基体温度为 30℃的成形层半熔化区和成形区晶粒尺寸比基体温度为 500℃的成形层小。产生这种晶体形式的原因是不同基体温度的成形层凝固过程中的过冷度差异导致的,而成形层的冷却速率直接影响熔池凝固的过冷度,冷却速率越大,过冷度越大,晶粒越细小。对于熔池凝固过程中的冷却速率的计算,可采用快速移动热源的传热公式:

$$T(r_0, t) = \frac{q}{2\pi\lambda v t} \exp\left(-\frac{r_0^2}{4\alpha t}\right) \quad (4-3)$$

式中:r_0 为成形层内某点距熔化边界的垂直距离;q/v 为激光成形线能量;t 为冷却时间;λ、α 为系数。

当 $r_0 = 0$ 时,此处为成形层内,由式(4-3)对 t 进行微分,即得

$$\frac{dT}{dt} = -\frac{q}{2\pi\lambda v t^2} \quad (4-4)$$

同时,由 $r_0 = 0$ 时的式(4-3)得 $t = \dfrac{q}{2\pi\lambda vT}$,然后将 t 代入式(4-4)得出成形层凝固时的冷却速率为

$$\omega = \frac{dT}{dt} = -2\pi\lambda v \frac{(T-T_0)^2}{q} \quad (4-5)$$

式中:T 为熔池温度;T_0 为基体初始温度。

由式(4-5)可知,基体温度增加时,成形层凝固的冷却速率呈二次方衰减。根据冷速与晶粒尺寸的关系,可以解释基体温度为 30℃的成形层比基体温度为 500℃的晶粒细小,也可推断出其强度性能将更优异。

查阅 CuNi 合金的 3 个主要元素 Cu、Ni、Si 平衡态的三元合金相图(图 4-35),可见处于凝固后期 450℃的 Cu-Ni-Si 三元合金物相组成为(Cu,Ni) + $Cu_3Ni_6Si_2$ + Cu_6Si;而对于非平衡凝固的 CuNi 合金激光成形层,采用 X 射线衍射方法获得不同基体预热温度成形层 XRD 图谱,如图 4-36 所示,可见其组成相主要为(Cu,Ni)固溶体和 $Cu_{2.76}Ni_{1.84}Si_{0.4}$ 金属间化合物,以及少量的

$(Cu_{0.2}Ni_{0.8})O$ 金属氧化物。XRD 分析结果与合金的平衡态三元相图物相组成较为接近。因此，在图 4-33、图 4-34 成形层金相组织中，可以判断其内树枝晶为(Cu，Ni)固溶体，晶间断续分布的网状或片状组织为 $Cu_{2.76}Ni_{1.84}Si_{0.4}$ 金属间化合物，而弥散分布于晶间的黑色点状物为 $(Cu_{0.2}Ni_{0.8})O$ 金属氧化物。

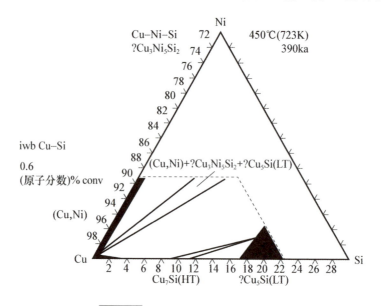

图 4-35 Cu-Ni-Si 三元合金相图

(来源：V. Pierre 等编写的《三元合金相图手册》(1995))

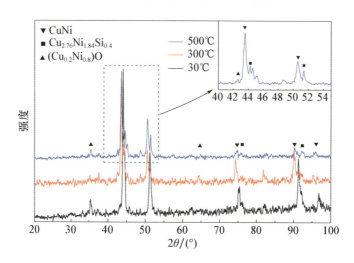

图 4-36 不同基体预热温度成形层 XRD 图谱

分析不同基体预热温度对成形层物相组成的影响,选择预热温度为30℃、300℃和500℃的3种成形层,由图4-36可见,CuNi激光成形层物相主要为(Cu,Ni)固溶体、$Cu_{2.76}Ni_{1.84}Si_{0.4}$金属间化合物和少量的$(Cu_{0.2}Ni_{0.8})O$金属氧化物。随着基体预热温度升高,成形层主要物相(Cu,Ni)固溶体衍射峰强度降低,表明其含量呈减少趋势;由于成形层稀释率增大,大量的Si迁移进入其中,在(Cu,Ni)固溶体间隙伴随出现了$Cu_{2.76}Ni_{1.84}Si_{0.4}$金属间化合物,温度越高,该相越多。而$(Cu_{0.2}Ni_{0.8})O$金属氧化物在成形层内含量则受基体预热温度变化影响不大。

4.2.2 多层成形层显微组织

1. 打底层与中间过渡层组织

观察堆积成形的成形层内部显微组织,如图4-37所示,为成形层与基体结合界面处组织,可见界面处组织过渡良好,无气孔、微裂纹等缺陷,但在界面处形成了较薄的白亮层(厚度≤10μm)。图4-38中高倍照片显示该组织呈层片状,各薄片间近似相互平行,对薄片的能谱分析显示,元素组成主要为Fe,同时还含有少量的Ni、Mn、Si及其他轻质元素。根据铸铁基体成分可知,该处轻质元素应为C。因此,可推断该白亮层为Fe_3C组织。

图4-37(b)所示为打底层内部组织,可见主要为粗大的树枝晶组织,图4-37(c)所示为堆积第二层与第一层的过渡组织,可发现存在明显形态差异,上部为交叉树枝晶,晶体尺寸较第一层的枝晶小,下部为细小致密的胞状晶,组织过渡连续。图4-37(d)所示为堆积成形层的顶部组织,可见相邻横向搭接成形层的组织也存在差异,左侧为先成形的成形层边部组织,受较大温度梯度影响,冷却速率较快,过冷度较大。因此,晶粒较小,以胞状晶为主,而与其搭接的成形层由于界面处温度梯度相对较小,故晶体以树枝晶形式快速向成形层内部生长,形成了上述横向搭接的过渡区组织特征。

2. 打底层与过渡层元素分布特征

为了考查铸铁件基体元素对成形层的稀释作用,沿堆积成形的成形层与基体结合界面垂直方向进行成分的线扫描,如图4-39所示。由图可见两种主要元素Fe、Ni在界面两侧变化比较显著,Fe元素在成形层200μm范围内分布较多,且呈递减趋势。这主要是由于熔池的对流作用使基体稀释的Fe元素

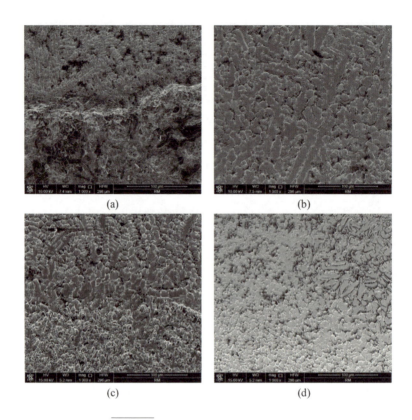

图 4-37 堆积成形的成形层显微组织

(a)结合界面;(b)成形层内部;(c)层间过渡区域;(d)堆积成形层顶部。

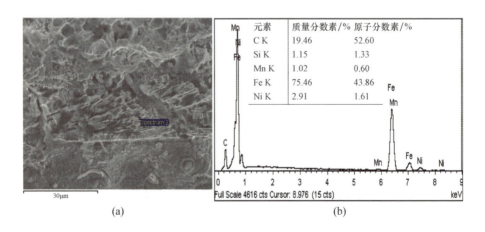

图 4-38 堆积成形层结合界面处组织成分 EDS 图谱

(a)测量位置;(b)EDS。

迁移至成形层内部一定深度，而 Ni 元素在界面处基体一侧含量极少，并未迁移入基体。造成这样的原因是成形时的能量输入少，基体熔化较少，Ni 元素分布于熔池的固液界面前沿，并未进入基体。所以，在界面处分布存在一个突变，而在成形层内部 Ni 元素分布较为均匀。综合表明，该工艺条件下成形层堆积的稀释影响较小。

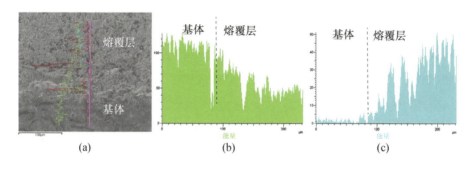

图 4-39　堆积成形层结合界面处成分线扫描

(a)扫描线；(b)Fe 元素分布；(c)Ni 元素分布。

分析相邻两堆积成形层过渡区域元素成分的变化规律，线扫描方向为由第二层向第一层进行，如图 4-40 所示，可见跨越上下成形界面，Ni 元素分布较为均匀，而 Fe 元素分布发生较大变化，即第一层 Fe 元素含量较多，第二层较少，原因是第一层 Fe 元素来自于基体的稀释侵入，而第二层仅熔化了少量的第一层成形层，故 Fe 元素迁移至第二层的含量较少。因此，产生上述成分变化。说明良好的堆积工艺可有效削弱基体元素对成形层成分的扰动，保证成形层优异性能的发挥。

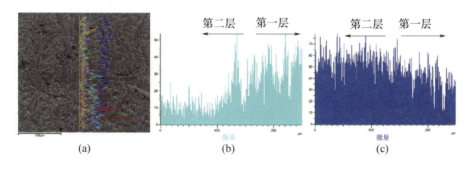

图 4-40　堆积成形层过渡区域元素成分线扫描

(a)扫描线；(b)Fe 元素分布；(c)Ni 元素分布。

4.2.3　成形层相变机制研究

1. 成形层物相及其分布形态

试验采用透射电镜对 CuNi 合金成形层进行组织、物相、形态及缺陷分析。试样为激光成形堆积试样，TEM 试样分两种：①在成形层内部沿平行成形层方向切取，用于成形层的组织、物相观察；②在成形层底部、横贯结合界面区域切取，用于界面处碳元素形态观察。最终，经机械研磨后用离子减薄和电解双喷方法制得 $\phi 3mm$ 的标准 TEM 试样。

图 4-41 所示为 CuNi 合金成形层 TEM 形貌及衍射花样。图 4-41(a) 所示为成形层晶界处明场像，清晰地显示了两种不同的黑白衬度，暗色区为晶内相，亮色区为晶间共晶相。分别对 1 处和 2 处进行选区电子衍射，获得图 4-41(e)、(f)所示的衍射花样，可见成形层晶内相为 CuNi 固溶体，晶格结构为 FCC 结构。图 4-42(a)所示 EDS 测试结果显示 CuNi 固溶体成分为（质量分数）：71.43% Ni、23.24% Cu、1.26% Fe、0.73% B、1.55% Si、1.80% C，可见该相内固溶了大量的 Fe、B、C 原子，为合金主体相；而晶间共晶相为 $Cu_{2.76}Ni_{1.84}Si_{0.4}$ 化合物，晶格结构也为 FCC 结构。图 4-42(b)所示 EDS 测试结果显示元素成分为 67.22% Ni、21.11% Cu、0.90% Fe、1.16% O、4.55% Si、5.07% C；对比 CuNi 固溶体内固溶元素成分，可见 $Cu_{2.76}Ni_{1.84}Si_{0.4}$ 化合物内固溶了更多的 C 原子。由于 Cu、Ni 的溶碳能力极小，熔池在高温时 C 在 CuNi 合金内具有一定固溶度，随着凝固过程的进行，C 在晶内呈现过饱和状态，开始向晶界处扩散，导致晶界共晶相 C 含量增高，出现上述分布特征。

同时，在晶界附近还观察到大量黑色颗粒相，分布位置均集中在晶内靠近晶界部位[图 4-41(c)、(d)]，对其进行选区衍射分析[图 4-41(g)]，衍射花样显示该颗粒相为晶带轴[111]的 Ni_3Si 化合物，晶格结构为 FCC 结构。该金属化合物为硬质脆性相，在靠近晶界处的晶粒内部沉淀析出，一方面，在合金变形时，密布的该硬质相可阻碍位错的滑移，使位错在此塞积形成亚结构，提高晶粒变形能，从而提高成形层的强度、硬度；另一方面，大量颗粒硬质相密布在晶界附近，也将导致晶界及其附近区域脆性上升、韧性下降，当成形层内部残余较大拉应力时，将阻碍晶界区通过位错滑移发生微塑性变形，不能实现材料自身松弛应力的目的。因此，会降低成形层抗开裂性能。但从形貌照片可见，仅偶尔观察到该相存在于晶界处，因此，其存在对于成形层韧性、抗开裂性能影响相对较弱。

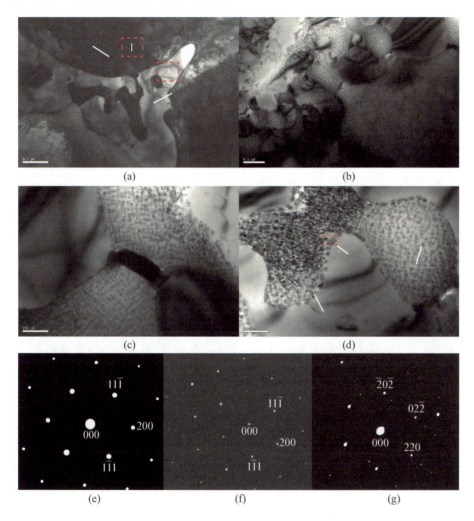

图 4-41 CuNi 合金成形层 TEM 形貌及衍射花样
(a)成形层晶界处明场像；(b)成形层晶界处暗场像；
(c)晶界处富集颗粒相形貌；(d)晶粒内部颗粒相形貌；
(e)CuNi 固溶体[000]衍射花样；
(f)晶间 $Cu_{2.76}Ni_{1.84}Si_{0.4}$ 化合物[000]衍射花样；
(g)晶间颗粒相 Ni_3Si 化合物[111]衍射花样。

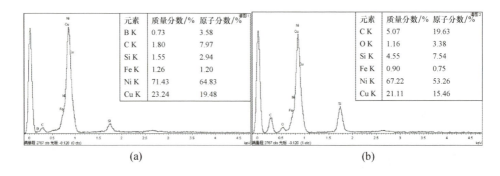

图 4-42　成形层各物相元素 EDS 测试

(a)CuNi 固溶体；(b)$Cu_{2.76}Ni_{1.84}Si_{0.4}$ 化合物。

2. 成形层凝固结晶与相变机理

为分析 CuNi 合金凝固结晶过程中的相变特征，进行 CuNi 合金的综合热分析，测试条件选加热速度为 10℃/min，保护气氛为 N_2。

图 4-43 所示为 CuNi 合金 DSC-TG 曲线，由图可知，CuNi 合金在 1054.8℃和 969.8℃出现了 2 个吸热峰。说明合金在这两个温度发生了相变。根据图 4-44(a)所示 Cu-Ni-Si 三元合金平衡相图的 1010℃等温截面，可见平衡凝固时成形层结晶物相由(Cu，Ni)固溶体、$Cu_3Ni_5Si_2$ 金属化合物及液相 L 组成。结合 TEM 分析结果，可知 CuNi 合金在 1054.8℃时发生共晶相变，相变产物为(Cu，Ni)固溶体+$Cu_{2.76}Ni_{1.84}Si_{0.4}$ 金属化合物。

根据图 4-44(b)所示的 900℃等温截面相图可知，成形层结晶物相由(Cu，Ni)固溶体、$Cu_{15}NiSi_2$、$Ni_{31}Si_{12}$ 金属化合物及液相 L 组成。而根据图 4-44(d)所示的变温截面相图可见，凝固相变后期的 Ni_3Si 金属化合物是由(Cu，Ni)固溶体中固溶的 Si 与 Ni 结合而析出的。因此，结合 TEM 分析结果可知，CuNi 合金在 969.8℃时在主相(Cu，Ni)固溶体内析出 Ni_3Si 金属化合物，此时成形层物相组成为(Cu，Ni)固溶体+$Cu_{2.76}Ni_{1.84}Si_{0.4}$+$Ni_3Si$ 金属化合物。

图 4-44(c)所示为 450℃等温截面相图，此时 Cu-Ni-Si 三元合金已完成结晶与相变，合金最终物相组成为(Cu，Ni)+$Cu_3Ni_5Si_2$+Cu_5Si，即由(Cu，Ni)固溶体和 CuNiSi 系的金属间化合物组成。而图 4-43 中也反映出 CuNi 合金在 969.8℃相变后，物相稳定化，无分解相变出现，其相变过程与图 4-44 所示的相变过程基本相同，进一步验证了 TEM 物相分析结果的准确性。

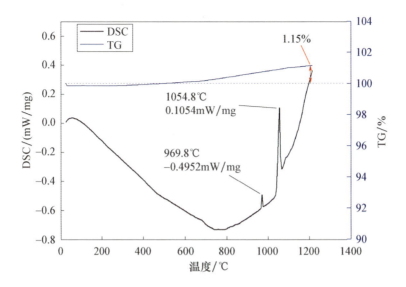

图 4-43 CuNi 合金 DSC-TG 曲线

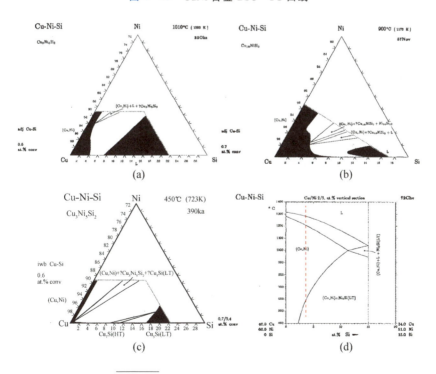

图 4-44 Cu-Ni-Si 三元合金平衡相图

(a)1010℃等温截面；(b)900℃等温截面；(c)450℃等温截面；(d)变温截面。

（来源：V. Pierre 等编写的《三元合金相图手册》(1995)）

一方面，在1054.8℃共晶转变后，随着凝固温度的降低，Si在(Cu，Ni)固溶体内的溶解度降低，开始形成向周围晶界扩散的趋势；而晶间$Cu_{2.76}Ni_{1.84}Si_{0.4}$共晶相尺寸逐渐长大，$Cu_{2.76}Ni_{1.84}Si_{0.4}$结晶长大也为Si向晶界处扩散迁移提供了驱动力，使(Cu，Ni)固溶体晶粒内的Si元素快速富集于晶界附近。因此，Si在969.8℃沉淀析出时，以Ni_3Si金属化合物形式分布在靠近晶界位置，形成了图4-41(c)、(d)所示的颗粒相分布形貌特征。

另一方面，在成形层内未观察到Fe、B和C元素组成的物相，说明这些元素均以原子状态固溶于晶内、晶间区域。这也是由激光增材再制造的快速凝固特征决定的，极大的冷却速度可大幅提高合金元素的固溶度，使更多Fe、B和C元素固溶于CuNi固溶体内，而不是以化合物形式析出于晶界处，从而使成形层晶界夹杂相减少，有利于组织的纯净化。

综上所述，可见CuNi合金的熔点在1054.8℃左右，其凝固结晶中的全部相变过程如下：

在1054.8℃时，发生L→(Cu，Ni) + $Cu_{2.76}Ni_{1.84}Si_{0.4}$的共晶转变。

在969.8℃时，发生(Cu，Ni)→Ni_3Si相变，Ni_3Si在(Cu，Ni)固溶体内沉淀析出。

最终，CuNi合金激光成形层物相为(Cu，Ni) + $Cu_{2.76}Ni_{1.84}Si_{0.4}$ + 少量Ni_3Si。

4.3 球墨铸铁件成形层界面结构特征

4.3.1 界面区域组织形貌特征

1. Ni基合金成形界面

镍和铜两种元素都能够使稳定系共晶温度(T_{EG})与介稳定系共晶温度(T_{EC})的区间扩大，如图4-45所示，稳定系共晶温度上升后，碳原子扩散能力增强，石墨晶核形成及生长会在较高的温度开始。因此，镍和铜两种元素都是非常有效的石墨化元素。但即便如此，界面组织形貌对成形工艺参数也十分敏感，其中以能量密度影响最为显著。如图4-46所示为能量密度较大时获得的单道成形层界面形貌，可以看出界面区域连续状的白口带，渗碳体条较为粗大。而通过合理控制工艺,获得的界面组织中白口呈现断续状,并且呈团状断续分布,如图 4 – 47 所示。

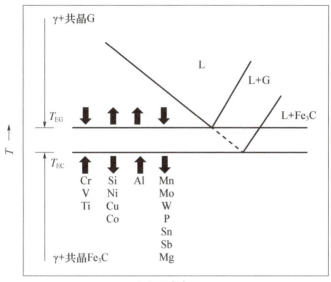

图 4 – 45 合金元素对 T_{EG} 和 T_{EC} 的影响

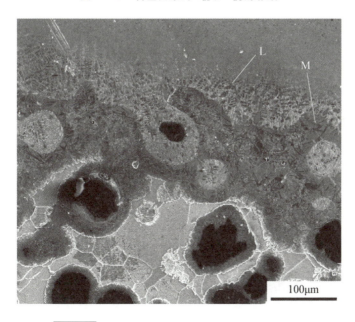

图 4 – 46 不合理成形工艺下获得的界面组织形貌

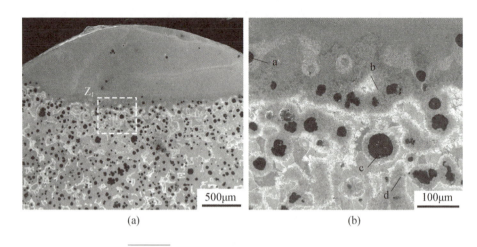

图4-47 优化的工艺下获得的界面组织形貌
(a)宏观形貌；(b)Z_1区放大形貌。

图4-47所示为采用镍铜合金成形获得的单道成形层的典型界面形貌特征。界面区域可以分为两个典型的区域：半熔化区（PMZ）和热影响区（HAZ）。图4-48所示为半熔化区的组织形貌，可以发现针状马氏体组织以及莱氏体组织（白口组织）是半熔化区的明显特征。白口组织呈现断续状，并且主要以类似圆形的区域出现。球墨铸铁件的基体组织为珠光体＋铁素体，在激光增材再制造过程中，半熔化区迅速熔化，石墨球发生迅速的溶解和扩散，因此有的石墨球完全溶解，在原先石墨球的位置形成富碳区，在快速凝固过程中，富碳区域形成莱氏体组织［图4-48(b)］。而远离石墨球的位置由于碳元素的扩散作用，碳元素含量增加，在快速凝固过程中形成马氏体组织［图4-48(d)］。对于没有完全溶解的石墨球，在其周围形成典型的"双壳"结构，即内壳是一层马氏体组织，外壳是一层莱氏体组织［图4-48(c)］。双壳结构形成，通常有两个原因：一是在石墨球进行碳元素扩散时，在升温阶段，距离石墨球越近的区域其碳元素浓度越高，但在冷却阶段，靠近石墨球区域的碳原子被石墨球吸附，向石墨球聚集。因此造成贴近石墨球周围的区域相对贫碳，最终形成马氏体组织。二是在冷却过程中，石墨球导热性较好，石墨球实际上起到一个热库的作用，造成石墨球周围区域温度下降缓慢，最终形成马氏体组织。

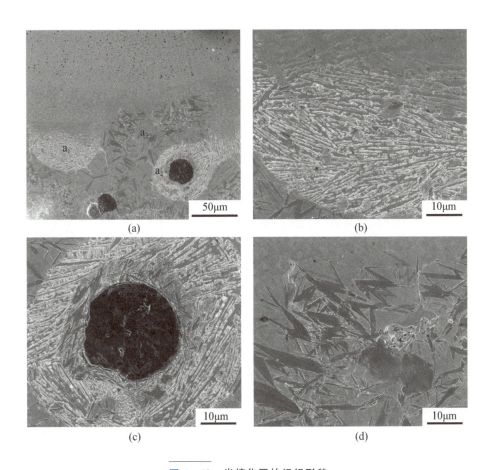

图 4 – 48　半熔化区的组织形貌

(a)整体形貌；(b)区域 a_1 的物相组织；
(c)区域 a_2 的物相组织；(d)区域 a_3 的物相组织。

如图 4 – 49 所示为单道成形的成形层典型热影响区形貌。由于热影响区在成形过程中经历的最高温度不超过共晶点，因此热影响区不会出现莱氏体组织。热影响区中主要的组织特征为马氏体、珠光体以及残余奥氏体等组织。由于基体组织为珠光体＋铁素体，铁素体的含碳量较低，在成形过程中，铁素体不容易奥氏体化，因此马氏体组织主要形成在原来珠光体的位置，如图 4 – 49(b)所示。相对于半熔化区中的双壳结构，在热影响区中出现的是典型的单壳结构，如图 4 – 49(c)、(d)所示。单壳结构由一层马氏体组织包围石墨球构成，单壳结构的形成原因主要是石墨球周围的碳原子的扩散导致铁素体基体中的碳含量增加，在达到奥氏体化温度之后的冷却过程中，形成马氏体组织。图4-50所示为成形过程中界面不同区域不同组织形成过程示意图。

多道成形过程中,界面组织形态不仅受到第1道(第1层)成形的影响,还受到后续成形层带来的热循环作用的影响。由于每一层成形层的厚度大于1mm,而实际的热影响区宽度基本不超过1mm,因此如果想要界面区域完全不受后续成形过程的影响,可以采取的措施是在每一道完全冷却至室温之后,再进行后续的成形,但采用这种成形方式极为耗时,在实际的激光增材再制造成形过程中很难实现。同时后续的成形过程带来的热影响并不一定是有害的,实际上可以通过工艺优化,使后续的成形过程带来的热循环作用能够实现界面组织的调控,从而实现最终性能的改善。

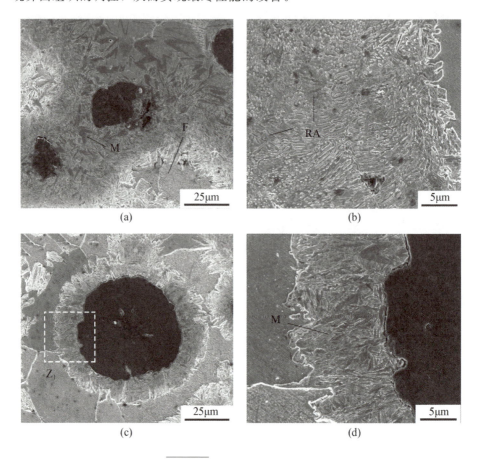

图4-49 热影响区组织形貌

(a)整体形貌;(b)初始珠光体区域;

(c)单层壳物相组织;(d)区域 Z_1 物相组织。

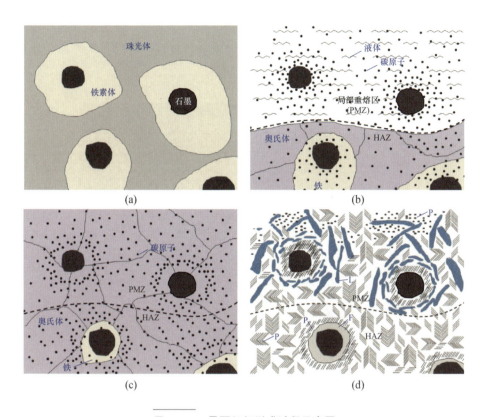

图 4-50　界面组织形成过程示意图
(a)激光增材再制造前；(b)激光增材再制造过程；
(c)奥氏体化过程；(d)形成壳结构。

典型的多层多道成形层界面组织形貌如图4-51所示，为3层3道成形层的界面形貌。同样按照组织形貌的差异可以将界面区域划分为两个典型区域：半熔化区和热影响区。相对于单道成形来说，多层多道的半熔化区和热影响区的平均宽度均有所增加，但整体不超过1mm。选择界面区域几个典型石墨球及其周围组织作为观察的对象进行分析，如图4-51所示。

图4-52所示为多道成形界面半熔化区域的典型组织形貌，除了存在莱氏体组织之外，菊花状的类珠光体组织分散在网状的渗碳体中间，如图4-52(b)所示。不同于单道成形，多层多道成形过程存在两个方面的特征：一是之前成形的成形层已经将基体进行了预热，尤其是基体尺寸较小时，成形几道之后基体局部区域的温度甚至可以稳定在300℃以上。二是在多层多道成形过程中，后成形过程还会对前成形的界面组织进行回火处理作用，可以获得回

火马氏体或者回火索氏体。从成形界面的组织状态来看，多层多道成形带来的热循环往往是有利的。因此通过合理规划成形过程，可以实现界面区域的自预热及自回火过程。

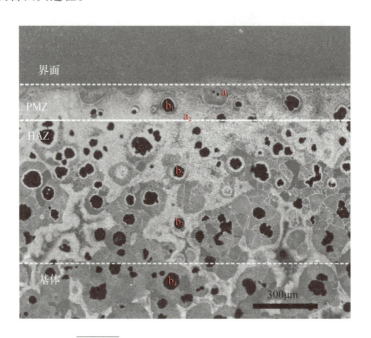

图 4-51 多层多道成形界面区域组织形貌

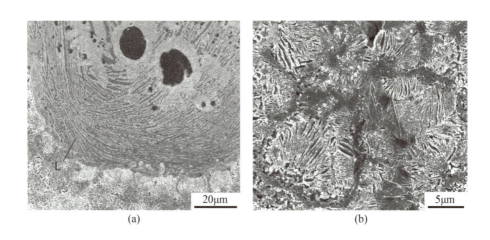

图 4-52 优化工艺下获得的界面组织形貌

(a)莱氏体组织；(b)类珠光体组织。

在半熔化区、热影响区和基体中选取 4 个典型的石墨球进行观察，如图 4-53 所示。观察在半熔化区形成的双壳结构以及在热影响区形成的单壳结构可以发现，原先的马氏体壳在后续成形热循环的作用下发生回火转变，碳化物析出，并且弥散分布，如图 4-53(a)、(c)所示。这和常规的回火马氏体组织或者回火索氏体组织不同，针对多层多道成形过程，由于后续热循环较为难以控制，因此带来的回火效应不一定形成回火马氏体或者回火索氏体。但回火之后界面硬度出现明显的下降。而在远离界面的热影响区中，由于多层多道热循环的作用，使热影响区扩大，因此石墨球周围的铁素体在奥氏体化之后形成马氏体，最终也会析出少量的碳化物，如图 4-53(e)所示。

但是在有些区域，形成类似"三明治"的壳状结构，两层外壳为马氏体组织，而内壳为莱氏体组织，如图 4-54 所示。这种结构主要出现在成形层的边缘区域，可能是因为该区域的冷却速率稍大，莱氏体外围的碳原子来不及扩散而在冷却过程中形成马氏体组织。

2. Fe 基合金成形界面

相对于镍铜合金粉末，铁镍合金粉末由于镍元素的大量减少以及铁和铬元素的加入，会直接降低界面区域石墨化能力。但由于激光增材再制造过程是快速凝固过程，比常规的电弧焊接冷却速度快，当工艺控制合理时，石墨球中的碳元素的扩散范围较小，远离石墨球的区域碳元素含量没有明显升高。因此当采用铁镍合金粉末进行成形时，通过工艺调控，可能会获得组织状态较好的界面区。对于球墨铸铁件采用铁基合金粉末进行激光增材再制造成形时，界面热输入对界面组织结构的影响更为明显。

分析采用铁镍合金粉末成形获得的单道和多层多道(3 层 3 道)的界面组织金相形貌。在送粉量和扫描速度不变的情况下对比两种功率下的成形效果，可以看出，对于单道成形来说，当激光功率为 900W 时，界面主要组织为马氏体，并且多为板条马氏体，莱氏体组织较少，如图 4-55 所示。而激光功率为 1200W 时，热输入增加，这时明显可以发现界面出现大量的条状渗碳体，和采用镍铜合金成形获得的界面不同的是，条状的渗碳体之间分布大量的马氏体组织，如图 4-56 所示。这说明当激光功率增加时，界面区域的碳扩散明显增强。

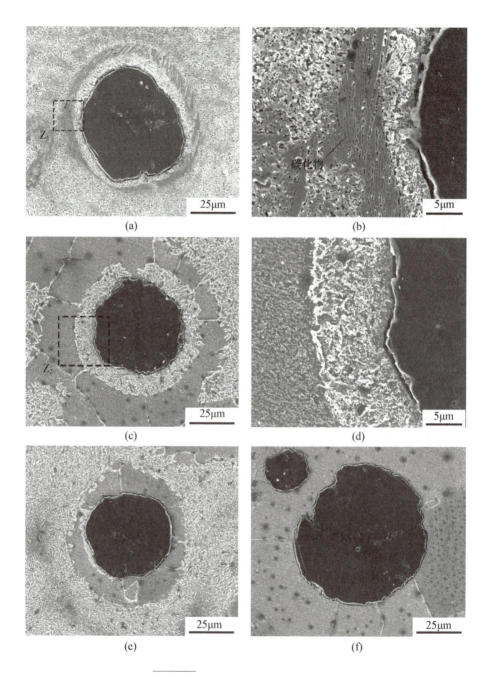

图 4-53　典型石墨球周围组织形貌

(a)b1 石墨区域；(b)b1 石墨放大图；(c)b2 石墨区域；
(d)b2 石墨放大图；(e)b3 石墨区域；(f)b4 石墨区域。

第 4 章 激光增材再制造成形组织演变规律

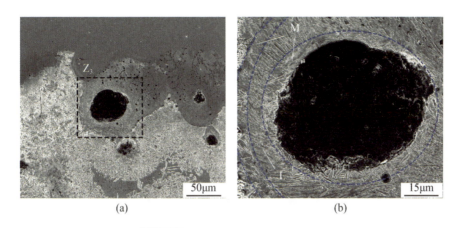

图 4-54 典型"三明治"状结构形貌
(a)整体形貌;(b)局部组织形貌。

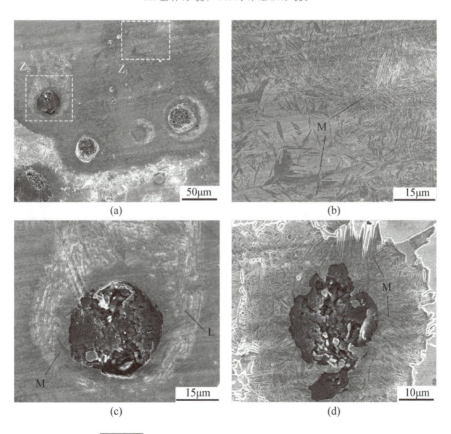

图 4-55 激光功率为 900W 时单道界面形貌特征
(a)整体组织形貌;(b)Z_1 区域;(c)Z_2 区域;(d)单层壳结构。

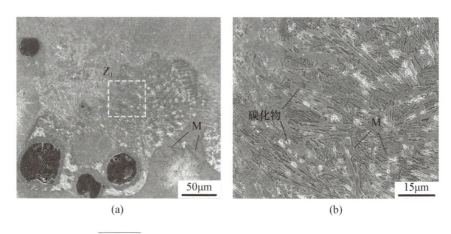

图 4-56 激光功率为 1200W 时单道界面形貌特征

(a)整体组织形貌;(b)Z_1 区域。

多道成形界面组织形貌如图 4-57 和图 4-58 所示。当激光功率为 900W 时,多道成形界面主要组织为珠光体和莱氏体(图 4-57),在热影响区内石墨球周围形成回火马氏体组织。在多道成形过程中,由于前成形道的预热作用,使得后续成形过程中基体温度升高,碳原子扩散加剧,反而在多道成形过程中界面区域形成莱氏体组织。而当采用激光功率为 1200W 进行成形时,获得的界面组织特征同样为条状的渗碳体和珠光体组织(图 4-58)。相对于基体中的珠光体,由于较高的碳含量所致,界面区域的珠光体中渗碳体层较为致密,厚度较大。

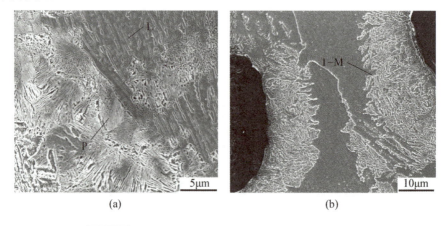

图 4-57 激光功率为 900W 时多层多道界面形貌特征

(a)局部熔化区域;(b)热影响区。

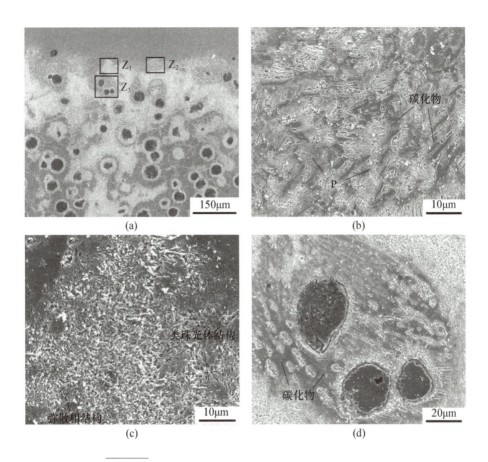

图 4-58 激光功率为 1200W 时多层多道界面形貌特征
(a)整体组织形貌；(b)Z_1 区域；(c)Z_2 区域；(d)Z_3 区域。

在实际成形过程中，界面区域基体的碳浓度是决定最终组织结构的关键，除了可以通过减少热输入控制石墨球的碳扩散之外，在铁基合金粉末成形过程中，铁元素的加入实际上是对界面基体中碳元素的稀释。因此当铁基粉末合金中不添加镍元素时，反而可以获得较好的成形结果。图 4-59 所示为采用不含镍的铁基粉末进行成形时的单道和 3 层 3 道界面形貌，可以看出，在单道和多道成形界面中均形成大量的珠光体。在多道成形界面中，莱氏体呈断续状，基本上在石墨球周围形成[图 4-59(b)]。图 4-60 所示为图 4-59(b)中多道成形界面的硬度特征，可以看出，界面珠光体区域的平均硬度为 380HV，高于基体珠光体的硬度，这也间接反映了界面区域珠光体中的高碳含量。

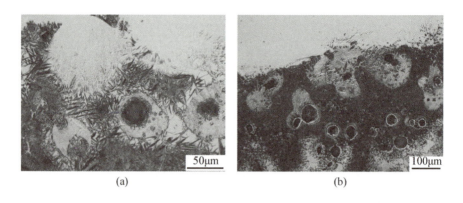

图 4-59 不含镍的铁基合金粉末单道和多层多道界面形貌特征

(a) 单道；(b) 多层多道。

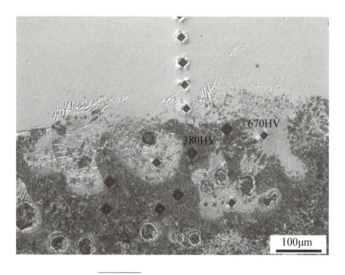

图 4-60 界面区的硬度特征

4.3.2 成形层生长形貌特征

1. Ni 基合金粉末成形层

激光再制造成形层的组织形貌与具体的成形条件和成形过程有着密切的关系，主要决定成形层生长形态的是成形层的凝固特征，即冷却曲线特征。而冷却曲线特征随着成形条件以及具体的成形过程的不同而不同，同一道成形层内不同区域的冷却过程也是不同的。图 4-61 所示为镍铜合金粉末单道成形获得的截面形貌，可以看出，在界面附近有一层很薄的胞状晶区域，而之后成形层中间部位基本为典型的枝晶区，在顶部则为典型的等轴晶区。不同的组织生长形态反映了不同的冷却状态。在界面处，由于基体良好的导热性，出现的是胞状晶或者等轴晶，而之后过冷度下降，生长方式变为枝晶状生长，生长方向大都指向成形层中间或者顶部位置。而在成形层的表面，由于和空气接触，冷却速度加快，过冷度增加，出现等轴晶生长。这种生长情况在多层多道中也同样有体现。图4-62所示为3层3道成形层的组织生长形貌，可以看出，枝晶生长特征与单道成形获得的生长形态非常相似。在成形层内部，出现明显的纳米级石墨球并分布在晶间位置，如图4-63所示。这些石墨球的形成主要是由于碳元素在镍铜合金中的溶解度较低，在冷却过程中沿着晶界析出导致的。

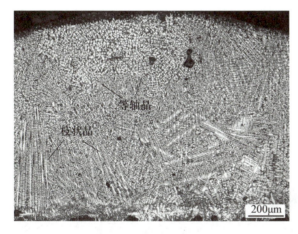

图4-61 单道成形组织生长形貌

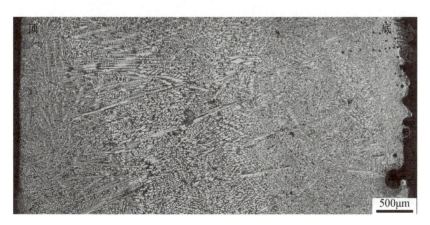

图4-62 3层3道成形组织生长形貌

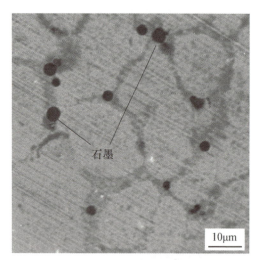

图 4-63 沿着晶界分布的纳米级石墨球

图 4-64 所示为凹槽再制造成形后的截面组织形貌,采用的是交叉成形路径。对多层多道交叉成形过程来说,热量分布相对较为均匀,成形层底部晶粒细小均匀,在每一道之间存在明显的重熔区,重熔区的晶粒得到明显细化,如图 4-65 所示。后成形的成形层晶粒基本上沿着垂直于重熔线的方向生长。由于多层多道的热累积作用,在顶部区域还会出现明显的树枝晶状生长方式。

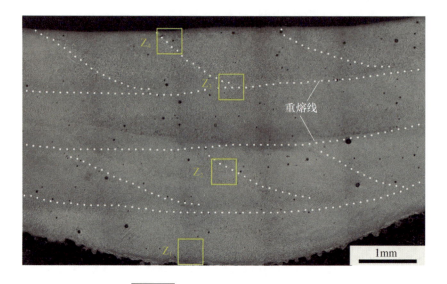

图 4-64 凹槽再制造成形截面形貌

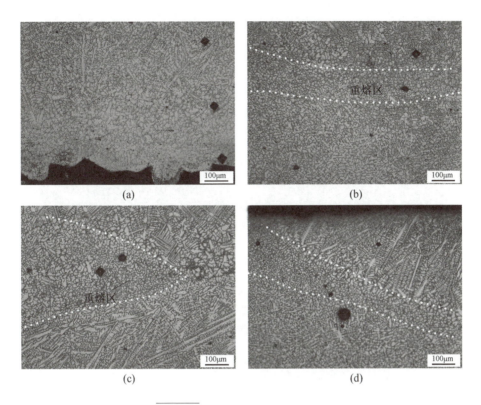

图 4-65 凹槽成形截面放大形貌

(a) 界面；(b)、(c) 中间；(d) 顶部。

2. Fe 基合金粉末成形层

铁基合金粉末中由于含有大量的镍元素，因此实际上组织结构仍然为镍的固溶体。在单道成形层中，靠近基体的组织为明显的树枝晶，而顶部则出现明显的等轴晶，如图 4-66、图 4-67 所示。在单道成形层的截面上，存在明显的分界线，且分界线的形状与温度分布梯度基本吻合。

铁基合金多层多道成形组织如图 4-68 和图 4-69 所示，与镍基合金粉末相比，铁基粉末成形获得的成形层存在明显的组织特征分界线，且在多层多道成形组织中，成形层上部区域晶粒明显粗大，并且呈现柱状晶生长形式。实际上在成形层中，晶粒的生长形态在一定程度上体现出强制生长的现象，在成形过程中，垂直于基体表面并且指向成形层的方向往往呈现负的温度梯度。

图 4-66 单道成形组织生长形貌

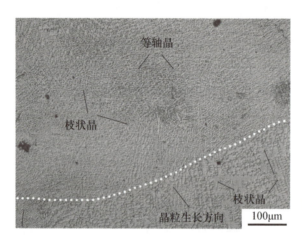

图 4-67 单道成形组织分界线

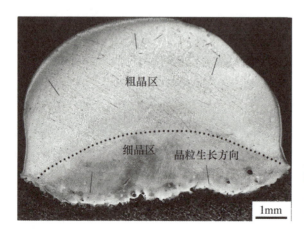

图 4-68 多层多道成形组织生长宏观形貌

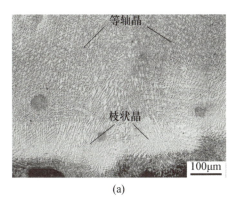
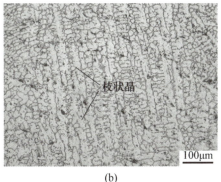

图 4-69 多层多道成形组织生长微观形貌

(a)界面区域；(b)顶部区域。

在实际激光增材再制造过程中，不同区域的热力学状态不同。一方面，对于成形层来说，很难有一个通用的解来反映成形层内部的晶粒生长状态；另一方面，CuNi 合金的分配系数 k 大于 1，而 NiFe 合金的分配系数在一定区间则小于 1，因此在激光增材再制造过程中的正温度梯度条件下，NiFe 合金更容易出现柱状晶生长的倾向，这也是在图 4-69 中出现大量柱状晶的重要原因之一。

4.3.3 成形层与界面相结构分析

1. 界面相结构特征

镍基合金激光增材再制造成形界面的典型 XRD 分析结果如图 4-70 所示，界面区域主要为镍的固溶体、碳化物以及铁素体组织。对比铁基粉末成形界面，如图 4-71 所示，由于加入了 Cr 元素，界面处出现明显的 $Cr_{23}C_6$ 和 Cr_7C_3 等化合物。在铁基粉末成形层的界面位置，出现条状的残余奥氏体组织，如图 4-72 所示，和莱氏体中的渗碳体以及先共析渗碳体的形态较为相似。相对而言，由于碳元素和镍以及铜都不能形成化合物，在镍中的溶解度较低，且不固溶于铜中，除了以微小石墨球形态析出之外，还形成常见的化合物$(Fe，Ni)_{23}C_6$，如图 4-73 所示。

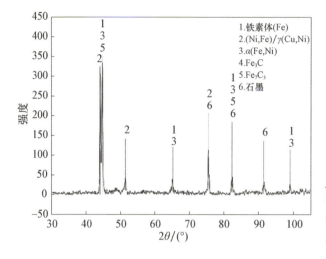

图 4-70 镍基粉末激光增材再制造成形界面 XRD 结果

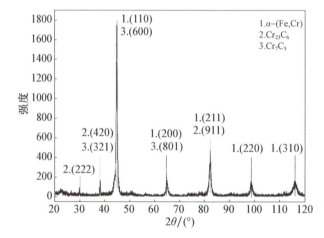

图 4-71 铁基粉末激光增材再制造成形界面 XRD 结果

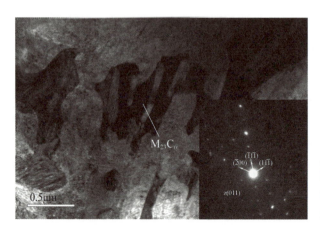

图 4-72 铁基粉末激光增材再制造成形界面的碳化物

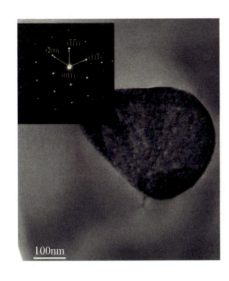

图 4-73
镍铜粉末激光增材再制造成形界面 TEM 结果

2. 成形层相结构特征

镍基合金成形层的组织结构较为简单,为镍的固溶体,如图 4-74 所示。成形层成分主要为镍和铜,还有少量的铁和碳等元素,而铁元素则主要固溶在镍的基体中。在成形层的晶界位置,常见的析出物为化合物$(Fe,Ni)_{23}C_6$,如图 4-75 所示。$(Fe,Ni)_{23}C_6$化合物析出的量较少,对于成形层的性能影响不太显著。

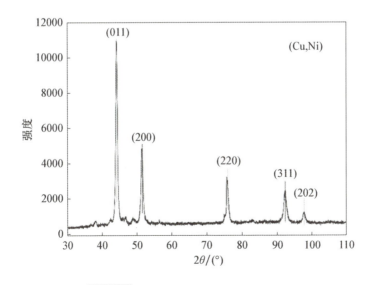

图 4-74 镍铜粉末成形界面 XRD 结果

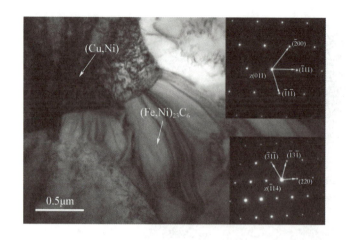

图 4-75　镍铜粉末成形界面的 $(Fe, Ni)_{23}C_6$ 化合物

铁基合金粉末获得的成形层结构较为复杂。由于粉末中含有大量的 Cr 元素，从基体中扩散过来的碳原子和 Cr 以及 Fe 形成碳化物，但在 XRD 的分析结果中，碳化物的峰并不是特别明显，如图 4-76 所示。成形层的主要结构仍然是镍铁固溶体，呈现典型的面心立方结构。对于多道多层成形过程，晶粒的生长主要垂直于界面方向，因此在垂直界面方向呈现一定程度的各向异性。在成形层中，由 TEM 结果发现了 Mn_5Si_2 化合物，同时出现明显的 $Cr_{23}C_6$ 和 Cr_7C_3 等条状化合物，如图 4-77 所示。

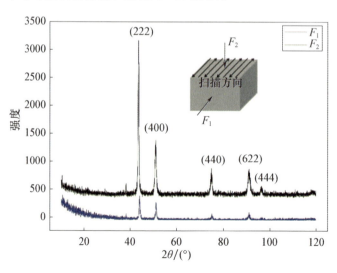

图 4-76　铁镍粉末成形界面 XRD 结果

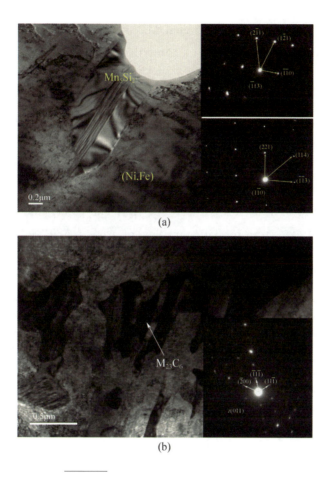

图 4-77 铁镍粉末成形界面 TEM 结果

(a)Mn_5Si_2；(b)残余奥氏体。

参考文献

[1] POPOVICH V A,BORISOV E V,POPOVICH A A,et al. Functionally graded Inconel 718 processed by additive manufacturing:Crystallographic texture,anisotropy of microstructure and mechanical properties[J]. Materials & Design,2017,114:441-449.

[2] AMATO K N,GAYTAN S M,MURR L E,et al. Microstructures and mechanical behavior of Inconel 718 fabricated by selective laser melting[J]. Acta Materialia,2012,60(5):2229-2239.

[3] PARIMI L L,RG A,CLARK D,et al. Microstructural and texture development in direct laser fabricated IN718[J]. Materials Characterization,2014,89:102-111.

[4] ZHANG Q,CHEN J,LIN X,et al. Grain morphology control and texture characterization of laser solid formed Ti6Al2Sn2Zr3Mo1.5Cr2Nb titani μm alloy [J]. Journal of Materials Processing Technology,2016,238:202-211.

[5] ZHOU X,LI K,ZHANG D,et al. Textures formed in a CoCrMo alloy by selective laser melting[J]. Journal of Alloy & Compounds,2015,631:153-164.

[6] WAYMAN C M,HANAFEE J E,READ T A. On the crystallography of martensite the"{225}"transformation in alloys of iron[J]. Acta Metallurgica,1961,9(5):391-402.

[7] LIU Y C,MARGOLIN H. Martensite habit plane in quenched Ti-Mn alloys [J]. JOM:the journal of the Minerals,Metals & Materials Society,1953,5(5):667-670.

[8] SRINIVASAN G R,HEPWORTH M T. The crystallography of the bainite transformation in beta brass[J]. Acta Metallurgica,1971,19:1121-1131.

[9] HOEKSTR S. A general method of habit plane determination in bainitic steels—Ⅱ. Habit plane determination of the bainite[J]. Acta Metallurgica,1978,26:1517-1527.

[10] LIU K,SHAN Y,YANG Z,et al. Effect of heat treatment on prior grain size and mechanical property of a maraging stainless steel[J]. Journal of Materials Science & Technology,2006,22(6):769-774.

[11] WANG J T,YIN D L,LIU J Q,et al. Effect of grain size on mechanical property of Mg-3Al-1Zn alloy[J]. Scripta Materialia,2008,59:63-66.

[12] BINER S B,MORRIS J R. A two-dimensional discrete dislocation simulation of the effect of grain size on strengthening behaviour[J]. Modelling & Simulation in Materials ence & Engineering,2002,10(6):617.

[13] CTOIDBER G J,FISCHER M. Encyclopedia of Statistics in Behavioral Science[M]. Toronto:John Wiley & Sons,2005.

[14] ZHOU L,YUAN T,LI R,et al. Microstructure and mechanical properties of selective laser melted biomaterial Ti-13Nb-13Zr compared to hot-forging [J]. Material Science and Engineering A,2018,725:329-340.

[15] MIRZADEH H,CABRERA J M,NAJAFIZADEH A,et al. EBSD study of a hot deformed austenitic stainless steel[J]. Material Science and Engineering A,2012,538:236-245.

[16] WANG C,WANG M,SHI J,et al. Effect of microstructural refinement on the toughness of low carbon martensitic steel[J]. Scripta Materialia,2008,58(6):492-495.

[17] SULE J,GANGULY S,SUDER W,et al. Effect of high-pressure rolling followed by laser processing on mechanical properties,microstructure and residual stress distribution in multi-pass welds of 304L stainless steel[J]. International Journal of Advanced Manufacturing Technology,2016,86:2127-2138.

[18] SAZONOVA A A,GUTNIKOVA R B,KOSHELEV A L. Brittleness of steel U7 with different structures[J]. Metal ence and Heat Treatment,1968,10(9):719-721.

[19] WANG D,SONG C,YANG Y,et al. Investigation of crystal growth mechanism during selective laser melting and mechanical property characterization of 316L stainless steel parts[J]. Materials & Design,2016,100(6):291-299.

[20] 张文钺. 焊接传热学[M]. 北京:机械工业出版社,1989.

[21] PIERRE V,ALAN P,HIROAKI O. Handbook of ternary alloy phase diagram [M]. Materials Park:ASM International,1995.

第 5 章
激光增材再制造成形规律及控形措施

5.1 激光增材再制造成形层几何特征研究

激光增材再制造成形金属结构的原理和快速成形相类似，是基于"离散、堆积"的分层成形堆积方法。一个预期形状的三维立体结构被离散成不同局部，即通常所说的分层，然后每一层又被分解成不同的激光成形路径轨迹组合。一条成形路径轨迹可以被看作是不同位置的激光熔池的叠加。如果要实现对零件损伤部位的快速高精度尺寸形状恢复，就需要控制成形路径的位置精度，以及成形结构局部的形状。被离散分解的各成形结构局部的几何特征决定了成形结构整体的形状。因此，展开对这些局部结构包括激光熔池、激光成形线、搭接面和局部立体结构的几何特征研究是控制成形结构形状的必要途径。

通过对点、线、面和立体成形结构的局部组织和结构的非均匀几何特性研究，本书提出在金属激光成形过程中存在广泛的局部结构形状不均匀现象。对其理论分析认为，熔池能量输入、粉末材料输入和物理约束界面形状的不均匀是造成结构形状不均匀的主要原因。基于对成形结构形状不均匀的局部进行特殊工艺处理的方法，提出在成形中采用变工艺参数方法和辅助工艺措施是避免结构非均匀现象的解决途径，而工艺参数的调整量与结构尺寸变化量的定量关系是该方法的关键依据。

激光表面熔覆技术已经得到飞速发展和广泛应用。但是，基于激光熔覆技术的金属立体结构成形，即激光增材再制造技术却一直没有达到可应用的程度。这固然与激光器技术和相关设备的制约有关，但主要还是由于其成形过程还存在很多需要研究解决的技术问题。通过层层成形堆积的方法从理论上是容易成形出各种金属立体结构的，而从应用角度研究发现，激光增材再制造技术并非成形层的简单叠加，在成形过程中，熔池的形状变化、激光成形线的几何特征、成形层和堆积结构的局部形状误差都会对成形金属结构的几何特征产生广泛影响。这些局部结构的几何特征不一致，造成了成形结构整体的形状误差累积，甚至中断成形过程。所以，需要研究激光成形结构局部几何特征不均匀现象，以指导制定激光增材再制造成形工艺方法。

5.1.1 激光扫描点的截面

在激光增材再制造时激光束与基体没有相对移动，且成形时间按焦点光斑直径与常用的激光扫描速度的比值来设定，本书对这种点状成形结构定义为激光扫描点。

研究单点成形几何特征，了解位置固定的熔池的形成和凝固过程是研究其他结构成形规律的基础。而目前相关文献资料较少，因此本书对其进行了相关试验研究。点的成形试验目的是通过比较分析某一点不同工艺参数成形后的结构形状、组织、缺陷，以及前后激光扫描点的相互影响，来得出线、面、体成形中熔池形状变化的一些规律，以及如何控制其形状变化趋势。

激光扫描点的几何形状分析方法通常是取其对称截面进行结构和形貌分析。单点成形试验的粉末材料为 Fe314 粉末，粒径为 $-350\sim+140$ 目，其化学成分如表 5-1 所示。

表 5-1 Fe314 粉末成分

元素	C	Cr	Ni	B	Si	Fe
质量分数/%	0.1	17.5	10.5	0.65	0.12	余量

基体材料为 45 钢，加工成尺寸为 100mm×100mm×10mm 的板状试样。激光光斑直径为 2mm。采用侧向送粉方式，送粉方向垂直于成形方向，且与激光束成 45°角。对基体表面进行清洗和打磨，调整激光束的焦点光斑位于基体表面。按设定的成形工艺参数进行成形，成形时间通过控制激光光闸开关时间来调整。采用工业机器人作为激光加工头驱动机构，通过编写机器人程序来完成成形过程。主要工艺参数：激光功率为 1000W，送粉量为 3.8g/min，载气流量为 200L/h。

为了研究激光扫描点的几何特征，进行了两组试验。其一为不送粉和送粉时单点成形结果比较。控制激光辐照时间为 0.4s，该值根据光斑直径与常用扫描速度 5mm/s 的比值求得。其二为连续成形与间断成形结果比较，连续成形的激光辐照时间为 1.2s，间断成形分 3 次，每次激光辐照时间为 0.4s。

成形后，利用超声波在丙酮溶液中对试样进行清洗去污处理，晾干后对其试样进行线切割取样，利用光学显微镜对试样的横截面形貌进行分析。

试验得到的试样和线切割取样的点状成形结果如图 5-1 所示。在激光扫描点试验开始前，对熔池的中心在基体平面上的位置进行了预先设定，并对激光扫描点的相对位置进行记录。按上述已知位置数据进行线切割取样，保证切割截面穿过激光扫描点的中心。

图 5-1
点状成形

在光学显微镜下激光扫描点中心点状成形截面形貌如图 5-2 所示。

由图 5-2(a)可以发现，不送粉时基体平面基本保持不变，其熔化区和热影响区呈现球体状。送粉时激光扫描点结构形状为"飞碟"状，中间最高，边缘与基体呈现光滑连接。随着成形时间的增加，其熔池厚度向上下两方向增加。在基体材料飞溅很少的情况下，通常认为的基体平面以下稀释区的凝固材料大部分为粉末材料是不恰当的。

(a)

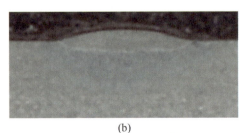

(b)

图 5-2 点状成形截面形貌

(a)不送粉情形；(b)送粉情形。

点状连续成形与间断成形对比结果如图 5-3 所示。

图 5-3(a)所示为连续成形 1.2s 的结构,图 5-3(b)所示为三层点状堆积,每层成形时间为 0.4s。由此可知,间断成形的成形效率比连续成形的更高,稀释区更小。随着成形时间的增加,熔池溶液向四周向下流淌,使成形结构直径明显大于光斑直径,边缘部分未达基体已经凝固,形成翘曲缝隙。在已有的成形结构上再成形时没有分界现象,结构是连续的。

 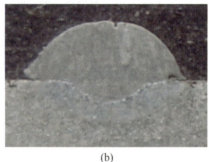

(a) (b)

图 5-3 点状连续成形与间断成形截面形貌

(a)连续成形情形;(b)间断成形情形。

通过对图 5-3 中的形貌分析发现,点状成形结构的几何特征不均匀表现在截面轮廓复杂,结构形状为"飞碟"状,其边缘与基体的结合部位具有部分非冶金结合带。图 5-3(b)中上部还存在气孔。对其成形组织进行进一步放大观察,发现激光扫描点的微观组织从上至下到达基体熔合线都呈现非均匀性。图 5-4 所示为点状成形截面基体表面附近放大 200 倍 SEM 照片。

图 5-4

点状成形截面基体表面附近 SEM 形貌(放大 200 倍)

由图 5-4 可知，熔池的凝固组织呈现较明显的层状结构，上部的组织细小致密，基体表面附近的组织粗大，稀释区的组织又变得细密。该组织的不均匀性会对成形层不同部位的应力状态、力学性能和形状变化带来很大影响。

综上所述，点的成形容易在基体结合处形成开裂，容易产生气孔，外形基本对称，但成形结构微观组织存在几何不均匀性。

5.1.2 激光成形线的局部几何特征不均匀现象

激光成形线是激光成形结构的基本组成单元，其几何特征决定了所成形结构的形状。众多研究者展开了对激光成形线几何特征的研究。但是，在激光成形线的始末端点、外侧边缘、拐角和运动装置加减速点会存在几何特征不均匀现象，而这些部位在其他成形结构形状研究中往往被忽视。试验研究发现，正是这些局部结构形状不均匀的部位，决定了成形金属结构的形状误差，甚至导致成形过程终止。因而本书对激光成形线的几何特征进行了相关试验研究。

针对某型装备零件的激光成形线成形形状精度问题，进行了单道成形工艺试验。基体材料为 18Cr2Ni4WA 钢，加工成圆饼状，直径为 39.92mm，厚度为 10.05mm，质量为 98.54g，密度为 $7.834g/cm^3$。粉末材料为 Fe314 粉末，粒径为 $-350 \sim +140$ 目，密度约为 $7.85g/cm^3$，其成分如表 5-1 所示。采用侧向送粉，送粉方向垂直于成形方向，且与激光束成 45°角。主要工艺参数：激光功率为 1000W，送粉量为 4.224g/min，激光扫描速度为 5mm/s，单道扫描路径长度为 25mm。

成形后，将试样放在丙酮溶液中，进行超声波清洗，晾干后再用电子秤称重；然后对其中两道成形层进行线切割取样，并利用光学显微镜对试样的截面形貌进行分析。对其中两道激光成形线的始末端点进行光学照相，观察其俯视形状。对另两道的始末端点进行纵向截面的线切割制样，并在光学显微镜下分析截面形貌。

图 5-5 所示为单道成形层的试样形貌。图中方孔位置为结构形状分析的试样取样位置。

单道激光成形线的三维形状决定了搭接成形层的形状，进而又对多层堆积成形体的几何形状产生重要影响。图 5-6 所示为单道激光成形线始末端点的俯视轮廓。为了便于起始端和结束端的形状比较，对其按实际比例进行尺寸标注，图中为两条激光成形线按相反的方向进行成形，其始末端点的横坐标相同。

图 5-5　单道成形层的试样形貌

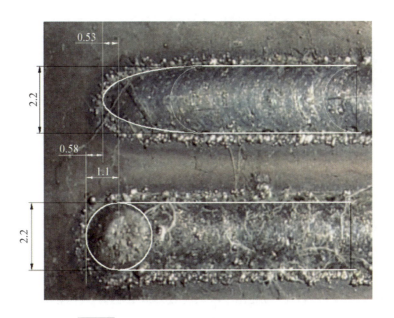

图 5-6　单道激光成形线始末端点的俯视轮廓

由图 5-6 可知，激光成形线的起始端呈一椭圆形，熔宽逐渐增大。进入稳定成形阶段，熔宽基本保持不变。在激光成形线末端呈圆形，且其高度比激光成形线中间稍高。始末端点虽然横坐标相同，但其结构尺寸存在明显差异。分析其原因，认为成形起始点由于基体温度低，激光迅速扫过使熔池来不及吸收更多能量，导致熔池偏小。随后基体温度迅速升高，熔池得以扩大到与光斑相当的大小，能量吸收和散发进入稳定，故熔宽保持一致。在成形末端，由于热量累积和停光后送粉喷嘴的余粉进入熔池，导致其结构尺寸增大。

图 5-7 所示为激光成形线横截面形貌。图中竖直的虚线表示激光光束中心线，水平虚线表示基体表面。由图 5-7 可知，在基体表面以上的成形金属结构轮廓为一圆弧，且其形状关于光束中心线基本对称。而在基体表面以下的凝固组织其熔深是不均匀的，光束中心线靠右的熔化范围大且熔深更深。结合试验的过程分析，发现该现象是由侧向送粉导致的。在图 5-7 中，载气粉末流由左上向右下，与光束成 45°送入熔池，使熔池左侧遮挡的激光能量较多，且气流压力和粉末粒子的动能使熔液更容易向熔池右侧流动，导致横截面熔深的不均匀现象。

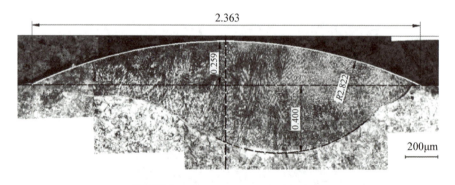

图 5-7　单道激光成形线横截面形貌

图 5-8 和图 5-9 所示分别为激光成形线始末端点的纵截面形貌。由图 5-8 可知，在激光成形线起始端，熔高和熔深都是逐渐增长的。成形一定距离，熔高基本保持一致，熔深沿着成形方向是不均匀的。由图 5-9 中可知，末端的熔深最深，且熔高比中段激光成形线要稍高。在图 5-9 中标示出了熔池的纵截面轮廓，可以发现其在成形方向上前低后高，呈倾斜的"飞碟"状。而在成形起点，基体表面是平的，熔池后沿也是平的。所以，熔池在激

光成形线中不同位置的液、固界面的形状不同也是导致激光成形线整体形状不均匀的原因之一。

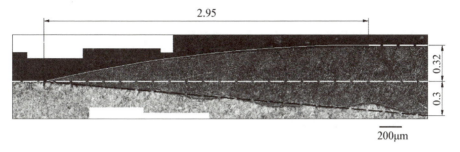

图 5-8 单道激光成形线起始段纵截面形貌

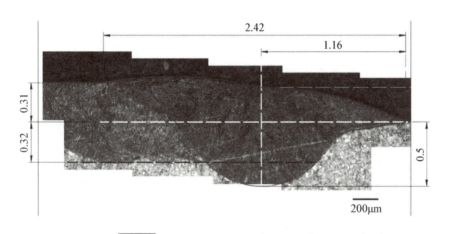

图 5-9 单道激光成形线末段纵截面形貌

由图 5-8、图 5-9 可知,激光成形线稀释区的大小和深度沿扫描方向是不断变化的,造成该变化的原因是激光输出功率的不稳定。取样分析的横截面不同,则得到的轮廓会不同。但是基体上成形结构的一致性较好,只是在激光成形线末尾有一个小突起,是激光停止照射后粉末仍喷射,熔池多吸收了部分粉末再凝固造成的。

综上所述,在激光成形线的熔深、熔高尺寸和始末端形状上存在几何特征不均匀现象。

5.1.3 搭接成形层的局部几何特征不均匀现象

数条激光成形线按一定路径和搭接比率进行组合而成形的成形层被称为

搭接成形层。在激光表面成形应用中，通常只要求成形层是连续的且厚度基本一致即可。搭接成形层的固有结构形状特点对其表面成形应用一般不会造成太大影响，这也是其几何特征研究报道很少的原因。但是，对于搭接成形层的堆积成形，每层的局部形状不均匀部位会产生相互影响，导致成形整体的结构形状发生较大变化。

成形材料为 Fe314 粉末，基体为 45 钢。激光成形线成形工艺参数：激光功率为 1000W，激光扫描速度为 8mm/s，送粉量为 4.224g/min，单道扫描路径长度为 45mm，按"弓"字形路径进行搭接成形，搭接率为 45%。在成形过程中激光光闸始终打开。送粉喷嘴在基体表面上的投影垂直于激光成形线扫描方向，位于搭接方向一侧。

搭接成形层成形后对其表面形貌进行光学照相，分析其局部结构形状不均匀性，同时取其横截面制成金相试样供其他研究所用。

图 5-10 为制得的平面搭接成形层形貌。由图可知，搭接成形层整体平整一致，结构连续，没有开裂，与基体结合良好。但是，在图中成形层的左右两侧，具有局部锯齿状的几何特征。在激光成形线的搭接路径拐角处，存在节瘤状突起。搭接成形层的外侧边缘普遍存在斜坡现象。所谓斜坡，实际上是指成形线的固有几何特征，即激光成形线两侧的柱面斜面。进一步测量发现，搭接成形层第一道的高度要比整体层厚度小，而激光成形线的厚度呈现先增加后减小的趋势，尽管在单层成形时这种趋势并不明显。

图 5-10
平面搭接成形层形貌

对其分析认为在成形层搭接路径的拐角处,机器人运动机构并不能保持匀速移动,随着运动方向在很短距离内发生两次改变,加速和减速的加速度受到限制,故扫描路径以弧线过渡。在这些减速点,堆积时间增加,故结构厚度增加形成节瘤。而两侧锯齿状的形成是"弓"字形路径导致的,两个路径转折点之间部分面积的基体不能被激光束辐照,所以没有粉末的成形。

综上所述,搭接成形层在第一道激光成形线、成形层边缘和路径转折点处存在局部结构不均匀现象。

5.1.4 薄壁墙结构的局部几何特征不均匀现象

单道激光成形线按一定路径进行堆积成形的结构被称为薄壁墙结构。薄壁墙的成形研究是激光增材再制造成形薄壁零件和结构的基础。如果在激光成形线堆积成形过程中始终保持工艺参数不变,会在局部区域产生严重的变形,使成形过程不能连续。如果成形路径较复杂和具有尖锐拐角甚至路径交叉,则在上述部位呈局部结构几何特征不均匀的现象。

与前述试验类似,成形材料为 Fe314 粉末,基体为 45 钢。堆积成形薄壁墙的成形工艺参数:激光功率为 1000W,激光扫描速度为 8mm/s,送粉量为 4.224g/min,按三角形扫描路径进行编程,按成形层高度为 0.4mm 进行堆积成形,共堆积 10 层。在成形过程中激光光闸始终打开。送粉喷嘴在基体表面上的投影垂直于激光成形线扫描方向,位于搭接方向一侧。

图 5-11 所示为堆积成形的三角形薄壁墙。薄壁墙结构形状整体比较均匀,墙体高度基本一致,表面状况良好。但是,在三个拐角位置都存在结构增大和突起现象。如果继续增加堆积层数,这些局部位置会产生形状误差累积,结果是局部结构形状变得更加不可控,导致成形过程中断。另外,对成形后的薄壁墙进行几何尺寸测量,结果发现墙体的厚度呈现下宽上窄的现象,在局部位置有厚度突然增加的结瘤。

对成形过程进行分析,认为在拐角处的结构体积增大现象是热量累积和激光扫描速度由于运动机构加速度的限制而减速造成的。在其他热成形的设备应用中也会出现类似现象。加工头的运动精度一般随运动执行机构的不同而有一些差异。但是总体来看,运动机构的加速度不可能设置得很大,如果过大则可能损坏机构,所以在拐角处由于运动方向的突变,机构运动速度必须调整,一般是经历先减速再加速的过程。对于机器人的运动,其到达指定位置点的过程比普通平移运动机构更复杂,一般存在点附近圆滑过渡和精确到点的两种运动求解方式。所以,对于其他路径的薄壁墙堆积成形,会出现由于实际工艺参数和设定工艺参数不一致导致的局部结构形状不均匀的问题。

图 5-11 堆积成形的三角形薄壁墙

墙体的厚度呈现上窄下宽是由成形中熔池物理约束基面形状变化导致的。在平板上成形第一层时,其熔池基面是平面,而到第二层堆积成形时,其基面是第一层激光成形线上表面,一般为圆柱面。继续堆积第三层时,第二层的上表面与第一层的不会完全一致,其有效成形宽度会稍微减小,导致第三层的成形基面进一步减小。继续堆积的结果是熔池基面形状发生变化,成形墙体的厚度逐渐减小。当成形层上表面的形状变化越来越小时,则堆积墙体的厚度变化趋于平缓。厚度突变的原因是送粉量突然增大。在不开激光时观察送粉喷嘴出粉情况,偶尔能看到粉末在喷嘴结构内局部聚集到一定程度,然后随载气粉末流一起喷射出喷嘴的情况。

综上所述,由于实际堆积成形的工艺参数和设定的工艺参数并不完全一致,在激光成形薄壁墙结构时会出现局部结构形状不均匀现象。这些局部位置多出现在成形路径的拐角、路径交叉和不同路径太接近导致热量过多累积的部位。

5.1.5 立体成形结构局部几何特征不均匀现象

相同或不同形状的搭接成形层按一定高度进行堆积成形的三维结构被称为立体成形结构。立体成形结构的几何特点是在长、宽和高度方向都具有显著尺寸，且不限于简单几何体，也可是基本几何体的组合。立体成形结构在装备零件的再制造中应用广泛，通常能解决那些其他修复技术无法实现的局部成形问题。

与薄壁墙的成形类似，如果在立体结构成形过程中设定的工艺参数不变，会在成形体的某些局部区域产生严重的变形，使成形过程不能连续。因此本书对此进行了试验研究，以观察其几何特征不均匀的情况。

立体成形所用材料为 Fe314 合金粉末，该粉末特点是韧性好、硬度低、抗开裂性能好，适于恢复零件尺寸和成形结构件；送粉方式采用侧向同步送粉，送粉量在线可调；激光单层成形路径采用"弓"字形，单层扫描完毕后光束返回起始点位置，在此点抬升激光加工头一个高度距离，再进行下一层的成形。其间，每层的路径不变。经过优化后的搭接成形层的成形工艺参数如下：激光功率为 1000W，光束扫描速度为 $5\sim10$mm/s，送粉量为 5.36g/min，光斑直径为 2.0mm，单层搭接 20 道次，搭接率为 40%，堆积 13 层，单层激光头抬升高度为 0.45mm，载气流量为 200L/min，预期的方块体成形尺寸为 25mm×25mm×5mm。

图 5-12 所示为最终成形的方块体。由图 5-12 可知，其成形形状良好，成形层表面平整一致，与基体结合良好，基本实现了预期形状的毛坯块体成形。

测量后可知成形后毛坯的几何尺寸经过机械加工后完全可以实现预期的方块体结构形状。但是，仔细观察方块体的局部，能发现一些局部结构存在几何特征不均匀的部位。这些局部严重影响了继续在已成形的块体上堆积多层的几何结构性能。

这些局部部位包括块体两侧每层搭接成形层路径转折处、块体边缘、起始和结束段激光成形线、成形结束点等。例如，成形得到的方块体一侧的几何特征如图 5-13 所示。从图 5-13 中发现，激光成形线的转折点结构体积增大，两个转折点之间存在缝隙状材料缺失，且侧面边缘整体呈现斜坡状。图 5-14 所示为方块体的起始段激光成形线堆积的侧面形貌。图 5-14 中每层成形层第一道激光成形线基本都呈现一个高度不均匀的现象。堆积的结果是块体侧面结构高度起伏不平，成形起始点高，激光成形线中间高度逐渐降低，到激光成形线末端高度又逐渐升高，最后呈现圆滑下降，结构形状出现明显塌陷。此外，方块体边缘斜坡结构形状明显。

图 5-12 方块体成形结构形貌

图 5-13 方块体成形结构路径转折点侧面形貌

图 5-14 方块体起始段激光成形线堆积的侧面形貌

形成激光成形立体结构的局部结构几何特征不均匀现象的原因是多方面的。由于激光成形的固有特点，其激光成形线的几何特征决定了搭接成形面的几何特征，进而又影响了堆积立体的局部几何形貌。成形过程中采用均匀一致的工艺参数本来是为了获得均匀一致的结构，但是实际情况并非如此。在不同位置和不同时刻，熔池的激光能量吸收、粉末材料输入和熔池基面形状是不一样的，与设定的工艺参数存在差别。

成形路径的转折点存在热量集中和运动机构加减速造成成形时间长，使得局部结构体积增大。两转折点之间由于光束运动是圆滑过渡，激光照射范围和时间都受限制，故粉末吸收和熔化较少，形成缝隙。第一道激光成形线的基面是平板，造成成形高度比成形层整体高度稍低。而起始点的激光能量散失最快，其成形结构高度逐步增加，但是到激光成形线中段，基体环境温度上升，熔池熔液流淌明显，结果是熔宽增加而熔高降低。在激光成形线末段，基体温度更高，熔池面积和体积增加，能吸纳更多的粉末。而粉末材料熔化量多后到达基体的能量减少，结果是激光成形线高度增加。在激光成形线末端，其结构形状塌陷是由于每层激光成形线的端点斜坡形状累积，造成较明显的熔池基面高度与光斑焦点位置不匹配，成形不能连续进行，结构高度进一步降低。

综上所述，激光立体结构成形中存在局部几何特征不均匀现象。熔池的激光能量吸收、粉末材料输入和熔池基面形状这3个方面的不均匀原因，造成了成形结构的几何特征不均匀。所以，按常规的激光快速成形方法在成形路径不同位置处采用相同的工艺参数得到的结构几何形状精度不高，需要在激光再制造成形中对工艺参数进行定量控制以改善局部结构几何特征不均匀性。

5.2 激光增材再制造成形层结构形状预测模型

5.1节研究了通过控制成形结构局部形状来控制成形结构整体的几何精度的方法，并提出定量控制局部工艺参数来实现预期形状结构的控形思路。本节则研究成形工艺参数调整量和成形结构几何特征变化量之间的定量对应关系，即形状预测模型。建立高预测精度的理论模型能精确控制工艺参数的调整量，并形成系列的控形工艺方法，实现高尺寸精度的结构成形。同时，沿成形路径所有局部位置的结构几何精度，控制并结合不同路径组合能实现多种形状结构的快速高精度激光增材再制造成形。

激光增材再制造成形结构形状预测和控制的目标是，采用最优的工艺参数，如激光功率、送粉量和激光扫描速度等，获得预期的成形结构几何特征，如较好的表面质量、成形结构的几何尺寸和形状精度，从而更经济地生产出高质量零件。研究表明，工艺参数与成形结构的几何特征对应关系是形状预测模型的基础，也是实现各种在线控制成形结构形状的理论依据。本章从激光成形过程的闭环控制技术发展历程分析入手，提出了激光成形结构形状控制的关键技术，在能量守恒和质量守恒原理基础上建立了形状预测的理论模型，并通过试验验证分析，比较分析了模型预测精度。

5.2.1 激光成形过程的闭环控制技术发展

由于激光成形过程中的不确定因素较多，建立工艺参数和成形结构形状的定量对应关系较难，故其他研究者多采用实时检测系统对成形结构的某一参量进行监测，期望建立被监测量和被控制参数之间的反馈控制关系。Mazumder 等采用沉积高度实时监测闭环控制系统进行成形薄壁圆筒的控制，Hu 等采用沉积宽度实时监测闭环控制系统成形薄壁墙，Hand 等采用熔池温度实时监测闭环控制系统成形薄壁墙。他们的研究结果表明，采用激光加工实时监测闭环控制系统，能够实现成形结构几何特征的控制，并提高其成形形状精度。

随着激光成形技术的广泛应用和设备系统的发展，激光快速成形实时监测闭环控制技术已经取得了一系列的成果。其中，美国密歇根大学的 Mazumder 教授所带领的研究小组在沉积层几何参数控制方面所做的工作比较突出，他们研发的闭环 DMD 技术是激光、传感器、计算机数控平台、CAD/CAM 软件、涂覆冶金学等多种技术的融合。如何控制金属成形零件的尺寸精度和改善其性能是一项具有挑战性的工作，Mazumder 等对此进行了长期的试验研究。密歇根大学开发了零件尺寸精度监测系统，该系统采用了计算机控制的 5 轴工作平台，平台上集成有激光加工装置及视觉传感装置，可以成形出多种形状的零件。在闭环 DMD 技术中，视觉传感器是比较常见的用于实时获得沉积层几何参数信息的工具。沉积高度的控制传感器可以采用单个也可以采用多个。采用单个传感器主要是为了降低成本,而采用多个传感器可以提高闭环控制精度。国内也有众多研究者和团队进行了激光成形过程的闭环控制研究,如清华大学、西北工业大学、华中科技大学等研究者采用了具有瞄准功能的红外探测头、光学照相机等来实现闭环控制。

除了采用光学传感器等对激光成形结构的高度进行监测和控制,有些研究者还对送粉式激光成形中的粉末输送量进行监测和控制,进而实现对成形结构的形状进行控制。在激光成形中,粉末流速的微小变动会对沉积结构的几何形状和微组织结构产生较大的影响。然而大多数用于激光增材再制造成形的粉末供给系统都是开环的,不能监测粉末的输送量和流动速度。因而,对于不同的送粉系统,其粉末粒子流的特性参数是不同的。如何控制粉末材料输送参数,以满足应用要求就显得非常重要。德国的 Grünenwald 等建立了一套送粉控制系统,采用直流发动机环行滑道的旋转圆盘式送粉器,使用贴有感量 20100mg 应变规的天平称量送粉量。其电信号经放大器处理后由 A/D 卡传输到个人计算机,经由专用处理软件控制送粉率,并通过事先测出每种粉末的标定因子,进而获得送粉率和发动机转速的关系。图 5-15 所示为有无控制送粉率的激光成形过程的波动情况。

从图 5-15 中可见,采用该技术控制的送粉率脉动量都在允许值(5%)之内,而没有控制的则超过允许值。将送粉系统集成在激光处理机的 CNC 系统中,即可实现高度自动化的激光快速成形送粉控制。

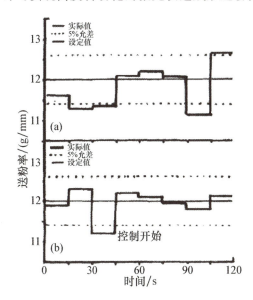

图 5-15
有无控制送粉率的激光成形
过程波动情况对比

激光熔池的温度监测和控制也是一种常见的闭环控制方法。激光熔池的温度决定了熔池的尺寸和稀释率,如果温度过低,熔池尺寸减小甚至不能形成熔池,不能吸纳足够的粉末;如果温度太高,就会造成过熔现象,稀释率增加。针对这一问题,国内外也做了相关的研究工作。有代表性的研究如Grünenwald等采用高温计实时检测激光快速成形熔池表面温度实现闭环控制。用 5kW CO_2 激光器,对 50% NiCrBSi + 50% TiC 复合粉末在 16MnCr55 钢基体上进行成形,在送粉率为 50g/min 条件下其激光快速成形的控温效果如图 5-16 所示。在成形过程中激光功率自动适时调整以保持熔池温度稳定。

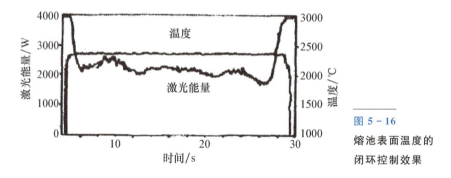

图 5-16
熔池表面温度的闭环控制效果

5.2.2 激光成形结构形状控制的关键

实现激光成形过程的闭环反馈控制虽然是控制成形结构形状的解决方法之一,但是这些技术还处在发展和逐步完善阶段,并且建立一套高精度反馈控制系统需要投入大量资金和精力。相关研究表明,闭环反馈控制的实质还是被监测参量和被控制参量之间的函数对应关系。因而,本书试图通过成形过程的理论分析建立这种函数对应关系。

激光快速成形过程中材料的逐层成形和堆积实际上主要是激光束、粉末材料和基材三者相互作用的结果。在实际的成形过程中,许多工艺参数将发生非人为干扰的变化并引起成形过程的波动,而且这种波动几乎是不可避免的。所以从一定程度上,激光快速成形过程具有一定的不可预知性。同时,激光快速成形是多参数复合影响的复杂的材料熔凝成形过程。因此,成形工艺的稳定性也是过程控制的对象。

从激光成形过程的闭环控制技术发展可以看出,不论这些方法监测的是何参数,其目的都是希望成形过程中这些参数保持恒定,并尽量与设定的参数保持一致。换言之，控制的目的是希望成形过程稳定，结构均匀。监测激光熔池温度的前提是认为熔池温度保持恒定后，其成形过程是稳定的，所成形的结构几何特征也是均匀的。但理论分析表明，该方法控制精度并不高，因为熔池的温度即使保持恒定，其形状大小也不一定是恒定的，该方法只可以避免不同位置熔池过热和温度过低，使成形过程能连续进行。

通过精确控制送粉量来控形的方法其本质还是希望进入熔池的粉末量是恒定的或可控的。通过视觉传感器进行成形高度的在线监测控制，其实质是改变熔池基面位置，对成形过程中的形状误差进行补偿。

结合上述分析结果，本书提出激光成形结构形状控制的关键是从熔池能量输入、粉末材料输入和熔池基面形状 3 方面进行控制，利用在不同工况和参数下，所成形结构的几何特征与工艺参数的对应函数关系，适时对成形过程中的工艺参数进行调整，来控制成形局部结构的几何形状。所以，对激光成形结构形状进行控制的核心技术是建立成形工艺参数和成形结构几何特征之间的定量对应关系，即本书提出的形状预测模型。

5.2.3　成形结构形状预测模型

在送粉式激光成形中，激光束照射基体材料表面，光斑辐照区材料迅速升温并熔化形成激光熔池；与此同时，粉末流通过气载或重力输送等方式进入熔池，部分粉末被熔池吸纳，因而熔池体积变大，形状也发生相应变化，并迅速降温凝固。激光束在到达基体材料表面前，一般需要穿过粉末流，而根据送粉方式的不同，激光束和粉末流的交互区域也不同，这也就导致粉末流对激光束能量的衰减以及被辐照粉末粒子的温度升高会随之发生变化。另外，随着熔池形状尺寸和温度的变化，熔池对激光束能量的吸收、反射和传输也会改变。在粉末流和熔池的交互作用中，进入熔池的粉末量会显著改变熔池的温度、熔液流动、形状和尺寸；同时，变化的熔池形状尺寸又会改变其对粉末流的吸纳效果。

为了对成形结构形状的形成过程进行分析，本书对上述过程进行"剥离"分析，以熔池的形状变化过程进行划分。第一个阶段是激光照射基体，在基体表面及表面下组织中形成一个球体状熔池；第二阶段是粉末粒子被吸纳，熔池扩大到基体表面以上，熔液流动并吸纳更多粉末进一步增大体积；第三阶段是随着激光束和基体的相对移动，熔池后沿抬起并凝固，而熔池前沿向前倾斜并熔化基体形成新的熔池前沿。

几何形状预测模型的建立首先从熔池的能量输入以及能量守恒原理开始，建立第一阶段熔池形状大小和工艺参数关系的模型，然后从熔池的粉末材料输入和粉末材料质量守恒原理出发，建立第二阶段熔宽、熔高及激光成形线截面轮廓与工艺参数的函数关系，然后综合考虑激光束、熔池、粉末束流三者的相互作用及影响，建立成形层的几何形状预测模型。

首先，考虑能量输入模型，考查其能量利用率系数，从材料比热容计算半球体熔池的体积，通过试验确定不同参数下其熔宽变化，并模拟建立熔宽和工艺参数的函数关系，其算法采用普通的多项式拟合；其次，试验确定不同参数下激光成形线截面形状轮廓，提出上轮廓线为圆弧，这样，如果已知截面面积和熔宽，可以推算出熔高；最后，根据熔池粉末输入量来确定单位时间内成形层的体积，推算出激光成形线截面面积。根据基体上部成形层体积和吸收的能量，计算到达基体表面以下的能量，并建立熔深和工艺参数的关系，预测基体表面下熔池的形状大小。

1. 熔池能量输入与其直径关系的模型

本书研究中采用的激光束通过光纤传输到达基体表面后为圆形光斑，因而，按照点热源进行假设，其在基体表面会形成半球体状的熔池。而实际上，在光斑内激光的光强分布是不均匀的，且存在明显的二维尺寸，所以一般的模拟中假设其为点热源是与实际情况差别较大的。研究发现，虽然基体受激光束辐照形成熔池不是点热源条件下的半球体状，其形状还是近似为一部分球面体，即在激光能量输入和热传导下，基体熔化区域与未熔区域的界面为球面的一小部分。因而，本书假设熔池形状为部分球面体。

熔池的能量输入与输出遵守能量守恒定律。对于设定功率的激光输出，其能量满足下式：

$$E_{out} = E_w + E_p + E_{re} + E_{he} + E_m \quad (5-1)$$

式中：E_{out} 为激光头输出的能量；E_w 为激光透过光纤和镜片组的损耗能量；E_p 为激光束穿过粉末流损耗的能量；E_{re} 为材料反射损失的能量；E_{he} 为基体热传导升温需要的能量；E_m 为熔池材料吸收的能量。

通过仪器设备测量激光加工头的输出功率以及激光束经过粉末流的衰减率，并以试验方法测量估计熔池对激光的有效能量吸收率，将除了熔池材料

熔化所吸收能量之外的能量损耗效果综合到有效能量吸收率内，则熔池的能量输入 E_m 可以表示为

$$E_m = P_{ac}(1-\lambda)t\eta \qquad (5-2)$$

式中：P_{ac} 为激光加工头实测功率；λ 为试验测得的选定粉末和工艺参数下的粉末流对激光束能量衰减率；t 为时间；η 为熔池对激光的有效能量吸收率。其中 η 与常规意义上的材料激光吸收率有所不同，即通常所说的材料激光吸收率是连同热传导的能量一起参与计算的，而本书中提出的熔池激光有效能量吸收率只包含熔化熔池内材料及熔化潜热所需要的能量，可通过试验方法建立熔池大小和输出能量多少的关系求得其量值。

熔池一般分为两部分：一部分位于基体表面以下，假设其全部为基体材料；另一部分位于基体表面以上，假设其全部为粉末材料。虽然在液态熔池中合金元素的扩散和溶液流动肯定存在，这种假设对熔池能量计算的影响很小因而可以忽略。假设熔池吸收的有效能量(不含热传导损耗能)全部用于熔化材料和熔池温升，则有以下能量守恒表达式：

$$P_{ac}(1-\lambda)t\eta = \rho_p A_1 vt(C_p \Delta T_p + \Delta H_{fp}) + \rho_s A_2 vt(C_s \Delta T_s + \Delta H_{fs})$$

$$(5-3)$$

式中：ρ_p、C_p、ΔT_p、ΔH_{fp} 分别为粉末材料的密度、比热容、溶液温度与初始环境温度差、熔化潜热；ρ_s、C_s、ΔT_s、ΔH_{fs} 分别为基体材料的密度、比热容、溶液温度与初始环境温度差、熔化潜热；A_1、A_2 分别为基体表面以上和以下的成形层横截面面积；v 为激光扫描速度；t 为时间。

对凝固后的熔池尺寸测量后发现，其表面圆形熔化区的直径和光斑直径相等，随工艺参数的变化呈现一定规律性变化。故本书认为熔池的表面直径是光斑直径和工艺参数的函数关系，与熔池的能量输入密切相关。

为了验证这一猜测，本书进行了相关的工艺试验研究，试样如图 5-17 所示。采用单道激光成形线工艺试验的方法来测量工艺参数与激光成形线宽度的关系。在激光成形线形状尺寸均匀稳定的部位进行线切割制样，以备分析所用。

激光成形线宽度的测量采取了截面几何形貌模拟测量的方法。截面几何形貌模拟的主要目的是对结构形状的表征和尺寸的测量。采用 AutoCAD 软件用直线模拟基体表面，用圆弧模拟截面上部和底部轮廓线，可以直接标注结构的主要尺寸参数。

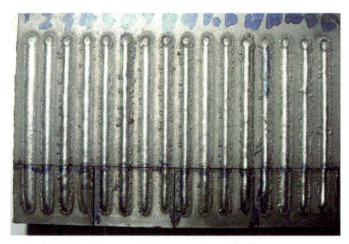

图 5-17 工艺参数与激光成形线宽度关系测试试样

具体步骤如下：首先，通过光学显微镜获得成形线截面的几何形貌图像，将激光成形截面图像以光栅图像格式导入 AutoCAD 软件；其次，将光栅图像置于底层，放大光栅图像在新建图层上标模拟点，并在基体平面、上下轮廓线位置标出 3~5 个清晰的轮廓点；再次，用作图法模拟出基体平面直线和上下两段圆弧线；最后，根据光学显微镜比例尺和导入 AutoCAD 后的测量数据来调整测量比例，直接在模拟轮廓图上标注出尺寸数据。图 5-18 中示例了一个模拟轮廓图，圆弧粗实线表示上轮廓线，水平虚线表示基体平面，圆弧虚线表示熔池底部大致轮廓线。图 5-18 中没有删除底层光栅图像。

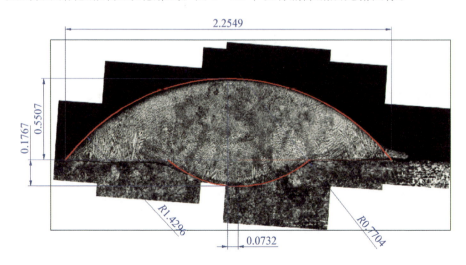

图 5-18 成形线横截面 AutoCAD 轮廓模拟与其尺寸（单位为 mm）

采用上述测量方法的好处在于以下几个方面：首先，测量精度较高，通常直接采用游标卡尺对基体表面的激光成形线宽度测量，不足是需要测量多个值取平均值，人为误差较大；其次，通过尺寸标注的方法得到其截面几何特征的全部数据，利用 AutoCAD 软件的测量功能还可获得截面面积等数据，可省略复杂的计算步骤。

采用上述方法测量了 20 条激光成形线的宽度。测量结果如表 5-2 所示。

表 5-2 激光成形线的宽度测量结果

激光功率	送粉量/(g/min)	2.614	4.412	6.21	8.008	8.907	9.806
	扫描速度/(mm/s)	成形线道宽度/mm					
1000W	5	2.3019	2.2549	2.2601	2.1470	—	—
	7.5	2.1830	2.1744	2.1059	—	2.1153	—
	10	—	2.0751	2.0138	1.9643	—	1.9477
800W	6	1.9751	1.9610	1.9085	—	2.1837	—
900W	9	—	1.9820	1.9546	1.9430	—	1.6675

在本书研究的工艺参数范围内，大量试验结果表明，没有送粉时激光材料表面熔凝的熔池直径与激光焦点光斑直径相当，随激光输出功率的增加，熔池直径增加。而有粉末输入时，熔池的直径由于粉末流对激光能量的衰减以及在高度方向粉末堆积的能量吸收而变小，也会由于熔液的流淌而大于光斑直径。所以，熔池直径是单位长度内激光能量输入和粉末材料输入的函数，与光斑直径相当。在送粉量超过一定量，即粉末对激光的衰减作用非常明显时，基体仅在表层熔化，激光能量几乎全部用于熔化输入的粉末，熔池全部位于基体表面之上，则此时的激光成形线宽度明显增加。该状况下激光成形线截面形貌如图 5-19 示。

由表 5-2 和其他试验中都发现，在保证其他参数不变的前提下，随着送粉量的增加，激光成形线宽度先减少后变大。假设激光能量输出足以在基体表面形成熔池，且熔池在基体表面为一圆面，其直径与焦点光斑直径相当。在本章研究采用的特定设备系统和确定的工艺参数范围内，以单位长度内激光能量输入和粉末材料输入量以及送粉量的平方作为熔池直径变化的影响因素，则可建立以下理论预测激光成形线宽度模型为

$$W = d_1 \cdot \left(1 + a \cdot \frac{\varepsilon P}{v} - b \cdot \frac{\omega F}{v} + cF^2\right) \quad (5-4)$$

式中：P 为激光输出功率；d_1 为焦点光斑直径；ε 为材料的激光能量吸收率；ω 为粉末材料的有效利用率；F 为送粉量；a、b、c 为经验系数。在处理送粉量的变化对激光成形线宽度的影响时，将单位长度内粉末输入相关系数设为负值，而将送粉量的平方作为正相关项，以解决由于送粉量变化导致激光成形线宽度先减小后增加的问题。

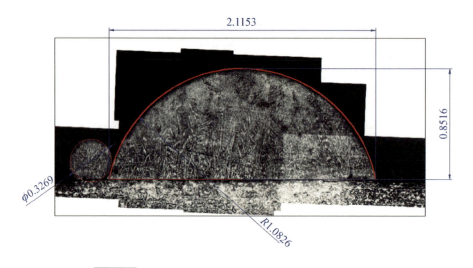

图 5 – 19　大送粉量时激光成形线截面形貌(单位为 mm)

式(5 – 4)中经验系数的取值可采用多元回归分析方法由工艺试验测量结果求得。在数据分析中，经常会看到一个变量与其他变量之间存在着一定的联系。要了解变量之间如何发生相互影响，就需要利用相关分析和回归分析。相关分析和回归分析都是研究变量间关系的统计学课题。在应用中，两种分析方法经常相互结合和渗透，但它们研究的侧重点和应用面不同，其区别如下：

(1)在回归分析中，变量 y 称为因变量，处于被解释的特殊地位。而在相关分析中，变量 y 与变量 x 处于平等的地位，研究变量 y 与变量 x 的密切程度和研究变量 x 与变量 y 的密切程度是一样的。

(2)在回归分析中，因变量 y 是随机变量，自变量 x 可以是随机变量，也可以是非随机的确定变量；而在相关分析中，变量 x 和变量 y 都是随机变量。

(3)相关分析是测定变量之间的关系密切程度，所使用的工具是相关系数；而回归分析则是侧重于考查变量之间的数量变化规律，并通过一定的数学表达式来描述变量之间的关系，进而确定一个或者几个变量的变化对另一个特定变量的影响程度。

在本书中,根据多元线性回归分析的相关理论,根据工艺试验测量的成形线宽度数据求得经验系数的值,而激光能量吸收率和粉末材料利用率应根据不同的试验装置、试验条件和实际测量结果选取合适的值。

2. 熔池粉末输入和激光成形线结构体积的关系模型

研究表明,粉末有效利用率是与熔池粉末输入量密切相关的。粉末利用率关注的是单位时间内参与成形的粉末量占粉末喷嘴输出的全部粉末量的比率,而熔池粉末输入量关注的是一定时间内进入当前熔池的粉末数量。目前理论上检测激光送粉有效利用系数的方法一般有 3 种:一种是设计光、机、电一体化的自动化监控系统,直接测得选定工艺参数下粉末的有效利用系数,但这种监测设备还不完善,有待进一步发展;另一种是采用金相检测法,通过测量成形层几何尺寸,按一定的方法计算得出;最后一种是直接测量未参与成形的剩余粉末质量,而喷嘴粉末输出量一般是已知的,其数量减去余粉数量即为粉末有效利用量,由此可以方便地求出粉末利用率。

但是,熔池的粉末输入量并不完全等同于粉末利用量。熔池的大小形状受工艺参数和其他因素影响会发生较大变化,而粉末输入量也会改变熔池形状大小。所以,影响激光成形线形状尺寸的并非粉末有效利用率,而是某一时刻的熔池粉末输入量。为了研究和建模的方便,本书所指的熔池粉末输入量为在稳定成形前提下,单位时间内进入熔池参与成形的粉末质量。

以激光成形采用较多的侧向送粉方式为例。图 5-20 所示为侧向送粉的常用结构布局,图 5-21 所示为熔池粉末输入的分析模型。

图 5-20
侧向送粉的常用结构布局

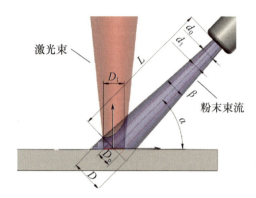

图 5-21
侧向送粉时熔池粉末输入的分析模型

建立其物理模型前,需要进行以下假设:

(1)所有粉末粒子为球形并具有相同的直径。

(2)粉末粒子流的束流中心与光束中心在基体表面重合。

(3)粉末粒子流为一个圆锥状稀疏筒体,锥筒的锥顶角通过送粉量和载气流量的函数得到。

(4)粉末粒子流的截面浓度分布是关于该截面半径的函数。

以激光焦点光斑中心为原点,建立垂直于粉末束流中心线的分析截面,则粉末束流在分析截面上的轮廓为圆。由图 5-21 中几何关系可知,粉末束流在分析截面的轮廓直径可以表示为

$$D = d_0 + 2L \cdot \tan\frac{\beta}{2} \quad (5-5)$$

式中:D 为分析截面上粉斑直径;d_0 为圆形粉末喷嘴直径;L 为喷嘴出口到光斑中心的距离;β 为锥形粉末束流的锥顶角。

而进入熔池的粉末束流其形状是不规则的,可以认为是一个椭圆锥体,如图 5-22 所示,其束流在分析截面上的投影为椭圆形。在图 5-22 的几何模型中,熔池在一个复杂的三维曲面,在成形线厚度变化的情况下,熔池粉末输入量是稍有不同的。

由几何模型中的投影关系,可以建立以下近似表达式:

$$D_p = \frac{1}{2} D_1 \cdot \left[\sin\left(\alpha - \frac{\beta}{2}\right) + \sin\left(\alpha + \frac{\beta}{2}\right) \right] \quad (5-6)$$

式中:D_p 为椭圆的短轴长度;D_1 为椭圆的长轴长度,也为熔池的直径;α 为粉末束流中心线与基体平面的夹角。

如果已知粉末束流中粒子在分析截面上的关于其半径的浓度分布,即已知

圆形粉斑内距离其中心一定长度的单位面积内粉末个数,则可以通过面积分来求得椭圆范围内粉末粒子的数量。计算所用的分析截面模型图如图5-23所示。

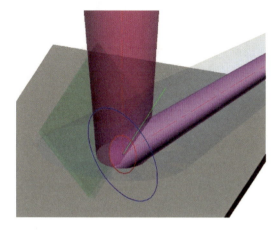

图 5 - 22
进入熔池的粉末束流形态

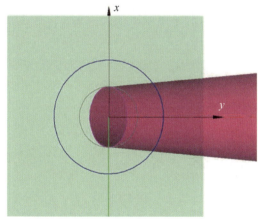

图 5 - 23
进入熔池的粉末量计算分析截面模型

关于粒子浓度分布的研究,多数情况下假设为高斯分布。因而,本书在此基础上分析截面的粒子浓度分布,其高斯分布的表达式为

$$f(x,y) = \bar{n} \cdot \exp\left[\frac{-(x^2+y^2)}{2\sigma^2}\right] \quad (5-7)$$

式中:$\bar{n}$ 为粉末束流中心峰值粒子浓度。

熔池粉末输入量的积分表达式为

$$F_{in} = \int_{\Sigma} f(x,y) ds \quad (5-8)$$

式中:F_{in} 为进入熔池的粉末粒子数量;Σ 为椭圆区域;$f(x,y)$ 为关于光斑半径的粉末粒子浓度函数。

3. 激光成形线几何模型

激光成形线的几何表征通常是在其横截面形状尺寸的基础上进行的。文献[6]中提出了一种考虑表面张力的成形层截面形状表征方法，其示意图如图 5-24 所示，其几何表征参数主要有成形高度(h)、成形宽度(w)、成形深度(d)。图 5-24 中标示了稀释区，称其为合金化区域。但是在本书研究的试验中没有发现这一区域和成形层具有明显界面。图中成形层是在基体表面以下，这一被成形材料占据的区域的基体材料应是以飞溅形式脱离基体的。但是在试验中没有观察到基体有明显的飞溅现象。所以，该表征方法不能很好地表征本书试验所得成形层的几何特征。一般情况下，成形层的截面形状尺寸可从金相照片上读出或标示，但是对成形线的不同位置其判断是不一样的。因而，上述方法测得的尺寸数据存在的误差较大。这主要是因为该种方法中整个成形层只截取一个横截面表征其形状尺寸，不能全面反映结构的立体形状。为了很好地解决这一问题，本书提出一种新的考虑小光斑下熔池表面张力影响为主的成形线截面轮廓模拟表征方法。

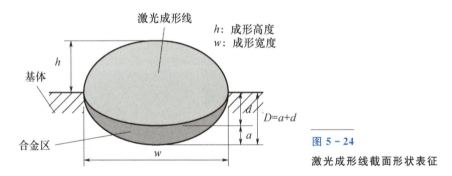

图 5-24　激光成形线截面形状表征

根据试验过程中没有观察到明显的材料飞溅现象，假设成形时基体没有材料飞溅，同时假设成形截面上轮廓线为圆弧。基于上述假设，本书提出以下成形层横截面形状表征示意图，如图 5-25 所示，主要参数有成形高度(H)、成形宽度(w)、圆柱半径(r)、成形深度(D)。成形层的横截面类似"飞碟"状，虚线以下的融合区域形状随工艺参数不同会产生多种结果，取其深度为表征参数。该模型与图 5-24 的主要区别是用 r 来表征成形柱体半径，其中 r 是表征进入熔池的粉末材料质量以及吸收激光能量占激光输出总能比例的参数。在小送粉量情况下，参数 r 越大，表明进入熔池的粉末越少，或者吸收的能量越少，成形线高度(H)也会变小。

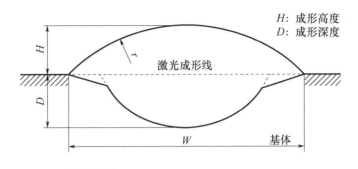

图 5-25　新的激光成形线截面形状表征法

综合前述分析及试验结果,在假定所有进入熔池的粉末成形所得结构的体积与基体表面以上的成形层体积相等的基础上建立以下激光成形线的几何模型,如图 5-26 所示。其中,W 为激光成形线宽度,H 为激光成形线高度。

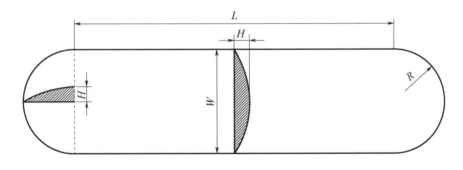

图 5-26　成形线几何模型

激光成形线高度值通过截面面积与宽度计算求出。激光成形线截面面积 A_1 的表达式如下:

$$A_1 = \left(\arctan \frac{W}{2R-2H}\right) \cdot R^2 - \frac{W}{2}(R-H) \qquad (5-9)$$

其中,激光成形线截面上轮廓圆弧的半径 R 表达式为

$$R = \frac{W^2 + 4H^2}{8H} \qquad (5-10)$$

而面积 A_1 又可由单位时间内熔池粉末输入量与成形结构质量相等这一质量守恒定理推算出。其质量守恒表达式如下:

$$F_{in} = \rho A_1 v \qquad (5-11)$$

式中:ρ 为成形层结构材料的密度;v 为激光扫描速度。

由上述公式可以计算出选定工艺参数下所得激光成形线的几何尺寸。

5.2.4 模型理论预测精度分析

上述激光成形结构形状预测模型的建立是基于一系列假设条件的，而有些假设条件与实际情况有一定差别。因此，为了判定这种差别对模型预测精度的影响，本书通过相关试验研究对其进行了验证分析。

几何形状预测模型预测步骤如下：首先根据能量守恒和工艺参数与熔池宽度的关系，由式(5-4)估计出成形层的宽度，然后由粉末输入质量守恒式(5-11)估计出成形层横截面面积，最后由式(5-9)和式(5-10)计算出成形层高度。

1. 宽度预测

根据式(5-4)，经理论计算及试验数据处理，设定模型的经验系数分别为 $a=0.0125$，$b=0.4545$，$c=0.0007$，针对本书试验设备和试验条件设置：$d_1=2.0\mathrm{mm}$，$\varepsilon=0.08$，$\omega=0.44$，选定激光输出功率为1000W，激光扫描速度为10mm/s，送粉量从4.4 g/min到9.8 g/min范围取值，进行单道激光成形线成形试验。

在激光成形线成形中，为了避免其他干扰因素对成形结构形状的影响，在相同参数下成形3~5道，选择其中形状比较均匀一致的激光成形线作为试验测量的对象。按前述5.2.3节激光成形线截面轮廓 Auto CAD 软件模拟的方法进行测量，并将其数据与理论计算所得激光成形线宽度作比较。图5-27所示为激光成形线宽度预测结果与实测结果比较。

2. 高度预测

在相同的模型和参数下，测量选定激光成形线的高度，并与理论计算结果作比较，结果如图5-28所示，显示了激光成形线高度的理论计算结果和试验测量数据结果的比较。

3. 熔深预测

一般在选定的激光成形工艺参数下，激光能量输入是充足的，即一般选定激光输出功率为最大值，所以熔池的能量输入足以熔化所有进入熔池的粉末材料，还能熔化部分基体材料形成基体表面以下的熔池区域。该条件下熔深的预测按照能量守恒式计算估计，而基体熔化区域横截面 A_2 的形状一般不规则且比较复杂多变，为简化模型，假设其计算表达式如下：

$$A_2 = k \cdot W \cdot D \quad (5-12)$$

式中：k 为比例系数，一般取为 0.5；W 为激光成形线宽度；D 为熔深。

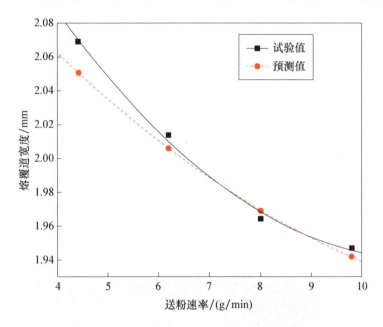

图 5-27　激光成形线宽度预测结果与实测结果的比较

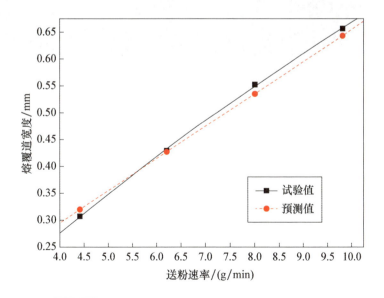

图 5-28　激光成形线高度预测结果与实测结果的比较

增加熔池粉末输入，或是减小激光输出功率，熔池能量吸收与熔化粉末材料所需能量相等时，基体可能基本不熔化，或是熔化很少量表层材料。在该条件下，由式(5-3)可知

$$A_1 = \frac{P_{ac}(1-\lambda) \cdot \eta}{\rho_p v \cdot (C_p \cdot \Delta T_p + \Delta H_{fp})} \quad (5-13)$$

在式(5-13)基础上可以估计选定参数下激光成形线上截面最大面积，并估计出送粉量增加的临界值。在此临界值下，激光成形线的熔深基本为零。

例如，根据试验经验选定 $\lambda=0.05$，$\eta=0.0774$，$C_p=0.464\times10^{-3}$ J/(mg·℃)，$\Delta T_p=1400℃$，$\Delta H_{fp}=0.248$ J/mg，$P_{ac}=620$W，$v=7.5$mm/s，则计算所得成形层厚度的最大值约为 0.56mm，对应的送粉量约为 4.8g/min。而试验参数 $P=1000$W，$v=7.5$mm/s，$F_{in}=4.412$g/min 下所得激光成形线截面形貌如图 5-29 所示，可见上述模型能较好地估计激光成形线的熔深特征。

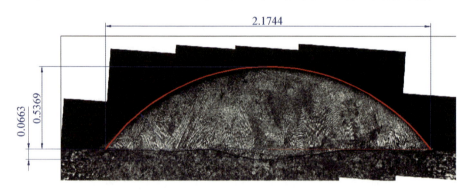

图 5-29 熔深接近零时的激光成形线截面形貌(单位为 mm)

4. 试验结果分析

由图 5-27 可知，宽度预测模型在常用送粉范围内都具有较高的精度。在大送粉量范围内，模型的预测误差为 0.3%左右，而在小送粉量范围，模型预测宽度误差在 1%左右。图 5-27 中显示了随着送粉量的增加，理论模型和试验结果表现出一致的下降趋势。

理论分析认为，随着送粉量的增加，其粉末流对激光束的衰减作用变得更加明显，到达基体的激光能量减少，故熔宽降低。而在小送粉量下，理论模型过多地考虑了粉末衰减，较少考虑溶液的流淌作用，所以理论估计的熔宽比实际的要小。在实际情况下，小送粉量时被粉末反射的激光能量较少，

而粉末粒子自身吸收的激光能量又重新进入熔池，使熔池能量得以补偿。能量的过剩使熔池温度较高，溶液流动加剧，造成熔宽较宽。在大送粉量情况下，试验测的宽度比理论估计的还略高，其原因也是在实际条件下溶液流淌出熔池范围，使熔宽增加。

在模型的实际应用中，可以根据数个简单的试验确定不同材料、不同工艺条件下的系数值，即在式(5-4)中，a、b、c 的值可以重新选择，由此可以适应不同条件下激光成形线宽度的预测。

由图 5-28 可知，几何形状预测模型估计激光成形线的高度与试验结果具有相同的变化趋势，且其估计误差在 5% 以内。在小送粉量范围，模型估计的高度值偏高，而在大送粉量时其估计值偏低。

从理论上进行分析，认为在小送粉量情况下，虽然估计的熔池粉末输入量是比较准确的，但是高度计算由宽度和截面面积推导而来，故宽度的偏低估计势必造成高度的偏高估计。在大送粉量情况下，粉末的输入可能造成激光成形线的形状发生突变，因为粉末材料大量输入使得基体得不到充分熔化，熔池位于基体表面以上，使激光成形线与基体的润湿角减小，甚至变为锐角，即厚度大于半个熔宽。在图 5-28 中大送粉量情况下，熔高估计偏低是因为实际情况下熔池后沿抬起，造成粉末输入增加，熔高增加，而理论模型中认为熔池始终是在基体表面的圆形区域。

存在误差的另一原因是，理论上模型的建立是在一系列的假设条件基础上简化而来的，而实际情况下试验的工艺参数可能会波动，带来的结果是测量数据本身存在一定误差。因而，实际结果与理论模型存在一定差别。

但从总体试验结果来看，上述激光成形线几何形状预测模型具有较高的预测精度，能指导工艺参数的选择和实现预期尺寸的成形结构成形。

5.3 激光增材再制造成形层控形策略

由几何形状预测模型分析，以及从熔池基面形状对成形层几何特征的影响规律得出实现预期形状的几何结构成形的方法主要在于以下 3 个方面：控制激光扫描速度，控制送粉量，通过调整工艺和路径规划来调整熔池基面形状。

5.3.1 控制激光扫描速度

从式(5-4)可知,在其他工艺参数不变的情况下,激光扫描速度与熔宽的函数关系,以及在送粉量一定的条件下,结合式(5-9)~式(5-11)推导出其与成形层高度的函数关系。所以,可以依据激光扫描速度和成形层几何特征参数的函数关系,通过改变激光扫描速度来改变成形层的形状尺寸,实现预期形状结构的成形。

1. 控制原理

改变激光扫描速度,则单位面积内的激光能量输入和粉末材料输入都随之发生改变。

$$v = \frac{d_1(a\varepsilon P - b\omega F)}{W - d_1(1 + cF^2)} \tag{5-14}$$

由式(5-14)可以发现,随着激光扫描速度的增加,激光成形线宽度会减小,但是二者并非线性关系,这给控制规律实际应用带来了一些不便,需要经过模型数值计算才能选定激光扫描速度。用 k 表示公式中的不变量,有

$$k = d_1(1 + cF_{in}^2) \tag{5-15}$$

则设定在两个不同速度 v_1、v_2 下,宽度 W_1、W_2 的相互关系为

$$W_2 = \frac{v_1}{v_2} \cdot W_1 - k \cdot \frac{v_1 - v_2}{v_2} \tag{5-16}$$

而速度的改变对激光成形线截面积的改变规律可由式(5-11)推导为

$$v = \frac{F_{in}}{\rho A_1} \tag{5-17}$$

如果熔池的粉末输入 F_{in} 是一样的,则激光扫描速度与激光成形线横截面面积成反比关系。但问题是激光扫描速度改变,势必会影响熔池的大小和形状,因此熔池的粉末输入必然不同。其中,F_{in} 可由前述模型和试验测量方法求得,激光成形线高度可由截面积和宽度求出,而高度与激光扫描速度的变化也不是线性的。

2. 试验验证

采用光斑直径为 2.5mm 的激光束进行试验。在扫描速度为 6mm/s,激光功率为 1000W,送粉量为 6.21g/min 的参数下进行单道成形,其激光成形线截面形貌及尺寸标注如图 5-30 所示。

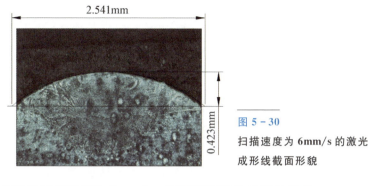

图 5-30
扫描速度为 **6mm/s** 的激光成形线截面形貌

假设激光扫描速度为 8mm/s，则其熔宽变化量可估计为

$$W_2 = \frac{6}{8} \times W_1 - 2.505 \times \frac{6-8}{8} = 2.531 (\text{mm})$$

而在其他参数不变的情况下，按速度为 8mm/s 进行成形，其截面形貌和尺寸标注如图 5-31 所示。

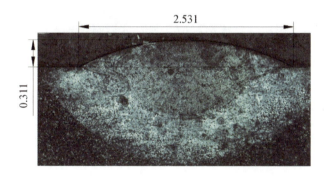

图 5-31
扫描速度为 **8mm/s** 的激光成形线截面形貌

由图 5-31 可知，宽度预测的结果和试验测量值非常接近。

如果单位时间内熔池的粉末输入量按平面圆形区域进行计算，则成形宽度的稍微减小会使粉末输入量计算面积减小。因而，计算值会偏高。这是因为没有考虑激光扫描速度的增加造成粉末束流进入熔池的部分和熔池后沿抬起高度降低引起粉末输入进一步减小的实际情况。所以，按粉末质量守恒估计成形中单位时间内熔池粉末输入总量时，其值需要乘以小于 1 的比例系数进行调整。

综合考虑宽度和高度减小造成的熔池粉末输入减小因素，设其比例系数为 97.5%，则由式(5-11)可推算出

$$A_{12} = \frac{0.975 v_1 \cdot A_{11}}{v_2} = 0.731 A_{11} \qquad (5-18)$$

而在实际测量中发现，扫描速度为 6mm/s 时截面积 A_{11} 为 0.732mm^2，扫描速度为 8mm/s 时截面积 A_{12} 为 0.531mm^2，所以其估计计算值是比较精确的。

3. 应用

在机器人运动程序中，可以方便地设定每一条路径的运动速度，故通过控制激光扫描速度来控制成形层几何特征的方法，在激光增材再制造成形中普遍适用。

控制激光扫描速度的典型应用：在成形过程中如果按一定规律调整激光成形线的激光扫描速度，会出现成形层的厚度随之发生规律性变化的结果，依据此工艺方法，可以成形出不等厚成形层，将其应用到偏磨（单边磨损）的零件结构上，可以一次成形出恢复零件原始结构尺寸的成形层。

5.3.2 控制送粉量

从式(5-4)可以推断出，送粉量对成形层的几何尺寸影响是较大的。按照其函数关系，可以建立通过控制送粉量来实现预期形状结构成形的工艺方法。

虽然，送粉量的变化与成形层宽度或高度并非线性关系，其预测也需要通过书中列出的模型进行估计计算，但是试验结果发现，在一定参数范围内，每秒送粉体积与每秒成形体积是基本成线性关系的，其结果如图 5-32 所示。

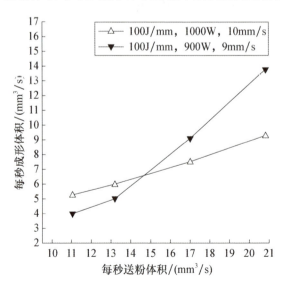

图 5-32
单位时间内送粉体积与成形体积的关系

但是该控制方法存在两个不足：一是控制规律为非线性关系；二是送粉量的控制在书中采用的成形系统中未能与机器人联动，需要根据经验由送粉器进行控制，而从送粉电压的调整到喷嘴出粉以及进入熔池有一个延迟过程。

由于在激光成形线成形时其速度不能连续调整，如果需要按一定规律调整激光成形线不同位置的厚度，控制速度的方法就不太合适。然而，可以在成形时调整送粉量来调整不同位置熔池的形状体积，实现按扫描方向的成形高度的控制。典型的应用是不等高激光成形线成形，修复那些在路径方向上损伤层厚度不均的零件。

总之，通过调整送粉量来控制成形层的几何尺寸也是一个可行的方法，随着设备系统的完善，以及送粉量控制技术的提高，该方法也会得以进一步发展。

5.3.3 熔池基面形状控制

常用的熔池的基面形状控制方法是改变路径规划。因为路径不同，其熔池的基面形状变化的规律也不同。例如，成形层表面在一定尺度范围内一般是起伏不平的，再在其上堆积另一层成形层，不同的路径经过的起伏点和先后顺序是不同的。

熔池基面形状控制的应用实例：激光成形线的两侧呈曲面斜坡状，在堆积成形和搭接成形时成形立体结构的侧面边缘也会出现这种曲面斜坡现象。前面的分析已经说明，其下层的成形结构形状误差会累积，影响继续堆积层的熔池基面形状。如果能改变这些边缘部位的曲面斜坡状况，则继续堆积层将具有良好的成形基面和形状精度。本书研究中采用了辅助激光成形线堆积的方法，即在这些边缘斜坡上辅助堆积一层成形层，其成形层的宽度约为正常激光成形线宽度的2/3，其堆积高度能填补斜坡的尺寸缺失，使激光成形线基本呈现方条状。图5-33所示为采用这种方法前激光成形线的斜坡现象，而图5-34所示为采用这种方法后的效果。

对比图5-33和图5-34可知，没有采用辅助激光成形线填补的激光成形线侧面斜坡明显，而采用辅助激光成形线填补后其截面形状发生了变化。以激光成形线截面中心线为界，左边半个成形宽度上的成形层厚度增加明显，如果按相同位置继续堆积一层成形层，其熔池基面将变得平缓，斜坡现象得到改善，形状误差得以补偿。

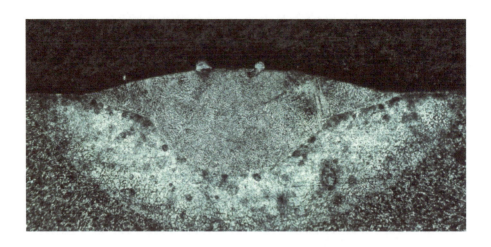

图 5-33 激光成形线两侧斜坡

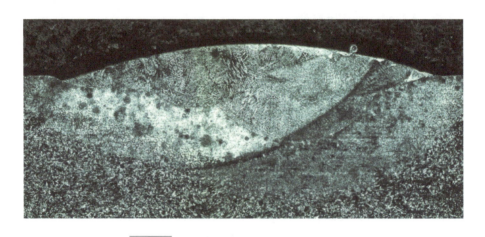

图 5-34 搭接辅助激光成形线后横截面形貌

还有一个应用例子是在立体结构成形控形上。对立体结构的边缘部位进行辅助激光成形线形状填补，可以显著改善成形质量和形状精度。图 5-35 所示为方块体成形时采用该工艺措施进行几何形状控制的效果。由图 5-35 可见，成形的方块体表面平整一致，其边缘棱线比较分明，几乎没有斜坡和结构塌陷的现象。

总之，关于路径规划和辅助填补激光成形线的应用都可归结为改变成形层成形的局部熔池基面形状。在激光立体成形中适当运用该方法可以取得较好的成形效果和较高的成形结构形状精度。

图 5 - 35 采用熔池基面形状控制后的方块体成形

参考文献

[1] MAZUMDER J,DUTTA D,KIKUCHI N,et al. Closed loop direct metal deposition:Art to part[J]. Optics and Lasers in Engineering,2000,34:397 - 414.

[2] HU D M,KOVACEVIC R. Sensing,modeling and control for laser - based additive manufacturing[J]. International Journal of Machine Tools & Manufacture,2003,43:51 - 60.

[3] HAND D P,FOX M D T,HARAN F M,et al. Optical focus control system for laser welding and direct casting[J]. Optics and Lasers in Engineering,2000,34:415 - 427.

[4] 于君. 激光快速成形沉积层几何参数监测与控制研究[D]. 西安:西北工业大学,2007.

[5] GRÜNENWALD B,NOWOTNY S,HENNING W,et al. New Technological Development in Laser Cladding[C]. [s. l.]:ICAL EOp93 Laser Material Processing,1993.

[6] LALAS C,TSIRBAS K,SALONITIS K,et al. An analytical model of the laser clad geometry[J]. Int J Adv Manuf Technol,2007,2:34 - 41.

第 6 章
激光增材再制造零件缺陷的超声无损检测

6.1 激光增材再制造材料基体缺陷的无损检测

铸铁材料零件是当前再制造产业的重要研究对象之一,其再制造毛坯件由于加工工艺、服役情况等因素的作用,会产生不同的损伤形态。超声波检测原理的核心是缺陷与声波的相互作用。因此,从超声检测角度而言,缺陷的轮廓形貌等对检测结果影响显著。大多数缺陷可以被归为曲面轮廓类型(如气孔)和平面轮廓类型(如裂纹)以及不规则轮廓类型(如夹渣)。不同类型的缺陷与声波的相互作用不同,本章选用横通孔和切缝代表最常见的曲面轮廓缺陷和平面轮廓缺陷,选用 HT250 代表再制造铸铁零件材料,结合仿真试验,从定性、定位和定量的角度探讨再制造铸铁材料基体缺陷检测的一般性规律和方法。

6.1.1 孔状缺陷和面状缺陷的定性检测

定性就是确定缺陷的性质,孔状缺陷和面状缺陷代表着两大类型的缺陷,在与声波的作用过程中体现出鲜明的特性,通过检测获取这些特性则可实现孔状缺陷和面状缺陷的区分。

1. 回波特性分析

孔状缺陷的球形轮廓导致其对声波的反射不同于面状缺陷,对于来自不同方向的入射声波,其径向反射声波的方向中总有一部分是指向入射方向。因此,对于孔状缺陷,利用直探头在不同的检测面检测孔状缺陷,排除声波的衰减因素,理论上应该具有相同的检测效果,如图 6-1 所示。

面状缺陷的几何特征决定其在与声束垂直的方向上可以最大程度地反射声波,而与声束平行时则几乎无法反射声波,只有端部有微弱的衍射波,如图 6-2 所示。

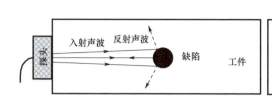
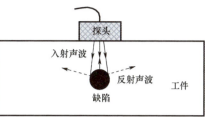

图 6-1　孔状缺陷与声波作用示意图

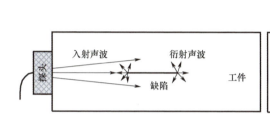
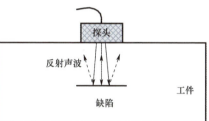

图 6-2　面状缺陷与声波作用示意图

上述特征是孔状缺陷和面状缺陷最鲜明的区别特征，利用该特征可在不同的检测面的检测过程中轻易区分这两种缺陷。

2. 动态波形识别

由上述的两种缺陷与入射声波的作用过程可以推测出，在同一检测面的检测中，孔状缺陷和水平面状缺陷的回波仍然有区别。探头的声束并不是一个声压均匀的圆柱，而是一个中心声压高、向外侧逐渐降低的发散型圆柱，在探头向缺陷移动的过程中，探头中心的主声束未到达缺陷时，旁瓣声束已经覆盖缺陷。此时孔状缺陷则可反射已到达的部分旁瓣声束，并使其被探头所接收，而水平面状缺陷反射的旁瓣声束却难以被探头所接收，如图 6-3 所示。当探头中心经过缺陷中心时，主声束完全覆盖缺陷，孔状缺陷外凸的曲面轮廓导致反射声波发散，主声束的部分反射波无法被探头接收，而水平面状缺陷反射的绝大部分声束的声波被探头所接收，如图 6-4 所示。

因此，依照上述推测，在相同的检测条件下水平面状缺陷和孔状缺陷会显示出不同的波形特征。由于单个 A 扫描只能显示缺陷的静态波形，为了体现出探头移动过程中两种缺陷回波的特征，验证上述推测，加工带人工缺陷的 HT250 材料试块进行检测。试块在相同深度下加工了直径为 5mm 的横通孔和长度为 5mm 的切缝，利用 1.5MHz ϕ14mm 的直探头检测，分别以两缺陷的中心为中点，在中点左右各 10mm 内，探头每移动 1mm 记录一次波高，试块如图 6-5 所示，波高数据如表 6-1 所示。

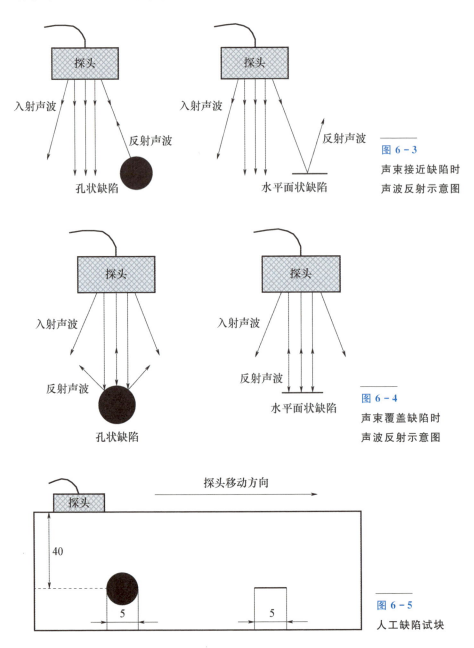

图 6-3 声束接近缺陷时声波反射示意图

图 6-4 声束覆盖缺陷时声波反射示意图

图 6-5 人工缺陷试块

表 6-1 缺陷中心 10mm 内回波高度

距离	-10	-9	-8	-7	-6	-5	-4	-3	-2	-1	—
孔波高	0.03	0.04	0.06	0.09	0.14	0.2	0.32	0.44	0.56	0.68	—
面波高	0	0	0	0.07	0.15	0.3	0.44	0.59	0.74	0.9	—
距离	0	1	2	3	4	5	6	7	8	9	10
孔波高	0.75	0.68	0.53	0.43	0.32	0.2	0.14	0.08	0.06	0.03	0.02
面波高	0.9	0.9	0.76	0.6	0.44	0.3	0.16	0.08	0	0	0

注：单位为 mm。

通过表 6-1 中数据绘制孔状缺陷和水平面状缺陷的动态波形，如图 6-6 所示，从图中可看出孔状缺陷较面状缺陷早出现微弱回波，在达到最大波高后迅速下降，而面状缺陷回波出现较晚，之后波高迅速增长，达到最大波高后持平一段时间再下降，且最大波高的波幅高于孔状缺陷的波幅。该动态波形图与上述分析基本一致，其孔状缺陷和水平面状缺陷体现出的不同特征将可应用到定性识别当中。

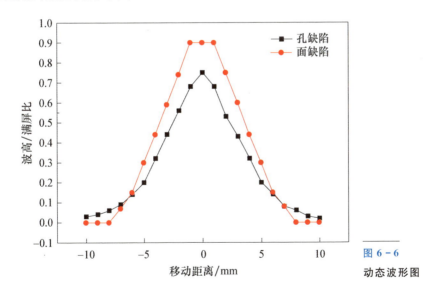

图 6-6 动态波形图

6.1.2 缺陷的定位检测

缺陷定位检测就是要确定缺陷在工件中的具体位置，本节以孔状缺陷为例，利用加工了不同深度横通孔人工缺陷的 HT250 试块进行缺陷的水平和垂直两个方向的定位检测。

采用 1.5MHz ϕ14mm 的探头对图 6-7 所示的试块进行检测，以试块左侧为起点，记录下每个缺陷对应最高波高时探头的水平位置和缺陷波的深度，如表 6-2 所示。

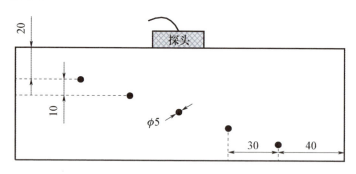

图 6-7　不同深度人工缺陷试块

表 6-2　5 个孔缺陷定位数据

横通孔缺陷中心深度/mm	20	30	40	50	60
探头中心水平位置/mm	40	69.5	101	133	157
示波屏最大波高深度/mm	18	28	39	50	61

从表 6-2 看出，探头对 5 个缺陷的水平定位误差分别为 0、0.5mm、1mm、3mm、3mm，大致趋势为随着缺陷深度增加而增大，而检测仪示波屏上最大波高的深度与其对应的缺陷中心位置相比皆偏小。分析其原因是孔缺陷有 5mm 的直径，声波垂直入射到其顶部而反射。因此若不考虑误差，5 个孔的测试深度应为其中心深度减去半径后的数值，其误差为 0.5mm、0.5mm、1.5mm、2.5mm、3.5mm，其趋势也是随着缺陷的深度增加而增大。

6.1.3　缺陷的定量检测

缺陷定量检测是指确定缺陷的尺寸和数量。缺陷种类繁多，形态各异，因此发展出许多检测缺陷尺寸的方法，其使用条件和特点如表 6-3 所示。

在对形状规则的反射体如圆孔缺陷和圆片缺陷检测时，当量法是使用较多的一种方法。除了当量试块法，以探头纵波声场和反射理论为基础的当量计算法也在对形状规则的缺陷定量分析中有一定的应用。

表 6-3 定量方法和特点

方法名称	使用条件	实施过程	优势	劣势
当量试块法	声束截面面积大于缺陷	在相同检测条件下对比缺陷和试块人工缺陷的波高来确定缺陷大小	可检测较小缺陷	需要制作试块
回波高度法	检测仪垂直线性良好	将缺陷波高与满屏幕刻度比较,获得缺陷波的相对波高	简单易行	只可判断不同缺陷的相对大小
底波高度法	受检件底面垂直于声束	测出某缺陷的缺陷波,同时刻同位置测出底波,利用缺陷波与底波比来定量比较缺陷	无需试块操作简单	无法判断缺陷尺寸
回波下降法	缺陷尺寸大于声束截面	以最大波高处为基准移动探头,以波高下降和探头移动距离来估计缺陷水平尺寸	可评估缺陷面积、长度	需测定探头参数的影响

1. AVG 当量法原理

以圆形晶片纵波直探头为例,其晶片相当于一个圆盘声源,在圆盘声源的轴线上距离圆盘中心声压为

$$P \approx 2P_0 \sin\left(\frac{\pi}{2} \cdot \frac{R_s^2}{\lambda a}\right) \tag{6-1}$$

式中:P_0 为声源初始声压,a 为距声源中心距离;λ 为声波波长;R_s 为晶片半径。

当 $\lambda a / R_s > 3$ 时,式(6-1)可转化为

$$P \approx P_0 \frac{\pi R_s^2}{\lambda a} = P_0 \frac{F_s}{\lambda a} \tag{6-2}$$

式中:F_s 为晶片面积。

从式(6-2)可知,P 与 a 成反比,声源轴线上的声压随着距离增加而减弱,与球面波的衰减规律类似。上述过程可以用曲线形式描述,如图 6-8 所示。

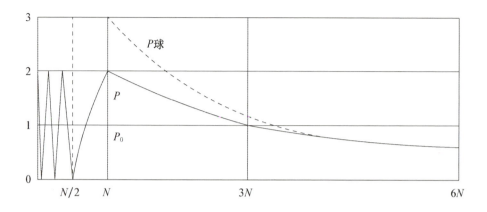

图 6-8 圆盘声源声压衰减曲线

从图 6-8 中可看出，在 $a > 3N$（N 为探头近场区）的远场区，圆盘形声源声压与球面波声压相近，可以看作为球面波。

若在距离圆形探头轴线上，与探头中心距离 a_q 处有一面积为 F_q 的缺陷，其缺陷位置的声压为

$$P_q = P_0 \frac{F_s}{\lambda a_q} \qquad (6-3)$$

设缺陷反射声波过程中声压不变，缺陷反射声波后可将缺陷看作新声源，于是缺陷声源轴线上离缺陷 a_f 处的声压为

$$P_f = P_q \frac{F_q}{\lambda a_f} \qquad (6-4)$$

将式(6-3)代入式(6-4)得

$$P_f = P_0 \frac{F_s F_q}{\lambda^2 a_s a_f} \qquad (6-5)$$

若只用单探头检测时，探头又是发射声波的声源，又是接收探头反射声波的接收器，则 $a_s = a_f = a$，式(6-5)则变为

$$P_f = P_0 \frac{F_s F_q}{\lambda^2 a^2} \qquad (6-6)$$

因此，可以得出在探头声压轴线上缺陷处的波高与缺陷面积成正比，与缺陷距离的平方成反比，式(6-6)就是远场区缺陷当量计算的基础。

2. 实用 AVG 曲线的制作

以式(6-6)推导的规则反射体声压变化规律，可以在一定的检测情况下

定量地导出反射体的回波波高与其尺寸和深度的关系，从而绘制出 AVG 曲线，便于缺陷的定量检测。由图 6-8 得知，检测范围为 N 到 $3N$ 之间这一区域内探头声压与球面波声压差异较大，因此不符合 6.1.2 节推导的变化规律，无法通过公式计算得出 N 到 $3N$ 这一检测范围的 AVG 曲线。工程中往往从实测中获得该区域内的 AVG 曲线，因为绘制实测曲线需要大量取点，所以需要制作若干试块，不仅费时费力，而且大大提高了检测的成本。

CIVA 模拟仿真检测软件不仅可以设置模拟试块的几何尺寸，以及设置缺陷的尺寸和类型，还可以采用适当的模型引入并计算声波在检测中的衰减影响，从而使仿真结果更加接近实际检测。本节充分发挥 CIVA 仿真检测软件的优势，通过模拟仿真检测代替制作大量试块进行检测和取点，根据仿真结果绘制实测 AVG 曲线。

考虑到仿真检测的准确性，采用横通孔这种简单的缺陷为例进行仿真检测试验。普通 AVG 曲线在使用中需要反复地对归一化距离与声程、归一化缺陷大小与实际大小进行相互换算，极为不便，在检测中使用的是特定的某一频率与晶片大小的探头，因此，根据仿真检测试验结果，以声程为横坐标，以波高为纵坐标，以缺陷尺寸来标注各当量曲线，制作实用 AVG 曲线。

在 CIVA 11.0 模拟仿真检测软件中设置试块的尺寸为 200mm×70mm×35mm，其他材料性能包括材料声衰减率等按照 HT250 材料设置。选择探头中心频率为 1.5MHz，晶片直径设定为 14mm，缺陷设置方面选择 ϕ1mm、ϕ2mm、ϕ3mm、ϕ5mm、ϕ6mm 的 5 个不同直径的横通孔，另设 70mm×35mm 的水平面状缺陷以模拟大平底。从深度 20mm 起每隔 2mm 测定一次各缺陷的回波高度，直到 60mm 深度，最后选择某一波高作为标准，将所有测定点波高以分贝数表示，绘制实用 AVG 曲线。由于测定点数据过多，在此不一一列出，通过 CIVA 11.0 模拟仿真检测软件模拟检测，得出的 AVG 曲线如图 6-9 所示，图中 B 为底波，1~6 分别代表横通孔缺陷的尺寸。

3. 实际检测验证

为验证模拟试验测点所制作的 AVG 曲线的准确性，特利用 1.5MHz ϕ14mm 的探头对图 6-10 所示的试块进行检测，该试块预制 ϕ1mm~ϕ6mm 的 5 个横通孔缺陷。

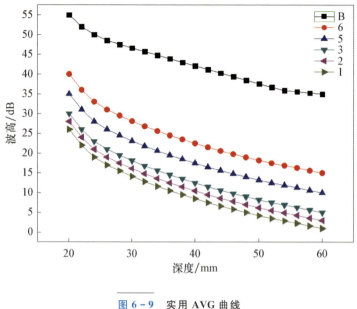

图 6-9 实用 AVG 曲线

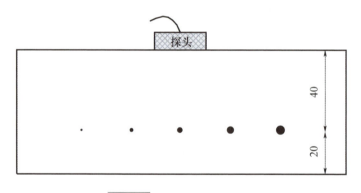

图 6-10 验证检测试验试块

以 ϕ5mm 孔为例说明验证方式,首先选取深度为 60mm 的底波作为参照,调节仪器增益使其达到满屏 80% 的波高,并记录仪器的增益分贝值 P_0。然后分别从试块的上下两个面检测 ϕ5mm 孔,分别记录其在深度 20mm 和 40mm 反射波高达到满屏 80% 波高时仪器的分贝值 P_1、P_2。在 AVG 图底波曲线 B 上找到横坐标为 60mm 的点,其对应的波高为 P,过纵坐标 $P-(P_1-P_0)$ 和 $P-(P_2-P_0)$ 作 x 轴的平行线,并过横坐标 20mm 和 40mm 分别作其对应的平行线的垂线交于 O_1、O_2,点 O_1 与 O_2 所在的曲线则是其当量曲线,如图 6-11 所示。

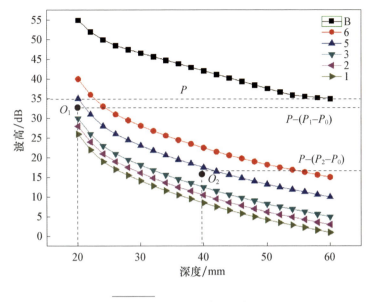

图 6-11　AVG 图验证示意图

通过图 6-11 发现，O_1、O_2 两个点未在任何曲线上，位于 $\phi 5mm$ 曲线和 $\phi 3mm$ 曲线之间，但是离 $\phi 5mm$ 的曲线更近，说明通过该 AVG 图定量出的缺陷尺寸较实际尺寸小一些，但是还未偏差到 $\phi 3mm$ 的水平。经过对该试块 6 个缺陷 12 个测点的验证，大部分点均落于靠近其当量曲线的区域，且总体出现随着深度的减小其定量偏差增大的趋势。

通过该试验验证 AVG 图，说明该图虽然有一定误差，但对检测范围为 N 到 $3N$ 内的缺陷定量分析仍然比较准确，并且省去了制作大量试块进行实测的烦琐步骤，降低了检测成本，提高了检测效率，对工程应用有一定的推广意义。

6.2　激光增材再制造成形层缺陷无损检测

成形层自身性能的好坏影响着激光增材再制造铸铁件的性能，由于成形工艺的原因，成形层组织具有一定的特殊性，且成形过程中可能产生某些类型的缺陷，本章以 Fe314 合金粉末制作激光成形层试块，对其组织结构和缺陷检测进行探索。

6.2.1 成形层组织分析

成形前将 Fe314 合金粉末做真空干燥烘干处理，采用表 6-4 和表 6-5 的工艺参数制作的成形层如图 6-12 所示，成形层扫描方向为 y，搭接方向为 x，堆积方向为 z，单道的成形层厚度为 1~1.5mm，宽度为 2~3mm。

表 6-4　Fe314 合金粉末成分

材料	C	Si	Cr	Ni	B
质量分数/%	0.10~0.15	1.0	15.0	10.0	1.0

表 6-5　成形工艺参数

激光功率	2000W
扫描速度	6mm/s
光斑直径	4mm
送粉量	29g/min
搭接率	50%

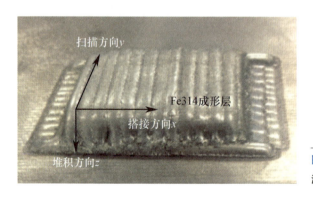

图 6-12
激光成形层试样

由激光成形的过程可知，成形层是基于单道成形层的道-道搭接而形成其平面，再通过重复此过程使该面一层一层抬升最终形成一定厚度的成形层。因此，同一层面内两相临单道之间存在搭接，上下两层之间存在堆叠的情况，造成激光束对前道成形层的二次扫描。二次扫描致使前道成形层的部分区域再次熔化，形成退火和回火现象，改变其组织特征，从而导致成形层内部组织复杂。利用电子扫描显微镜对成形层组织的 XZ 方向截面和 XZ 方向截面形貌进行观察，结果如图 6-13 所示。

第 6 章 激光增材再制造零件缺陷的超声无损检测

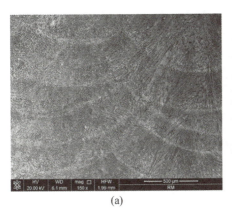
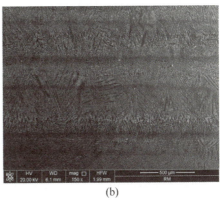

(a)　　　　　　　　　　　　(b)

图 6-13　成形层组织形貌

(a)成形层 XZ 面组织形貌；(b)成形层 YZ 面组织形貌。

图 6-13(a)显示成形层 XZ 方向截面的组织形态为鳞状，图 6-13(b)显示 YZ 方向截面的组织形态为层状，鳞间及层间的组织界面清晰可辨。结合成形工艺过程分析其原因，认为可能是在扫描和二次扫描造成的成形层组织多次熔凝过程中温度变化复杂，致使其产生了不同的晶粒形态。成形层 YZ 方向截面微观组织形貌如图 6-14 所示，可以看到层内部的晶粒主要为垂直于界面的柱状晶，靠近层间界面晶粒以树枝晶形态存在，且越靠近界面晶粒越细小，层间的界面打断了大部分晶粒的生长方向。

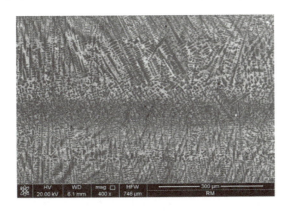

图 6-14
YZ 方向截面微观组织形貌

6.2.2　成形层的超声性能表征

为获得成形层材料的声学性能，为接下来的检测打下基础，制作成形层试块，使用 1.5MHz ϕ14mm 探头，分别从 X、Y、Z 3 个方向测定成形层的声速和衰减系数，衰减系数测定方式见式(6-7)。

实际测定法则使用探头对厚度已知的材料进行检测，通过测定不同次底波的声压，计算得到材料的衰减系数，其计算公式为

$$\alpha = \frac{p_m - p_n}{2(n-m)h} \tag{6-7}$$

式中：α 为计算衰减系数；p_m、p_n 为测得的第 m 次、n 次底波分贝数；h 为材料厚度。

声速测定公式如下：

$$c = \frac{s}{t} = \frac{2(m-n)d}{t_{mn}} \tag{6-8}$$

式中：c 为声速；m、n 为底波的回波次数；d 为检测方向厚度；t_{mn} 为 m、n 次回波的时间差。

取底波回波次数为 1 和 2，由式(6-7)和式(6-8)计算出成形层 3 个方向的衰减系数及声速，将试验结果与 HT250 基体材料数据对比，如表 6-6 所示。

表 6-6　HT250 基体材料与成形层各方向检测数据

检测方向	衰减系数/(dB/mm)	声速/(m/s)
X	0.2	5800
Y	0.18	5750
Z	0.14	5600
HT250	0.07	5300

从表 6-6 中看出，成形层组织 3 个方向的声衰减系数都较 HT250 材料的大，且成形层组织的各方向对声波的衰减程度也有所不同。为分析产生该现象的原因，将图 6-13 所示的成形层组织结构近似为图 6-15 所示的结构模型。

从搭接方向 X 看，两相邻的单道成形层之间存在着明显的搭接界面，是由于二次扫描导致界面两侧组织发生变化而形成类似于"异质界面"的情形，正是该界面形成了 XZ 平面内的鳞状组织结构。而从堆积方向 Z 看，上下两层成形层存在清晰的堆积界面，由图 6-14 中可见该界面两侧组织的生长被其中断，且在靠近层间界面和层中的组织形态不同，层与层之间中间的区域

晶粒为垂直于层间界面的柱状晶,而靠近界面则以树枝晶为主,因此该层状界面也可视为"异质界面"。当声波沿 X 方向传播时,每经过一个单道成形层的距离就会穿过一个鳞状组织的界面,在该界面处发生散射或波形转换,此外该传播方向与柱状晶方向垂直,柱状晶界对声波也具有散射作用,声波在这两种因素的作用下声能衰减强烈,因此在 X 方向的衰减系数很大。当声波沿着 Y 方向传播时,虽然不会遇到鳞状组织的界面,但是整个传播过程中都受到柱状晶粒的晶界散射,声能也存在着一定程度的衰减。当声波沿着 Z 方向传播时,每经过一层成形层就会穿过一个层间界面,在界面处损失掉部分声能,但由于其传播方向与柱状晶平行,晶界对其散射作用大大降低,因而其衰减系数较低。

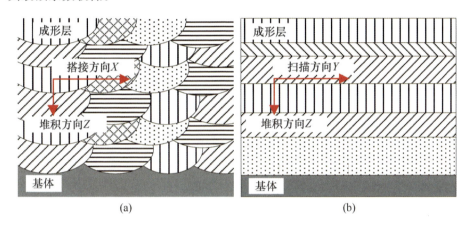

图 6-15　成形层组织模型

(a)成形层 XZ 面组织模型；(b)成形层 YZ 面组织模型。

6.2.3　成形层内部缺陷检测

根据以往的激光修复工作的经验,成形层内部缺陷主要有气孔和裂纹两种类型。气孔是由于熔池温度降低而析出的高温时金属中溶解的活性气体,和熔池内造气反应形成的气泡在液态熔池极大的凝固速度作用下来不及逸出而形成的。裂纹则是由于成形层出现的白口组织中的 Fe_3C 的低塑性和低延展性导致其增脆,从而在残余应力的释放过程中断裂而形成的。本节以横通孔模拟实际气孔缺陷,以切缝模拟实际裂纹缺陷,对成形层的内部缺陷开展检测试验。

1. 横通孔缺陷检测

利用电火花加工的方式，在 Fe314 合金粉末成形层试块深 25mm 处加工直径为 ϕ0.5mm、ϕ1.0mm、ϕ1.5mm、ϕ2mm 的 4 个横通孔，使用 1.5MHz ϕ14mm 探头垂直检测，如图 6-16 所示。

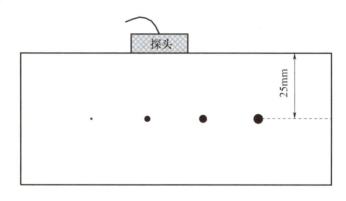

图 6-16 横通孔缺陷试块

4 个不同直径横通孔检测结果如图 6-17 所示，可以看出随着横通孔缺陷直径的逐步增大，缺陷波幅值逐渐升高，而底波幅值则逐渐下降，符合常规超声纵波检测的规律。当横通孔直径为 ϕ0.5mm 时，缺陷波的信号较低，淹没于噪声中，难以识别，而在实际成形层中大部分气孔缺陷都约等于 0.5mm 或者小于 0.5mm，而且深度可能会超过 25mm，深度的增加对于成形层这种衰减性较强的材料会大幅增加声能损耗，因此更难接收到气孔的反射波，仅用以上的检测手段难以检测出成形层中的气孔缺陷。

2. 切缝缺陷检测

利用线切割的方式，在 Fe314 合金粉末成形层试块深 25mm 处加工宽 1mm、2mm、4mm、8mm 的 4 个水平切缝，同样使用 1.5MHz ϕ14mm 探头垂直检测，如图 6-18 所示，检测波形如图 6-19 所示。

由图 6-19 中观察切缝宽度由 1mm 到 8mm 的 4 组波形，同样体现出与孔状缺陷一样的趋势，即随着缺陷尺寸增大，缺陷波逐步增高而底波逐步降低。相比于通孔缺陷，声波对于水平切缝缺陷更为敏感，1mm 宽的水平切缝的反射波已经清晰可辨，切缝宽度达到 4mm 时，缺陷波已经很强，当切缝宽度达到 8mm 时，缺陷波高已经大大高于底波高度，说明大部分声波已经被缺陷反射而被探头接收。而成形层中大部分裂纹的尺寸都大于1mm，因此，该方法可用于成形层裂纹缺陷的检测。

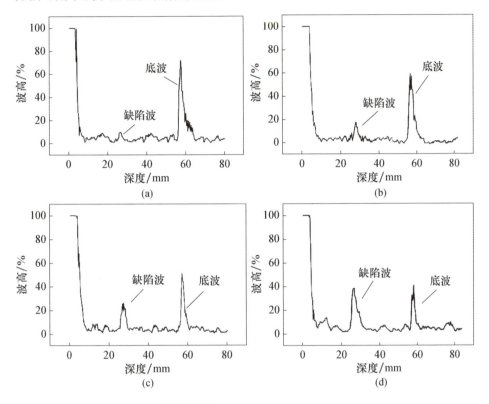

图 6-17　横通孔缺陷检测波形

(a)横通孔直径为 $\phi 0.5mm$；(b)横通孔直径为 $\phi 1.0mm$；
(c)横通孔直径为 $\phi 1.5mm$；(d)横通孔直径为 $\phi 2mm$。

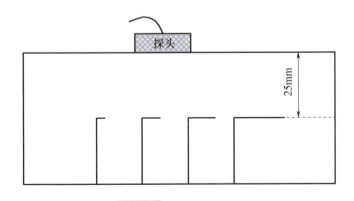

图 6-18　切缝缺陷试块

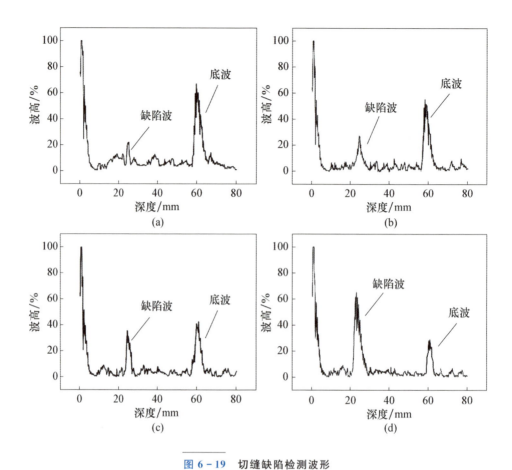

图 6-19 切缝缺陷检测波形

(a)切缝宽度为 1mm；(b)切缝宽度为 2mm；(c)切缝宽度为 4mm；(d)切缝宽度为 8mm。

6.3 激光增材再制造成形层力学性能评价

依据本书建立的各向同性合金钢力学性能超声检测方法，结合激光增材制造合金钢成形特点，本章采用超声纵波检测方法评价激光增材制造 24CrNiMo 合金钢力学性能。首先，采用超声纵波评价方法的主要原因是采用超声纵波评价方法所建立力学性能指标标定模型预测误差比超声横波所建立力学性能指标标定模型预测误差小；其次，选择中心频率为 2.25MHz 超声纵波探头测量超声纵波在激光增材制造 24CrNiMo 合金钢标定试件中的传播声时，计算传播声速，频率选择依据是频率越高，合金钢界面及组织对超声波的衰减越大,因此在保证测量精度的前提下选择激发频率较低的超声纵波探头;最后,选择中心频率为 2.25MHz 超声纵波声速测量方法测量 24CrNiMo 合金钢标定试件的传播声速,主要原因是采用超声纵波声速测量所建立的各向同性合金钢件布氏硬度及抗拉强度标定模型预测误差更小。综上所述,本节采用中心频率为 2.25MHz 超声纵波声速测量方法评价激光增材制造各向异性合金钢布氏硬度和抗拉强度指标。

超声纵波声速测量方法的具体操作方法如下:采用单探头脉冲反射回波法测量接收信号声时,在测量系统中,分别设置门信号位于一次底面反射回波信号和二次底面反射回波信号处,设置门信号的宽度与接收信号持续时间相当,测量开始时,门信号作为测量信号,在一次和二次底面反射回波信号之间来回跳跃,门信号及接收超声纵波信号位置如图 6-20 所示,根据扫频范围和测量步进量确定门信号测量的次数,系统自动计算超声波在试件厚度方向传播的平均声时 t,同时给出测量声时均方根误差,超声纵波声速计算方法为

$$c_l = \frac{d}{t} \qquad (6-9)$$

式中:c_l 为超声纵波声速;d 为试样件厚度;t 为试样件厚度方向传播的平均声时。

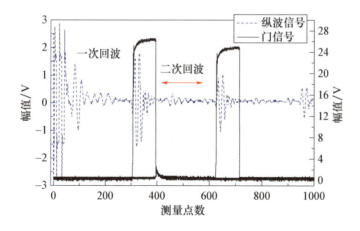

图 6-20　测量门信号与接收超声纵波信号位置(超声纵波声速测量方法)

依据激光增材制造各向异性合金钢成形特点,分别从激光扫描方向、单道搭接方向和厚度层堆积方向分别评价激光增材制造合金钢布氏硬度及抗拉

强度，建立不同成形方向合金钢件力学性能指标超声纵波声速标定模型，并对标定模型预测精度进行验证；通过不同热处理 24CrNiMo 合金钢试件显微组织、微观应力、成形界面和拉伸试件断口角度定性分析检测参量随标定试件力学性能的变化，通过晶格畸变程度（微观应变）和纵波声阻抗定量分析检测参量随标定试件力学性能变化，从而建立激光增材制造 24CrNiMo 合金钢布氏硬度、抗拉强度、微观组织、超声纵波声速之间的定量映射关系，实现激光增材制造 24CrNiMo 合金钢布氏硬度及抗拉强度的快速、定量、无损评价与表征，验证所建合金钢力学性能超声声速评价方法的可行性和普适性。

6.3.1 固体介质微缺陷与超声波传播的相互作用规律

激光增材制造成形合金钢常见缺陷为微裂纹、微气孔和夹杂，这些成形缺陷与超声波在合金钢传播时相互作用，对超声波的正常传播产生影响。这种影响主要体现在合金钢缺陷对超声波的散射问题上。本节以空心圆柱腔模拟激光增材制造合金钢微缺陷，探讨两者的相互规律。以超声纵波为例，图 6-21 所示为固体介质中入射纵波在空心圆柱腔上的散射，可以看出，入射超声纵波在固体介质传播时遇到微缺陷会产生反射、折射等散射以及波形转换现象，从而影响超声纵波在固体介质中声速的变化。

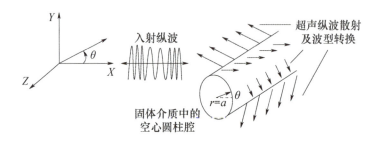

图 6-21　固体介质中入射纵波与微缺陷的相互作用

分析：假设激光增材制造合金钢内部存在微缺陷，与无缺陷合金钢相比，其密度降低，由于合金钢内部微缺陷对超声纵波的散射作用致使其声速降低。

声阻抗计算为

$$Z = \rho c \tag{6-10}$$

式中：Z 为声阻抗，其表征介质对质点振动的阻碍作用；ρ 为材料密度；c 为超声波在材料中的传播速度。

由式(6-10)可知,合金钢声阻抗 Z 减小,合金钢中超声波传播速度减少,即材料对超声纵波传播引起质点振动的阻碍作用增强,由此推断出带有微缺陷合金钢硬度及抗拉强度比无缺陷合金钢的大,而实际情况是存在微缺陷的激光增材制造合金钢硬度和抗拉强度比无缺陷的要低,这与上述推理结论相反。因此,如果被测激光增材制造合金钢存在气孔、裂纹等微缺陷,采用超声波声速评价其力学性能,预测结果会受到微缺陷因素的干扰甚至产生误判,合金钢布氏硬度和抗拉强度的预测要比实际情况高,给实际合金钢构件的在役安全运行评估带来极大风险。因此采用超声波声速评价激光增材制造合金钢硬度及抗拉强度,首要问题是选择合理的成形工艺窗口,避免合金钢内部存在气孔、裂纹等宏观缺陷。

为了进一步验证上述超声波与合金钢微缺陷的作用规律,采用有限元法建立带有裂纹缺陷的合金钢试件二维数值模型。以超声表面波为例,在试件表面采用垂直激发方式产生超声表面波,分析超声表面波在微裂纹上的散射特征,得到微裂纹等缺陷对超声表面波声速评价合金钢力学性能的影响规律。

带裂纹的合金钢有限元模型参数为:模型尺寸为 $500\text{mm} \times 80\text{mm}$,密度为 7850kg/m^3,泊松比为 0.33,弹性模量为 210GPa,数值模型底边设置为吸收边界与等效二维黏弹性边界组合的混合边界并且固定,计算人工混合边界的等效阻尼系数为 49.064×10^{-6},有限元模型参数"structural"设置为 49.064×10^{-6},数值模型网格采用四边形网格,网格尺寸为 0.5mm,试件裂纹宽度为 0.5mm,裂纹深度为 8mm,裂纹与试件表面分别成 30°、90°和150°角,激发信号采用 3 周期中心频率为 0.3MHz 的高斯调制脉冲信号,表面波波长为 9.7mm。

图 6-22~图 6-24 所示分别为超声表面波在与试件表面成 30°、90°和150°夹角裂纹上的散射云图,可以看出,随着裂纹与试件表面波夹角的增大,裂纹对超声表面波传播的反射作用减弱,沿裂纹继续透射传播的分量增强,超声表面波在裂纹尖端发生了波形转换。这就说明,合金钢试件表面裂纹不仅对超声表面波的传播产生散射作用,而且反射及透射量的大小与裂纹与表面波传播方向的相对角度有关。与无裂纹试件相比,超声表面波在有裂纹试件表面传播时,传播声时更长,如果采用激发点与接收点的距离计算超声表面波在试件上的传播声速,忽略裂纹深度引入的表面波传播声程,计算声速偏小,采用超声表面波声速评价合金钢试件硬度和抗拉强度偏大。预测结果

与实际情况相反，这就进一步验证了上述超声波在带有空心圆柱腔的固体介质上传播时声速的变化规律。

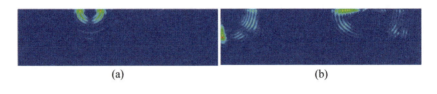

图 6-22 表面波在与试件表面成 30°斜裂纹上的散射
(a)12.022 μs；(b)72.008 μs。

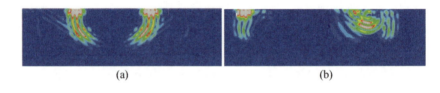

图 6-23 表面波在与试件表面成 90°直裂纹上的散射
(a)19.504 μs；(b)32.505 μs。

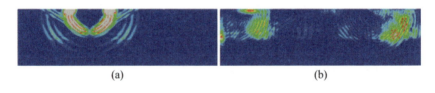

图 6-24 表面波在与试件表面成 150°斜裂纹上的散射
(a)18.024 μs；(b)78.011 μs。

6.3.2 激光增材制造 24CrNiMo 合金钢力学性能-纵波声速定量映射关系

1. 激光增材制造合金钢成形特点

激光增材制造 24CrNiMo 合金钢成形工艺参数如表 6-5 所示，其通过正交试验所得，通过成形工艺参数的优化，有效控制了成形过程中气孔和裂纹缺陷的产生，成形件表面及内部没有宏观缺陷。成形过程如图 6-25 所示，采用弓形堆积策略成形 24CrNiMo 立体试件，成形过程中采用氩气保护熔池，避免试件在成形过程中产生氧化，成形层具有明显的金属光泽，无氧化现象；成形过程采用 FLUKE t3000 FC 型热电偶温度测试仪监测基板温度，使基板温度保持在 200℃ 左右，防止基板与激光增材制造成形层形成较大的温度梯度，避免成形裂纹的出现；激光增材制造成形基板采用 24CrNiMo445V 粉末冶金刹车盘合金钢，目的是采用成分相近的材料达到基板与成形层材料匹配，防止材料不匹配而引起的基板与成形层线膨胀系数不一致而产生较大的残余应力，产生成形裂纹或试件翘曲变形。

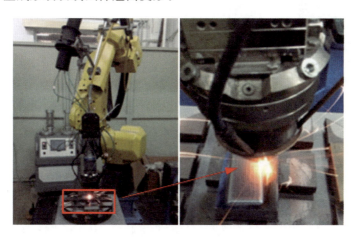

图 6-25　激光增材制造 24CrNiMo 合金钢件成形过程

对激光增材制造 24CrNiMo 合金钢成形后的试件表面进行渗透检测，检测结果如图 6-26 所示，试件表面无裂纹。通过大量的试验研究表明，激光增材制造合金钢裂纹方向在激光扫描截面与激光扫描方向成 45°，沿层堆积方向延伸，在堆积层截面与激光扫描方向垂直，且为贯穿裂纹，温度梯度越大，裂纹越密集，裂纹控制是激光增材制造合金钢件成形重点研究的内容，图 6-27 所示为激光增材制造 24CrNiMo 合金钢件成形产生的裂纹缺陷。

图 6-26

激光增材制造 24CrNiMo 合金钢件渗透检测结果

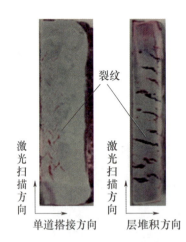

图 6-27 激光增材制造 24CrNiMo 合金钢件裂纹缺陷

图 6-28 所示为激光增材制造 24CrNiMo 合金钢件弓形堆积过程及微观组织，规定 X 为激光扫描方向，Y 为单道搭接方向，Z 为厚度层堆积方向，这样 XOY 平面为激光扫描平面，YOZ 平面为单道搭接平面，XOZ 平面为厚度层堆积平面。从 3 个成形面的微观组织来看，其具有明显的差异性，主要原因是激光增材制造成形策略造成的。激光增材制造 24CrNiMo 合金钢件不同成形面微观组织如图 6-29 所示，XOY 面主要为细小的马氏体组织；YOZ 面顶部主要为马氏体和贝氏体组织，YOZ 面中部主要由回火马氏体和粒状贝氏体组成，YOZ 面底部主要由马氏体组成。YOZ 面顶部、中部、底部组织的差异性主要原因是冷却速率和热累积程度的不同，XOZ 面组织分布与 YOZ 面的类似。

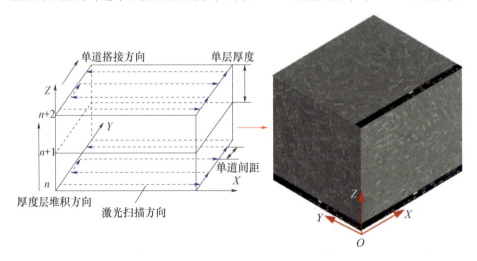

图 6-28 激光增材制造 24CrNiMo 合金钢件弓形堆积过程及微观组织

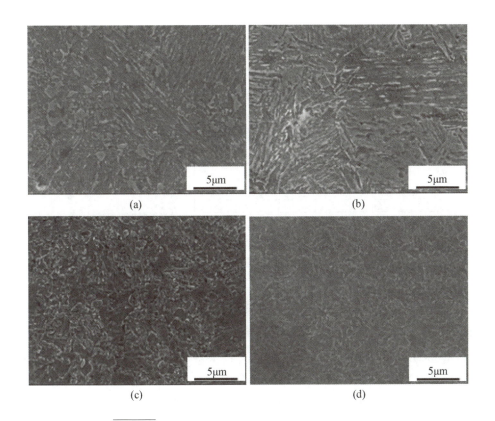

图 6-29 激光增材制造 24CrNiMo 合金钢件微观组织
(a) XOY 面；(b) YOZ 面顶部；(c) YOZ 面中部；(d) YOZ 面底部。

为了进一步明确激光增材制造 24CrNiMo 合金钢件不同成形截面的微观组织相，采用 X 射线衍射法分别测定 XOY 面、YOZ 面和 XOZ 面物相，X 射线衍射图如图 6-30 所示，增材制造 24CrNiMo 合金钢件不同成形截面物相均为铁素体、贝氏体、马氏体和残余奥氏体组织，3 个成形截面物相没有明显的差异。通过 Jade 软件处理 24CrNiMo 合金钢件不同成形截面 X 射线衍射数据，得到 XOY 面、YOZ 面、XOZ 面点阵常数分别为 2.8751、2.8735、2.8789，3 个成形截面点阵常数基本相等，差别微小；与粉末衍射卡片（the powder diffraction file，PDF）α-Fe 点阵常数 2.8662 相比，激光增材制造 24CrNiMo 合金钢不同截面点阵常数略有增加，原因是材料在激光增材制造成形过程中热累积所致，材料微观组织晶格畸变程度增大。

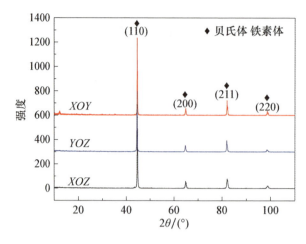

图 6-30 激光增材制造 24CrNiMo 合金钢件 3 个成形截面 X 射线衍射图

2. 激光增材制造合金钢超声纵波传播特性

激光增材制造 24CrNiMo 合金钢件是通过激光熔化粉体材料层层堆积起来的构件，成形组织存在明显的各向异性，其单层结构如图 6-31 所示。采用纵波脉冲反射回波法评价 24CrNiMo 合金钢件力学性能指标时，需要从 XOY 面、YOZ 面和 XOZ 面分别测量超声纵波声速，但是不同方向合金钢声阻抗不同，对超声纵波声速及幅值衰减的影响不同。本节分别通过测量激光扫描方向、单道搭接方向和层堆积方向超声纵波幅值、超声纵波幅值相对衰减量、超声纵波声速以及超声纵波声阻抗的变化，研究超声纵波在激光增材制造 24CrNiMo 合金钢件不同成形方向的传播特性，从合金钢不同成形方向界面角度分析成形组织对超声纵波在该合金钢传播特性的影响。超声纵波探头与被测试件相对位置如图 6-32 所示，探头置于 XOY 面测量层堆积方向的纵波信号，探头置于 YOZ 面测量激光扫描方向的纵波信号，探头置于 XOZ 面测量单道搭接方向纵波信号。

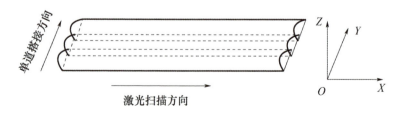

图 6-31 激光增材制造 24CrNiMo 合金钢件单层结构示意图

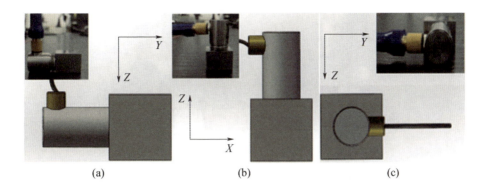

图 6 – 32　超声纵波探头与被测试件相对位置
（a）探头置于试件 XOZ 面；（b）探头置于试件 YOZ 面；（c）探头置于试件 YOZ 面。

图 6 – 33～图 6 – 35 所示分别为超声纵波沿层堆积方向、单道搭接方向和激光扫描方向传播时接收的底面反射回波信号，可以粗略判断，24CrNiMo 合金钢层堆积方向对超声纵波幅值衰减最大，其次为单道搭接方向，合金钢激光扫描方向对超声纵波幅值衰减最小。与各向同性合金钢相比，不同成形方向 24CrNiMo 合金钢组织对超声纵波幅值衰减均较强，成形界面引起的草状杂波比较明显，接收底面反射回波信噪比较低。

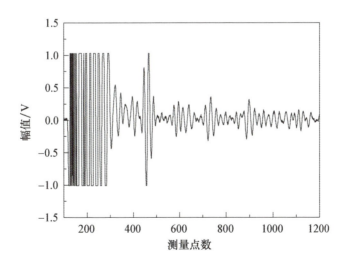

图 6 – 33　超声纵波沿层堆积方向传播时接收的底面反射回波信号（Z 轴方向）

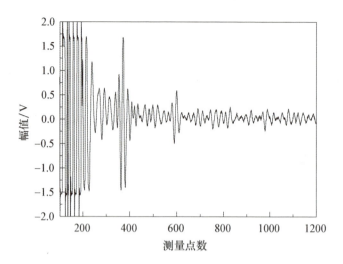

图6-34 超声纵波沿单道搭接方向传播时接收的底面反射回波信号（Y轴方向）

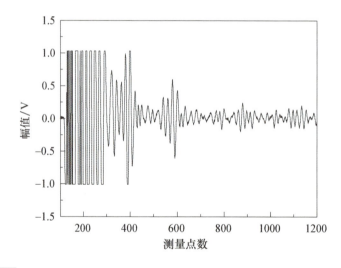

图6-35 超声纵波沿激光扫描方向传播时接收的底面反射回波信号（X轴方向）

为了定量描述3个成形方向对超声纵波幅值的衰减，3个方向接收纵波一次、二次底面反射回波幅值及幅值衰减百分比如表6-7所示，3个方向相对幅值衰减曲线如图6-36所示，可以看出，层堆积方向对超声纵波幅值衰减最大，与层堆积方向相比，单道搭接方向对超声纵波幅值衰减略有减小，激光扫描方向对超声纵波幅值衰减最小，明显小于其他两个成形方向，结论与图6-33～图6-35的定性判断结论一致。

表 6-7　激光增材制造 24CrNiMo 合金钢件 3 个成形方向幅值及衰减

测量方向	纵波幅值/V		绝对幅值衰减/V	相对幅值衰减/%
	一次回波	二次回波		
层堆积方向(Z)	1.032	0.360	0.672	65.1
单道搭接方向(Y)	1.680	0.590	1.090	64.9
激光扫描方向(X)	1.032	0.600	0.432	41.9

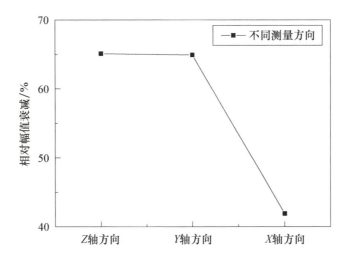

图 6-36　激光增材制造 24CrNiMo 合金钢件不同成形方向超声纵波相对幅值衰减曲线

图 6-37 所示为 24CrNiMo 合金钢件 3 个成形方向超声纵波声速的变化曲线,可以看出,24CrNiMo 合金钢件层堆积方向超声纵波声速最小,单道搭接方向和激光扫描方向的依次增大,层堆积方向、单道搭接方向和激光扫描方向超声纵波声速依次为 4822m/s、5109m/s、5458m/s。

通过测量激光增材制造 24CrNiMo 合金钢件的质量和体积,计算其密度为 7890.33kg/m^3,根据材料中测得的超声声速与式(6-9)计算得到合金钢层堆积方向、单道搭接方向和激光扫描方向超声纵波声阻抗分别为 3.804×10^{7}kg/(m^2·s)、4.031×10^{7}kg/(m^2·s)、4.306×10^{7}kg/(m^2·s),合金钢不同成形方向超声纵波声阻抗变化如图 6-38 所示,与声速变化规律相同。

通过定量分析超声纵波在 24CrNiMo 合金钢件层堆积方向、单道搭接方向和激光扫描方向底面反射回波相对幅值衰减、纵波声速和纵波声阻抗的变化,超声纵波底面反射回波相对幅值衰减与声速、声阻抗变化规律相反,主

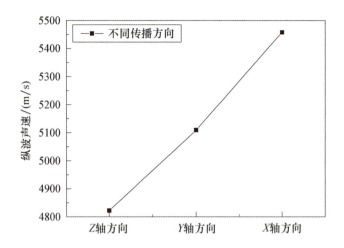

图 6-37 激光增材制造 24CrNiMo 合金钢件不同成形方向超声纵波声速变化

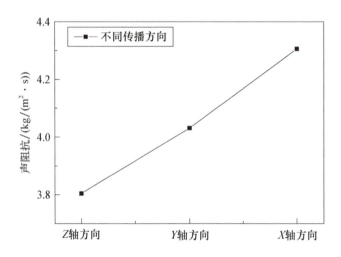

图 6-38 激光增材制造 24CrNiMo 合金钢件不同成形方向超声纵波声阻抗变化

要原因是超声纵波在层堆积方向传播时，声波的传播方向与层堆积界面垂直，受到层堆积界面的反射、折射、散射及吸收等；超声纵波在单道搭接方向传播时，声波的传播方向与单道搭接界面垂直，受到搭接界面的反射、折射、散射及吸收等；超声纵波在激光扫描方向传播时，声波的传播方向与层堆积界面、单道搭接界面平行，受到界面影响最小。因此，超声纵波在激光扫描方向传播时底面反射回波幅值衰减最小，声速最快，合金钢组织对纵波传播引起质点振动的阻碍最小，声阻抗值最大；超声纵波在层堆积方向传播时底面反射回波幅值衰减最大,声速最慢,声阻抗值最小;超声纵波在单道搭接方向传播时底面反射回波衰减、声速及声阻抗变化介于激光扫描方向与层堆积方向之间;层堆积方向超声纵波底面反射回波幅值衰减比单道搭接方向的大,层堆积方向超声纵波声速及声阻抗比单道搭接方向的小,主要原因是界面数量的影响,激光增材制造 24CrNiMo 合金钢成形工艺参数中,熔池高度为 873 μm,熔池宽度为 2757 μm,搭接率为 40%,可以得出层堆积方向界面层间距约为 873 μm,单道搭接方向界面间距在 1654 μm 和 1103 μm 交替轮换。因此在相同成形尺寸时,层堆积方向界面层数量比单道搭接方向界面层数量多。

激光增材制造合金钢各向异性对超声纵波在合金钢中传播的影响主要包括以下 4 点:

(1) 由于超声纵波在各向异性合金钢中传播会产生非正常叠加,对于成形界面与缺陷产生的回波难以区分。

(2) 超声纵波在各向异性合金钢中传播时,由于波束与层堆积界面、单道搭接界面相互作用,波束会出现非正常的扩散、汇聚和分叉,对于底面反射回波的接收会产生干扰。

(3) 超声纵波在各向异性合金钢中波速会随角度发生变化,因此测量超声纵波在不同热处理增材制造合金钢标定试件声速,入射角度为 90℃,且波束与 3 个成形方向平行,所测量的声速仅代表固定角度的超声纵波声速,不同成形面中随着声波入射角度的变化,其声速会产生波动。

(4) 由于激光增材制造各向异性合金钢中波束及声速会产生变化,因此,对于试件中界面的定位会产生误差。

3. 激光增材制造合金钢硬度及抗拉强度纵波声速定量评价

依据第 5 章建立的超声纵波声速评价各向同性合金钢力学性能(布氏硬度和抗拉强度)的评价方法,基于激光增材制造 24CrNiMo 各向异性合金钢件的成形特点,如图 6-27 所示,拟从 X 轴激光扫描方向(YOZ 面)、Y 轴单道搭接方向(XOZ 面)和 Z 轴层堆积方向(XOY 面)测量不同热处理激光增材制造 24CrNiMo 合金钢标定试件超声纵波声时,计算相应声速,测量 5 次声速取平均值作为标定试件的传播声速。其标定试件热处理制度如表 6-8 所示,热处理制度包括退火(A)、正火(N)、油淬(OQ)和水淬(WQ),未热处理激光增材制造 24CrNiMo 合金钢试件作为验证试件。

表 6-8　激光增材制造 24CrNiMo 合金钢标定试件热处理制度

热处理制度	淬火温度/℃	保温时间/min	冷却方式
A	900	60	炉冷
N	900	60	空冷
OQ	900	60	油冷
WQ	900	60	水冷

通过对标定试件不同成形方向力学性能指标与相应方向超声纵波声速进行曲线拟合，得到超声纵波声速评价激光增材制造 24CrNiMo 合金钢件不同成形方向的力学性能指标的标定模型，并通过测量验证试件不同方向纵波声速，代入相应标定模型，得到验证试件预测布氏硬度和抗拉强度，并与机械测试布氏硬度和抗拉强度比较，计算预测模型的预测误差，判断预测误差是否满足工程应用误差指标要求。从不同热处理标定试件显微组织、微观应力和拉伸断口形貌角度定性分析纵波声速随试件力学性能指标的变化趋势，从标定试件微观应变（晶格畸变程度）和超声纵波声阻抗角度定量分析超声纵波声速随标定试件力学性能指标的变化趋势，进而建立激光增材制造 24CrNiMo 合金钢试件不同方向力学性能指标、微观组织、不同方向超声纵波声速之间的定量映射关系，验证了采用超声纵波声速评价合金钢力学性能评价方法的可行性和普适性。

试验系统包括 RITEC RAM-5000 高精度声时数据采集系统、计算机、示波器（RIGOL DS1054Z）、50Ω 负载（RITEC RT-50）、信号选择器（RITEC RS-5-G2）、双工器（RITEC DIPLEXER）、OLYMPUS 2.25MHz 纵波探头（V204 RM）、耦合剂机油，激光增材制造 24CrNiMo 合金钢标定试件和验证试件，激光增材制造合金钢未加工尺寸为 15mm×15mm×15mm，为了使探头与试件表面耦合良好，测量超声纵波声时需要将试件表面抛光，不同热处理标定试件及抛光后测试试件如图 6-39 所示，测试系统框图如图 6-40 所示。

检测系统参数设置：激发信号频率设置为 2.25MHz，信号周期为 2 周，扫频范围为 2.05～2.45MHz，步进为 0.001MHz，采样点数为 401，信号触发方式选择内触发，输出电压水平为 15V，比各向同性合金钢电压输出水平高，信号增益为 60dB，滤波器设置高通截止频率为 1MHz，低通截止频率为

20MHz，测量门信号延时及门信号宽度根据测量不同标定试件及测量方向而定。

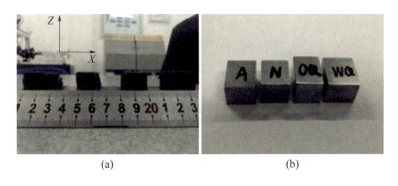

图 6-39　激光增材制造 24CrNiMo 合金钢标定试件
（a）热处理后标定试件；（b）表面抛光后标定试件。

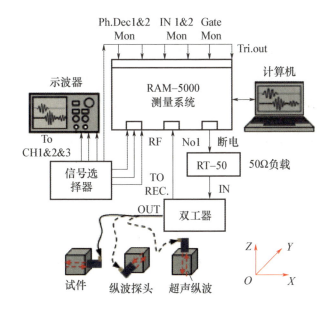

图 6-40　激光增材制造 24CrNiMo 合金钢件超声纵波测试系统框图

采用超声纵波声速测量方法测量激光增材制造 24CrNiMo 合金钢标定试件不同方向超声纵波传播声，计算传播声速，根据式（6-9），试件激光扫描方向、单道搭接方向、层堆积方向声速计算方法为

$$c_{1x} = \frac{d_x}{t_x} \tag{6-11}$$

$$c_{1y} = \frac{d_y}{t_y} \qquad (6-12)$$

$$c_{1z} = \frac{d_z}{t_z} \qquad (6-13)$$

式中：c_{1x}、c_{1y}、c_{1z} 分别为试件激光扫描方向、单道搭接方向、层堆积方向超声纵波声速；d_x、d_y、d_z 为对应方向超声纵波的传播距离；t_x、t_y、t_z 为对应方向测量纵波传播声。

激光增材制造 24CrNiMo 合金钢试件的成形特点决定了试件的各向异性，宏观表现就是材料不同成形方向力学性能的差异性；由于在成形过程中存在冶金结合的层堆积界面和单道搭接界面，导致超声纵波在标定试件不同成形方向传播时会受到不同程度的界面散射影响。标定试件不同成形方向声阻抗的差异性，为采用超声纵波声速评价激光增材制造 24CrNiMo 合金钢试件不同成形方向的力学性能指标提供了前提条件，通过测量不同热处理标定试件不同成形方向的超声纵波声速和力学性能指标，建立标定试件不同成形方向纵波声速与力学性能指标的标定模型。不同热处理激光增材制造 24CrNiMo 合金钢标定试件超声纵波在试件不同成形方向的传播波形如图 6-41～图 6-44 所示，可以看出，4 个标定试件不同方向接收超声纵波底面反射回波幅值从一次回波变化到二次回波，衰减最小的为激光扫描方向，其次为单道搭接方向，层堆积方向衰减最大，与未热处理激光增材制造 24CrNiMo 合金钢件不同成形方向超声纵波传播特性一致，产生的原因已在上面激光增材制造合金超声纵波传播特性中详述，此节不再赘述。而不同热处理标定试件相同方向接收纵波幅值的变化没有明显规律，与各向同性合金钢标定试件超声纵波幅值衰减变化结论一致。

不同热处理激光增材制造 24CrNiMo 合金钢标定试件及未热处理验证试件布氏硬度、抗拉强度、不同成形方向超声纵波传播声速如表 6-9 所示。布氏硬度测量 5 次求平均值，E_H 为布氏硬度的测量误差，测试 3 次抗拉强度求平均值，R_{mx} 为试件激光扫描方向的抗拉强度，E_{Rmx} 为抗拉强度的测量误差。由于材料限制问题，拉伸试件长度仅沿激光扫描方向布置，只评价试件激光扫描方向抗拉强度，如图 6-45 所示。单道搭接方向和层堆积方向抗拉强度评价方法与激光扫描方向相同，且通过其他两个方向的硬度也可以间接估算出抗拉强度大小。

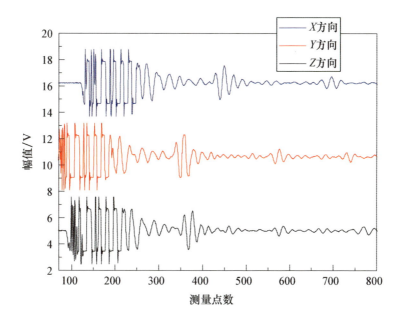

图 6-41 激光增材制造 24CrNiMo 合金钢退火试件不同方向超声纵波波形

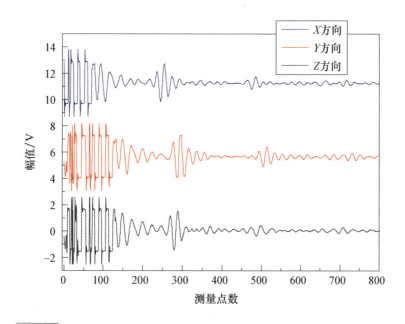

图 6-42 激光增材制造 24CrNiMo 合金钢正火试件不同方向超声纵波波形

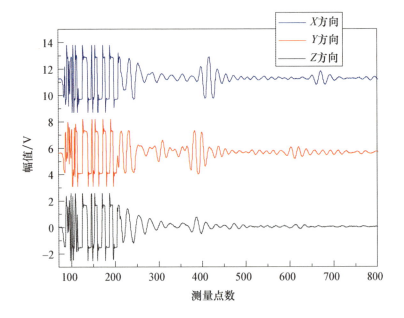

图 6-43 激光增材制造 24CrNiMo 合金钢油淬试件不同方向超声纵波波形

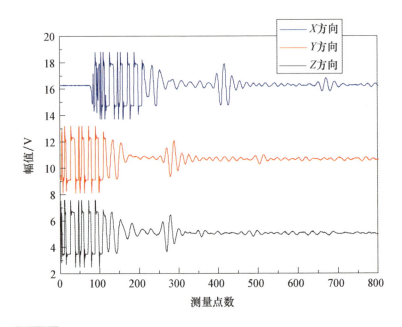

图 6-44 激光增材制造 24CrNiMo 合金钢水淬试件不同方向超声纵波波形

表 6-9 激光增材制造 24CrNiMo 合金钢标定试件及验证试件测量参数

热处理制度	测量方向	c_l /(m/s)	H /HBW	E_H /HBW	R_{mx} /MPa	E_{Rmx} /MPa
A	激光扫描方向(X)	5610	—	—	481	15
	单道搭接方向(Y)	5319	147	8	—	—
	层堆积方向(Z)	5228	—	—	—	—
N	激光扫描方向(X)	5514	—	—	752	16
	单道搭接方向(Y)	5239	237	17	—	—
	层堆积方向(Z)	5069	—	—	—	—
OQ	激光扫描方向(X)	5475	269	19	873	19
	单道搭接方向(Y)	5151	—	—	—	—
	层堆积方向(Z)	4945	—	—	—	—
WQ	激光扫描方向(X)	5434	—	—	1003	25
	单道搭接方向(Y)	4929	310	20	—	—
	层堆积方向(Z)	4793	—	—	—	—
AM	激光扫描方向(X)	5458	—	—	901	15
	单道搭接方向(Y)	5109	280	4	—	—
	层堆积方向(Z)	4822	—	—	—	—

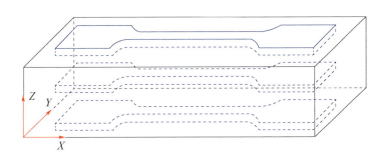

图 6-45 激光增材制造 24CrNiMo 合金钢拉伸试件切样示意图

图 6-46、图 6-47 所示分别为激光扫描方向超声纵波声速与标定试件布氏硬度及抗拉强度标定曲线，标定试件布氏硬度和抗拉强度模型拟合度 R^2 分别为 0.99957、0.99871，拟合度均接近于 1，标定试件激光扫描方向布氏硬度及抗拉强度标定模型为

$$H = -0.92091c_{lx} + 5313.38074 \quad (6-14)$$

$$R_{mx} = -2.92672c_{lx} + 16897.05270 \quad (6-15)$$

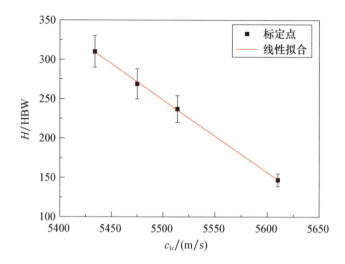

图 6-46 激光增材制造 24CrNiMo 标定试件激光扫描方向纵波声速与硬度线性拟合

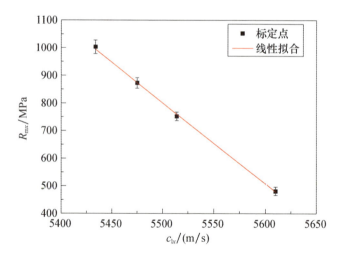

图 6-47 激光增材制造 24CrNiMo 标定试件激光扫描方向纵波声速与抗拉强度线性拟合

为验证上述标定模型的预测精度,将验证试件激光扫描方向测量超声纵波声速 5458m/s 代入式(6-14)和式(6-15),预测布氏硬度和抗拉强度分别为 287.1HBW、923.0MPa,布氏硬度计和拉伸试验机实测硬度和抗拉强度分别为 280HBW、901MPa,布氏硬度和抗拉强度标定模型预测误差分别为

2.54%、2.44%，预测误差均满足工程应用10%的误差指标要求。后续将建立标定试件布氏硬度与抗拉强度内在映射关系模型，联合所建硬度标定模型，得到标定试件激光扫描方向抗拉强度与超声纵波声速改进后的关系模型，并验证抗拉强度预测误差。

图6-48所示为单道搭接方向超声纵波声速与硬度线性拟合，标定试件布氏硬度模型拟合度 R^2 为0.78160，拟合度较低，标定试件单道搭接方向布氏硬度标定模型为

$$H = -0.46202c_{ly} + 2615.29782 \qquad (6-16)$$

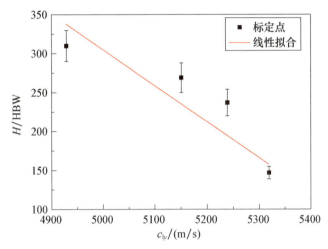

图6-48 激光增材制造24CrNiMo标定试件单道搭接方向纵波声速与硬度线性拟合

为验证上述标定模型的预测精度，将验证试件单道搭接方向测量超声纵波声速5109m/s代入式(6-16)，预测布氏硬度为254.8HBW，布氏硬度计实测硬度为280HBW，布氏硬度标定模型预测误差为8.99%，预测误差满足工程应用10%的误差指标要求。

图6-49所示为层堆积方向超声纵波声速与标定试件布氏硬度线性拟合，标定试件布氏硬度模型拟合度 R^2 为0.95644，拟合度较高，标定试件层堆积方向布氏硬度标定模型为

$$H = -0.40127c_{lz} + 2248.34183 \qquad (6-17)$$

为验证上述标定模型的预测精度，将验证试件层堆积方向测量超声纵波声速4822m/s代入式(6-17)，预测布氏硬度为313.4HBW，布氏硬度计实测

硬度为280HBW，布氏硬度标定模型预测误差为11.93%，预测误差基本满足工程应用10%的误差指标要求。

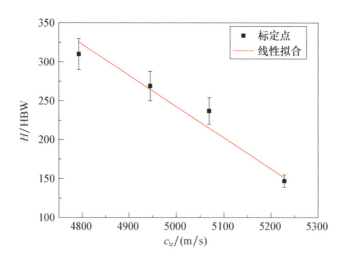

图6-49 激光增材制造24CrNiMo标定试件层堆积方向纵波声速与硬度线性拟合

综上所述，采用相同的线性回归模型对激光增材制造24CrNiMo合金钢标定试件激光扫描方向、单道搭接方向、层堆积方向测量超声纵波声速与标定试件布氏硬度进行拟合，所建标定模型预测误差基本满足工程应用指标要求，其中激光扫描方向硬度标定模型预测误差最小，其次为单道搭接方向，层堆积方向硬度标定模型预测误差最大，且比工程应用10%的误差指标要求略大。上述结果与超声纵波在激光增材制造24CrNiMo合金钢件不同成形方向上的传播特性一致，所建24CrNiMo合金钢标定试件激光扫描方向抗拉强度标定模型预测误差满足工程应用误差指标要求。

4. 激光增材制造合金钢抗拉强度－纵波声速修正后关系模型

激光增材制造24CrNiMo合金钢标定试件激光扫描方向抗拉强度与布氏硬度具有对应的内在线性映射关系，建立标定试件激光扫描方向抗拉强度与布氏硬度关系模型，联合激光增材制造24CrNiMo合金钢标定试件激光扫描方向超声纵波声速与布氏硬度的标定模型，即可得到标定试件激光扫描方向抗拉强度改进后的标定模型。激光增材制造24CrNiMo合金钢标定试件激光扫描方向抗拉强度与布氏硬度映射关系曲线如图6-50所示，拟合度R^2为0.99724，基本接近于1，标定试件激光扫描方向抗拉强度与布氏硬度映射关系模型为

$$R_{mx} = 3.18311H + 9.52215 \quad (6-18)$$

对式(6-18)进行简化,得到修正后的标定试件激光扫描方向抗拉强度与布氏硬度关系模型为

$$R_{mx} = 3.18311H \quad (6-19)$$

式(6-19)联合已建立的激光增材制造 24CrNiMo 合金钢标定试件激光扫描方向布氏硬度标定模型式(6-15),得到激光增材制造 24CrNiMo 合金钢标定试件激光扫描方向抗拉强度修正后的关系模型为

$$\begin{cases} H = -0.92091c_{1x} + 5313.38074 \\ R_{mx} = 3.18311H \end{cases} \quad (6-20)$$

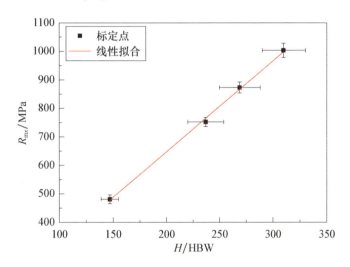

图 6-50 激光增材制造 24CrNiMo 合金钢标定试件激光扫描方向抗拉强度与布氏硬度映射关系

为验证激光增材制造 24CrNiMo 合金钢标定试件激光扫描方向抗拉强度间接关系模型预测精度,将验证试件激光扫描方向测量超声纵波声速 5458m/s 代入式(6-20),预测抗拉强度为 913.7MPa,验证试件拉伸试验机实测抗拉强度为 901MPa,预测误差为 1.41%。由此可见,与直接标定方法相比,基于标定试件激光扫描方向抗拉强度与布氏硬度内在映射关系,建立标定试件激光扫描方向抗拉强度修正后的关系模型预测误差更小,主要原因在于合金钢件布氏硬度与抗拉强度具有内在的线性映射关系,两者的变化关系为线性变化关系,且标定试件激光扫描方向超声纵波声速与试件布氏硬度标定模型线性度高。

6.3.3 激光增材制造24CrNiMo合金钢力学性能纵波声速评价机理

1. 显微组织对合金钢力学性能—纵波声速关系模型的影响

激光增材制造24CrNiMo合金钢标定试件热处理制度如表6-8所示,热处理制度包括退火、正火、油淬和水淬,目的是通过热处理改变合金钢试件的显微组织,进而改变试件的硬度和抗拉强度,得到一组具有硬度和抗拉强度梯度的标定试件,与各向同性合金钢标定试件热处理目的相同。

采用饱和苦味酸溶液对抛光24CrNiMo合金钢标定试件表面在70℃水浴腐蚀15s,采用Novanun450型场发射扫描电镜观察标定试件微观组织,不同热处理标定试件微观组织如图6-51所示。图6-51(a)所示为试件退火后得到的铁素体和贝氏体组织;图6-51(b)所示为试件正火后得到的铁素体和贝氏体组织,与退火试件相比,正火试件组织中铁素体组织含量减少,贝氏体组织含量增加;图6-51(c)所示为试件油淬后得到的珠光体和贝氏体组织;图6-51(d)所示为试件水淬后得到的马氏体和贝氏体组织。

采用SHIMADZU岛津拉伸试验机对不同热处理激光增材制造24CrNiMo合金钢标定试件的拉伸试样进行拉伸,断口形貌如图6-52所示。总体来看,拉伸断口均为韧性断裂,但是油淬和水淬试件断口有脆性断裂的迹象,局部存在解理台阶。

为了定性描述激光增材制造24CrNiMo合金钢标定试件不同成形方向超声纵波声速与试件布氏硬度、抗拉强度之间的定量映射关系,从标定试件显微组织、微观应力和拉伸试件断口形貌角度分析,如图6-51、图6-52所示,激光增材制造24CrNiMo合金钢退火试件组织主要为铁素体和贝氏体组织,且退火试件铁素体含量最高,铁素体比贝氏体弹性模量大,弹性模量越大,超声纵波声速越快,退火同时消除了试件内部因激光增材制造产生的残余应力,这些因素综合导致退火试件超声纵波声速最快,试件的布氏硬度及抗拉强度最小。

对于正火试件,其微观组织主要为铁素体和贝氏体组织,与退火试件相比,其铁素体组织含量减少,贝氏体组织含量增加,晶粒尺寸减小,试件内部残余应力增大,这些因素综合导致退火试件超声纵波声速降低,同时试件的布氏硬度和抗拉强度增加。

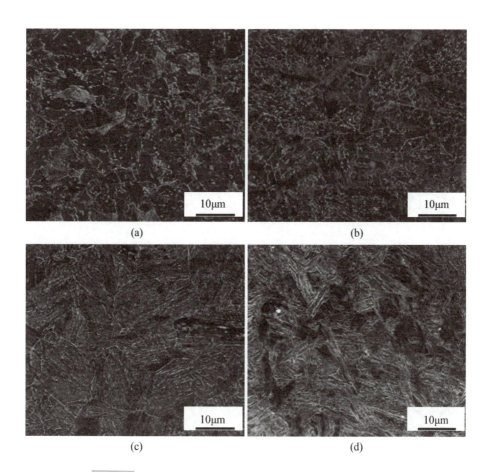

图 6-51　激光增材制造 24CrNiMo 合金钢标定试件微观组织
(a)退火组织；(b)正火组织；(c)油淬组织；(d)水淬组织。

对于油淬试件，冷却速度进一步加快，其微观组织主要为珠光体和贝氏体组织，与铁素体组织相比，珠光体组织片层间距更小，其弹性模量降低，由于冷却速度加快，试件内部残余应力增大，上述因素综合导致油淬试件比正火试件超声纵波声速慢，而试件布氏硬度和抗拉强度比正火试件的大。

对于水淬试件，其微观组织主要为马氏体和贝氏体组织，试件冷却速度最快，组织内部由于晶格体积发生变化，晶粒细化产生大量高密度位错以及很高的残余应力，且马氏体比珠光体弹性模量更小，材料的强度增加，塑性减小，上述因素综合导致水淬试件超声纵波声速最低，标定试件布氏硬度和抗拉强度最大。标定试件组织的变化同时反映在标定试件拉伸断口上，随着

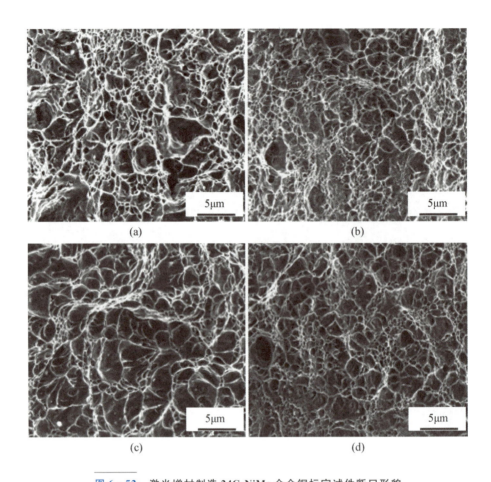

图6-52 激光增材制造24CrNiMo合金钢标定试件断口形貌
(a)退火试件断口；(b)正火试件断口；(c)油淬试件断口；(d)水淬试件断口。

标定试件冷却速度的加快，标定试件组织逐渐由含有铁素体组织逐渐转变为珠光体组织、马氏体组织，试件的强度逐渐增强，塑性减小，因此拉伸断口有脆性断裂的趋势。

2. 微观应变对合金钢力学性能-纵波声速关系模型的影响

图6-53～图6-55所示分别为不同热处理激光增材制造24CrNiMo合金钢标定试件激光扫描方向(YOZ 面)、单道搭接方向(XOZ 面)以及层堆积方向(XOY 面)X射线衍射图，由图可以看出，不同热处理标定试件 X 射线衍射峰峰位基本没有变化，但是衍射峰的宽度发生变化，即标定试件晶格畸变程度不同。为定量表征不同热处理激光增材制造 24CrNiMo 合金钢标定试件

及验证试件不同成形方向晶格畸变程度,采用 Jade 软件分析标定试件 X 射线衍射图,得到标定试件晶格畸变程度,如表 6-10 所示。

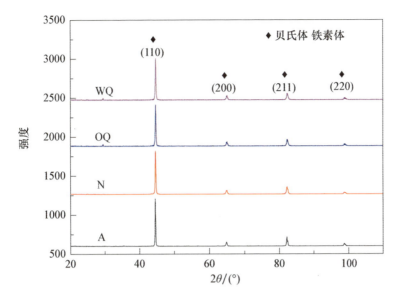

图 6-53　激光增材制造 24CrNiMo 合金钢标定试件激光扫描方向晶格畸变程度(YOZ 面)

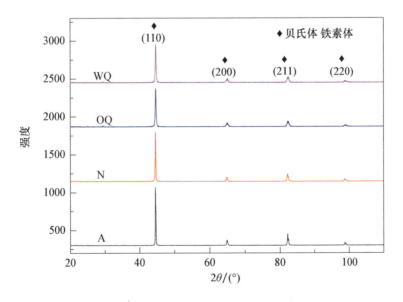

图 6-54　激光增材制造 24CrNiMo 合金钢标定试件单道搭接方向晶格畸变程度(XOZ 面)

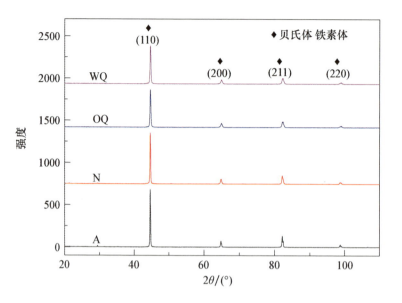

图 6-55 激光增材制造 24CrNiMo 合金钢标定试件层堆积方向晶格畸变程度（XOY 面）

表 6-10 激光增材制造 24CrNiMo 合金钢标定试件晶格畸变程度

热处理制度	晶格畸变程度/%		
	激光扫描方向 （YOZ 面）	单道搭接方向 （XOZ 面）	层堆积方向 （XOY 面）
A	0	0	0
N	0.076	0.057	0.100
OQ	0.101	0.089	0.104
WQ	0.186	0.198	0.121
AM	0.134	0.091	0.121

从不同热处理激光增材制造 24CrNiMo 合金钢标定试件晶格畸变程度变化可以看出，退火试件 3 个成形方向晶格畸变程度最小，随着标定试件冷却速率加快，正火试件、油淬试件、水淬试件 3 个成形方向标定试件晶格畸变程度依次增大，且验证试件晶格畸变程度介于油淬试件与水淬试件之间，上述变化规律与标定试件及验证试件的力学性能变化规律一致。

为了定量描述激光增材制造 24CrNiMo 合金钢标定试件布氏硬度、激光扫描方向抗拉强度与标定试件不同成形方向超声纵波传播声速之间的定量映射关系，从标定试件晶格畸变程度（微观应变）角度出发，将标定试件布氏硬度、激光扫描方向抗拉强度与不同成形方向超声纵波声速联系起来。激光增材制造 24CrNiMo 合金钢标定试件不同成形方向力学性能指标－晶格畸变程度（微观应变）－超声纵波声速变化曲线如图 6－56～图 6－58 所示，由图可以看出，随着冷却速率的增加，激光增材制造 24CrNiMo 合金钢标定试件激光扫描方向、单道搭接方向和层堆积方向晶格畸变程度逐渐增加，相应传播方向超声纵波声速近似线性减小，而标定试件布氏硬度和激光扫描方向抗拉强度近似线性增加，激光增材制造 24CrNiMo 合金钢标定试件不同成形方向晶格畸变程度（微观应变）作为中间定量微观组织参量将标定试件布氏硬度、抗拉强度与超声纵波声速联系起来，标定试件不同成形方向超声纵波声速与试件布氏硬度、激光扫描方向抗拉强度近似成线性递减关系；随着标定试件不同成形方向界面对超声纵波传播声速的影响，激光扫描方向试件超声纵波声速、布氏硬度及抗拉强度随晶格畸变程度变化线性度最高，单道搭接方向、层堆积方向的线性度依次降低，这同样反映在所建合金钢力学性能标定模型预测误差上，这就验证了所建立的 24CrNiMo 合金钢布氏硬度和抗拉强度标定模型式（6－13）～式（6－16）的合理性，同时也验证了采用超声纵波声速评价合金钢硬度及抗拉强度检测方法的精确性和普适性。

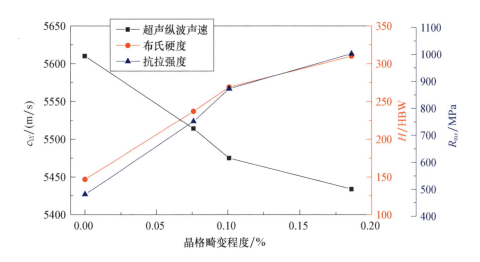

图 6－56　激光增材制造 24CrNiMo 合金钢标定试件力学性能指标和超声纵波声速随晶格畸变程度变化曲线（激光扫描方向）

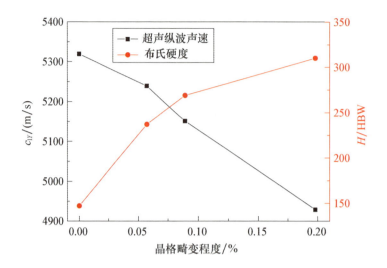

图 6-57 激光增材制造 24CrNiMo 合金钢标定试件布氏硬度和超声纵波声速随晶格畸变程度变化曲线（单道搭接方向）

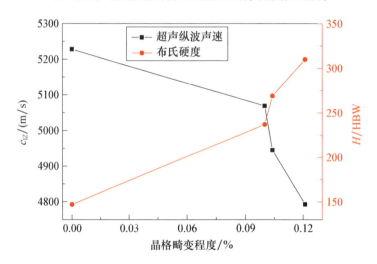

图 6-58 激光增材制造 24CrNiMo 合金钢标定试件布氏硬度和超声纵波声速随晶格畸变程度变化曲线（层堆积方向）

3. 声阻抗对合金钢力学性能-纵波声速关系模型的影响

通过测量不同热处理 24CrNiMo 合金钢标定试件激光扫描方向、单道搭接反向和层堆积方向超声纵波声速，试件密度与未热处理合金钢密度相同，不同热处理标定试件超声纵波声阻抗如表 6-11 所示，图 6-59～图 6-61 所示分别为激光增材制造 24CrNiMo 合金钢激光扫描方向、单道搭接方向、层堆积方向超声纵波声速、布氏硬度及抗拉强度随纵波声阻抗变化曲线,可以看出,随着不同成形方向超声纵波声阻抗增加,超声纵波声速线性增加,不同热处理合金钢标定试件硬度及抗拉强度近似线性减小,且激光扫描方向标定试件力学性能随纵波声阻抗变化线性度最好,其次为单道搭接方向和层堆积方向。

表 6-11 不同热处理 24CrNiMo 合金钢不同成形方向超声纵波声阻抗

热处理制度	超声纵波声阻抗/($\times 10^7$ kg/($m^2 \cdot s$))		
	激光扫描方向	单道搭接方向	层堆积方向
A	4.426	4.196	4.125
N	4.350	4.133	3.999
OQ	4.319	4.064	3.901
WQ	4.287	3.889	3.781

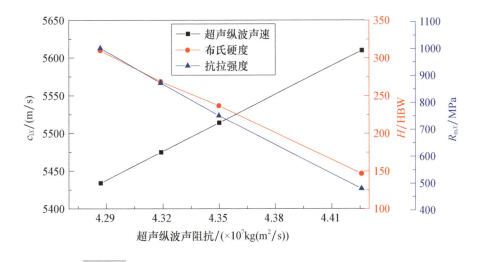

图 6-59 激光增材制造 24CrNiMo 合金钢标定试件力学性能及
纵波声速随超声纵波声阻抗变化曲线(激光扫描方向)

激光增材制造 24CrNiMo 合金钢标定试件不同成形方向纵波声速、布氏硬度和激光扫描方向抗拉强度随纵波声阻抗变化的主要原因:不同热处理标定试件随着冷却速率的增加,晶粒尺寸减小,由于相变晶粒内部产生大量位错和晶格内应力增加,晶界及位错钉扎对超声纵波传播引起介质质点振动的

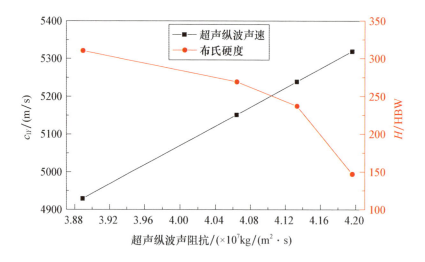

图 6-60 激光增材制造 24CrNiMo 合金钢标定试件布氏硬度及
纵波声速随超声纵波声阻抗变化曲线(单道搭接方向)

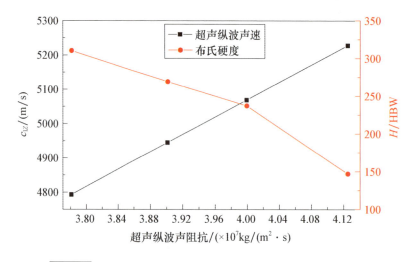

图 6-61 激光增材制造 24CrNiMo 合金钢标定试件布氏硬度及
纵波声速随超声纵波声阻抗变化曲线(层堆积方向)

阻碍作用增加,超声纵波声速减小,纵波声阻抗减小,而标定试件硬度及激光扫描方向的抗拉强度增加;对于同一热处理合金钢标定试件,由于成形界面对超声纵波传播的影响,激光扫描方向界面对纵波传播的阻碍作用最小,单道搭接方向、层堆积方向阻碍作用依次增强,因此纵波沿 3 个传播方向声速依次减小,声阻抗依次减小。

参考文献

[1] 王炳方,韩赞东,朱新杰,等. 厚壁焊缝中超声传播特性研究及检测条件选择[J]. 清华大学学报,2010,50(11):1789-1792.

[2] 金仲信. 灰铸铁件裂隙状氮气孔及其防止[J]. 铸造,2001,50(6):357-358.

[3] 彭谦,董世运,闫世兴,等. 激光熔化沉积成形缺陷及其控制方法综述[J]. 材料导报,2018,32(8):2666-2671.

[4] ROSE J L. Ultrasonic waves in solid media[M]. Cambridge:Cambridge University Press,1999.

第 7 章
激光增材再制造修复及延寿技术应用及展望

21 世纪全球经济高速发展，与此同时，对自然资源的任意开发和无偿利用，造成全球的生态破坏、资源浪费和短缺、环境污染等重大问题。面对处理大量失效、报废产品这一严峻问题，再制造工程应运而生。再制造工程是解决资源浪费、环境污染和废旧装备翻新的有效方法和途径之一，是符合国家碳中和目标和可持续发展战略的一项绿色系统工程。激光作为一种强力、非接触、清洁的热源进入加工领域以来，解决了许多常规方法无法加工和很难加工的问题，极大地提高了生产效率和加工质量，为再制造提供了一种先进而有效的技术手段。而激光加工技术同再制造产品相结合，所形成的激光再制造工程技术和激光再制造产业，是再制造工程技术和再制造产业的重要组成部分。在多种再制造技术手段中，激光增材再制造技术具有十分独特的技术优势和广阔的发展前景。

7.1 激光增材再制造技术在航空工业中的应用

典型零件为某型飞机起落架组件中某结构支撑零件，损伤情况为其肋板出现深裂纹，打磨后看到其裂纹向肋板内部撕裂状扩展，普通的表面修复技术不能修复。采用焊接等技术可能因热输入量过大导致零件变形，或是无法熔透深裂纹。采用局部缺陷结构切除，再利用激光再制造成形技术堆积出缺损的结构，可以较好地解决该问题。

该零件再制造成形方案按照前处理、离线编程和路径规划、激光增材再制造、后处理的工艺流程进行。

1. 前处理

零件的结构形貌和损伤情况如图 7-1 所示。测量其肋板厚度为 5mm。开裂部位为接近支撑孔的肋板上部。按照切除结构最小和形状较规则的原则，对裂纹及周围组织进行线切割去除,切除后的零件成形基面及切除结构如图 7-2 所示。

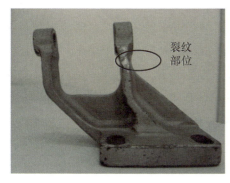

图 7-1　肋板深裂纹零件结构及开裂部位

图 7-2　加工前后的基体形貌及切除结构

待成形修复的结构为承力肋板,是一个典型的小体积立体结构。从加工后缺口底部逐层成形,成形结构为一个倒梯形体。成形的要求是要保证底部与基体冶金结合,而且两个侧面也要与基体形成良好的冶金结合,且成形结构形状实现仿形修复的目的。梯形切口的好处在于可以使成形主体避免在侧面形成竖直平面的结合,且便于激光加工枪头和送粉喷嘴等在小加工空间内不与基体碰撞。

2. 离线编程和路径规划

如果采用示教/再生编程的方式进行成形路径编程,需要成形一层后即中断，再继续进行示教编程，编程时需要随时调整光斑位置和保持焦点光斑位于基体表面，这样就造成成形过程烦琐缓慢，且成形结构的几何形状不易控制。

利用离线编程软件的虚拟环境编程功能，可以使焦点光斑的位置精确可控。在现实环境中光束是不可见的，仅靠指示红光的光斑大小来估计激光焦点光斑的位置。但是在没有实物表面参考的情况下，无法确认焦点光斑是否位于预期的位置。而在虚拟环境中，可以将光束模拟成一个可见尖端结构，且可以建立基体成形层的结构面，作为路径编程的参考依据。

3. 激光增材再制造

肋板缺损结构成形修复的难题是：结构形状不规则，编程较复杂；主要问题是成形结构是否均匀，即编程中要考虑不同局部采用不同的激光增材再制造工艺参数，使成形整体形状变化比较均匀；不规则的结合界面，保证成形结构和基体的无缺陷结合。

材料选用 Fe314 粉末，因为其具有良好的抗开裂性和成形性。

在试验中，分区编写不同结构局部的成形程序，以满足不同局部的成形修复需要。重点考虑了以下因素：①工件采用常规装卡，则成形结合面为斜面，成形时该面的参数控制应使成形层尽量薄，与基体冶金结合；②为使后续成形程序可重复使用，将接下来的局部划分为楔形，以填补斜坡；③对已成形结构激光重熔；④后续层间采用不同的路径和成形始末端点，使应力方向错开；⑤对于边缘斜坡和塌陷趋势，先堆积中间骨架，再换方向填补边角；⑥层端面与基体的斜面的结合采用先熔覆处理，消除可能的未熔处；⑦侧面黏粉和表面结合处进行激光重熔处理。

经过激光再制造成形后的肋板如图 7-3 所示。图 7-3 中所示未进行机械后处理的再制造成形层表面没有裂纹，表面光滑，形状尺寸几乎和切除下来的结构一样，表明形状控制是成功的。

4. 后处理

由图 7-3 可见，激光再制造成形的结构具有较好的表面质量和均匀形状，且肋板是一种支撑结构，基本不需要光滑的功能表面，所以后处理工艺采用简单打磨使其表面光滑即可。

图 7-3 激光再制造成形后的肋板

7.2 激光增材再制造技术在装甲车辆工程中的应用

各种轴类零件经激光堆焊处理后堆焊层无粗大的铸造组织,堆焊层及界面组织细密,晶粒细化,无孔、砂眼、夹杂、裂纹等缺陷,性能如同新件。

某型装甲车辆负重轮轴,该部件长期工作在重载、摩擦的环境下,直接承受负重轮传递的来自地面的外力,而且外力大小、承载时间、频率都是随机的。此外,该部件还必须传导车体与负重轮之间的工作力矩,跟随负重轮转动,导致在轴面常发生磨损,如图 7-4、图 7-5 所示。在轴面发生了由磨损导致的剥落坑、由外界环境腐蚀导致的锈蚀以及轴面的尺寸损失等缺陷,导致零件表面失效。

图 7-4

某型装甲车辆负重轮轴工作部位

图 7-5
负重轮轴表面失效形貌

针对该类失效零件的修复问题,采用激光增材技术进行了再制造。在再制造前,使用砂布、砂轮对零件表面进行打磨、平整预处理,去除表面的油污、锈蚀、凹坑、氧化物等以降低气孔、氧化、夹杂等缺陷的发生率。

在抛光表面涂刷一层磷化剂,提高基体材料对激光的吸收率,减小激光的反射损失。测量待成形区轴径为 $\phi 55mm$,长度为 27mm。成形粉末为铁基合金。激光增材再制造某型轮轴工艺参数如表 7-1 所示。利用夹持平台旋转带动零件,激光加工头位置保持不变,故轴面的旋转线速度即为激光的扫描速度。图 7-6 所示为激光增材再制造的实际环境。

表 7-1 激光增材再制造某型轮轴工艺参数

工艺参数	激光功率/W	扫描速度/(mm/min)	送粉量/(g/min)	光斑直径/mm	搭接率/%	载气流量/(L/h)
数值	480	480	3.1	2.0	45	200

注:侧向同步送粉,对熔池采用氮气保护。

图 7-6
激光增材再制造实际环境

图 7-7 所示为激光增材再制造后的某型装甲车辆负重轮轴表面形貌。由图 7-7 可见,再制造后的零件表面成形层平整、连续,表面无黏粉现象发生,具有明亮的金属光泽,表面氧化较少,无夹杂和裂纹缺陷。总体而言,激光增材再制造的成形层质量较为良好。在尺寸恢复方面,原零件直径为 $\phi 56mm$,激光增材再制造后测量轴径为 $\phi 56.55mm$,为机加工留出了 0.55mm 的余量,通过机加工后可以完全恢复零件的原始尺寸。

图 7-7 激光增材再制造后的型装甲车辆负重轮轴表面形貌

气门挺柱上部是一薄壁圆筒。采用在圆筒开口处人为加工缺口的方法模拟圆筒的损伤,并进行激光增材再制造成形修复,以研究薄壁结构件的局部结构缺损快速修复。修复过程:首先,对缺口的 3 个切口表面进行清洗去污;其次,成形界面结合层;再次,堆积成形方块薄片对缺口修复;最后,成形结构表面的激光重熔,也可采用薄层激光增材再制造。

针对某型装甲车的受损气门挺柱进行激光增材再制造修复,气门挺柱上部圆筒的直径为 38mm,壁厚为 2mm,加工缺口后的形貌如图 7-8 所示。加工缺口为 18mm×15mm 的矩形切口。

由图 7-8 可知,圆筒缺损部位具有 3 个切口平面。激光增材再制造成形结构需要与零件基体在缺口下部水平面冶金结合,同时还要与缺口两侧竖直平面冶金结合。为保证界面良好的结合质量,在激光成形修复前先成形一层界面结合层。界面结合层成形的关键技术是保持激光束始终垂直于加工表面,并以高速扫描和小送粉量形成低稀释率的薄层成形层。在很小的空间内使激光束垂直于切口表面进行成形,需要调整机器人的姿态,以及采用侧向送粉的方式,调整送粉方向和激光/粉末汇聚点位置。图 7-9 所示为在界面不同位置的激光加工枪头的姿态。

图 7-8 带缺口的气门挺柱

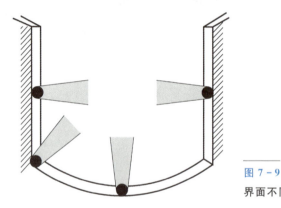

图 7-9 界面不同位置的激光加工枪头姿态

界面结合层成形采用的材料为 Fe314 合金粉末。界面结合层的工艺参数如下：激光功率为 1200W，送粉量为 4.2g/min，扫描速度为 15mm/s。采用非均匀控形措施的局部为竖直面和水平面交汇处拐角，在此处设定激光束与两个面的夹角为 45°左右，而扫描速度为零，设置激光辐照时间为 0.4s，以保证拐角处能形成冶金结合，并使直角过渡为圆角，使后续的成形结构在此处不会尺寸塌陷。

当圆筒的界面结合层成形后，激光增材再制造成形主体结构与零件基体之间具有了一层过渡层，无论采用的成形材料和工艺参数是否与界面结合层相同或不同，成形主体对零件基体的影响作用被降低，而主体的成形参数选取可考虑较高的成形效率。

主体采用分层圆弧路径堆积而成。由于在圆弧路径的两端机器人的运动速度会有加速和减速的过程,因此在路径编程的时候,将路径的端点设定得稍微超过缺口侧面,而激光束通过侧面时光闸被关闭,以降低端点加减速对成形结构形状的影响。同理,每层激光成形的始末端点位置位于圆弧路径中间,且相邻层的成形起点错开一定距离,以使成形中结构受热均匀,成形结构几何特征均匀化。

成形主体的主要工艺参数如下:激光功率为1200W,扫描速度为8mm/s,送粉量为9.8g/min。堆积成形后的圆筒缺口被填补,其外观形貌如图7-10所示。尺寸测量结果显示,其成形结构平均厚度为2.25mm,预期高度为15mm,而实际高度在15.10~16.22mm之间。高度起伏的原因是激光加工头在缺口处姿态调整,其运动加速度引起的熔池热输入不一致,而手动调整送粉量误差较大。

图7-10
缺口填补成形修复外观形貌

由图7-10可知,成形的金属结构能恢复圆筒缺口的尺寸形状。修复结构和基体结合良好,没有宏观裂纹,而且基体的变形很小。修复结构的形状尺寸精度比较高,只是表面质量不太理想,这是送粉量较大,导致熔池熔液流淌较明显,但是成形修复后的气门挺柱经机械后加工可以完全恢复到其设计尺寸。

圆筒缺口成形修复后,其修复结构内部存在残余热应力,而表面也存在少量黏粉,如果不进行适当的处理,在后机械加工中可能会导致修复结构开裂。成形后的表面处理一般采用激光表面重熔，其实质是局部热处理，也可采用薄层成形，其作用和表面重熔类似。本书鉴于圆筒修复结构外表面局部存在机械加工余量可能不够的原因，采用了表面薄层成形的方法。表面薄层成形的工艺参数如下：激光功率为1200W，扫描速度为15mm/s，送粉量为4.2g/min。由于是薄层成形，对成形路径的搭接不做要求，因此搭接路径偏移量设为2.0mm，以提高加工效率和降低热输入影响。表面处理后的气门挺柱圆筒形貌如图7-11所示。

图 7-11
修复结构经表面处理后气门挺柱圆筒形貌

由图7-11可知，经表面处理后的圆筒缺口修复结构表面质量得到明显改善，表面黏粉得到完全熔合，且处理后表面具有金属光泽。修复结构经渗透法检验发现没有裂纹存在，修复结构完整致密。

7.3 激光增材再制造技术在军品备件伴随保障中的应用

当前，一场全球性的新军事变革正受到军界的普遍重视，有人把这场新军事变革概括为"三新两变"，即研究新作战思想、研发新武器装备、建立新编制体制以及从根本上改变作战形态和作战方式。这场新军事变革正在对未来航空装备发展产生深刻的影响，作为空中作战物质基础的航空装备，必须顺应新军事变革的潮流，将航空装备保障的思想贯穿于研究、制造、使用、维护保养的全过程,应用先进技术不断提高航空装备的性能和质量,时刻保证航空装备处于完好状态,为打赢未来高技术条件下的局部战争提供物质保障。

人类文明进步的历史是与科学技术的发展和进步紧密联系在一起的,许多先进制造技术和工艺、先进材料往往在航空装备上首先得到应用。激光用于直接制造最初是美国洛斯·阿拉莫斯国家实验室的科学家基于核武器关键零部件的快速制造提出的,加快了激光技术在航空装备领域应用的步伐,如美国宾夕法尼亚州立大学应用研究实验室、约翰霍普金斯大学应用物理实验室和 MTS 系统公司合作,在美国海军和陆军的资助下,专门研究用大功率 CO_2 激光直接制造钛合金飞机大型结构件。

美国政府对激光直接制造技术非常重视,从许多不同的渠道给予了大量资助,据统计,前后共投入 2000 万美元的研发基金。MTS 公司下属 Aero-Mat 公司已采用激光直接制造 F/A-18E/F 战斗机钛合金机翼件,结果可使生产周期降低 75%,生产成本节约 20%,生产 400 架飞机即可节约 5000 万美元。洛克希德·马丁公司也在其军用飞机制造厂安装了激光直接制造设备,以前几个月的工作量现在可以在两周内完成,可将传统方法由几百个零部件组成的结构改成单件结构,从而改善了结构完整性,减轻了重量。对于某些零件或结构件,如果采用传统方法制造,仅生产专用加工工具就需要 1 年时间,钛合金板材订货需要一年半,而采用激光直接制造只需几十个小时。M. Gaumann 等利用激光外延生长技术(E-LMF)成功地制造出了航空发动机用的耐高温镍基超合金单晶叶片,该技术同时可用于单晶叶片的修复,修复后的叶片保持完好的单晶性能,而且取向与原叶片部分完全一致。

另外,为了满足野外应急再制造的需求,美国已经进行了机动式野战再制造体系研究。这种系统能在战场上靠近需要的位置迅速生产零部件,以满足战损装备再制造需求。

这种快速再制造成形首先利用激光立体成形技术进行初加工,然后再应用多功能机床进行必要的精加工,最终得到需要的零部件。该系统随车携带的数据库中有大量通用零部件的三维模型,操作人员根据零件模型,使用激光快速成形技术,一层一层堆积形成金属零件,一旦出现战事,操作人员不用携带规格复杂的零部件,可以只携带金属粉末到战场上,几个小时内就可以向前线提供足够的再制造零件。

为了适应大型装备贵重零部件和野外装备现场应急抢修的需要，我国装备再制造技术国防科技重点实验室开展了相应的研究，采用激光增材再制造及快速成形技术，修复受损的装备零部件，或者直接快速成形制造零部件。凸轮轴是坦克发动机的关键部件，其服役过程中经常出现由于磨损超差而导致凸轮失效的问题。董世运、张晓东等采用激光增材再制造技术实现了坦克凸轮轴的再制造，其中，采用分段调整扫描速度的措施实现了成形层厚度的可控，采用边缘补偿措施，防止了边缘塌陷，提出的凸轮成形路径规划，其成形尺寸精度较高。再制造凸轮经磨削加工后满足几何尺寸要求，成形涂层组织致密，无裂纹和气孔等缺陷，涂层显微硬度达 700～750HV，满足凸轮轴图纸设计要求。图 7-12～图 7-15 所示为激光增材再制造技术在备件修复中的应用举例。

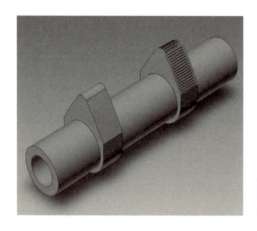

图 7-12
激光增材再制造凸轮轴三维模型

图 7-13
激光增材再制造凸轮实际环境

图 7 – 14
激光增材再制造修复凸轮

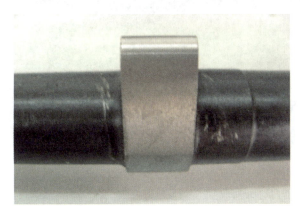

图 7 – 15
激光增材再制造修复凸轮后加工形貌

齿轮是装备中的重要零件。由于齿轮使用环境在装备处于特殊状态或恶劣环境中时会突变，其载荷突然增大，会导致齿轮失效，如齿表面严重磨损、剥落甚至断齿。齿牙断裂后的修复试验还未见报道。采用常规的成形修复技术如堆焊，不能很好地对断齿进行结构修复。激光增材再制造成形修复技术克服了其他技术因热输入量过大，易使齿轮基体变形、成形尺寸精度不高等缺点，是修复断齿结构的理想手段。董世运、张晓东等对某装备低载直齿轮断齿进行了再制造成形，采用立体成形几何特征控制结果和离线编程软件，解决梯形体的成形问题，成功修复了断齿。图 7 – 16、图 7 – 17 所示为成功修复的齿轮部件。

航空装备维修与其他行业相比，对工艺技术要求更高，特别是在维修质量和安全可靠性方面。多年来，传统的航空维修广泛采用 TIG 和 MIG 焊接技术，特别是航空叶片的维修，但是依然存在许多实际问题。

图 7-16 预加工后断齿的基本形貌

图 7-17 断齿成形后的毛坯体形貌

例如,对需要维修的叶片有很多限制和要求,有许多叶片不能采用现有焊接技术维修,或者在维修过程中由于变形、开裂或热损伤而造成叶片报废,或者由于修复时强烈受热使性能降低导致叶片使用寿命缩短、可靠性下降。而国际著名的航空发动机制造公司和许多专业维修公司对航空叶片维修早已采用激光增材再制造技术,如普惠、通用电气、罗尔斯-罗伊斯和 MTU 等公司。

将激光焊接技术应用于飞机结构损伤抢修,是激光焊接铝合金成为铝合金连接的一种重要手段,并在国际上有许多成功的例子。欧洲空中客车 A340 飞机的制造中,其全部铝合金内隔板均采用激光焊接,大大简化了飞机机身的制造工艺。在美国国防部"制造技术"(ManTech)计划中,激光直接制造的研究重点已从制造转向维修,第二阶段研究的题目就是"坦克、舰船和飞机零部件的维修",其中飞机零部件维修的参加单位有杰克逊维韦尔海军航空基地、切里岬海军航空基地、罗尔斯-罗伊斯公司和洛克希德·马丁公司等。

随着激光技术的进一步发展和市场的不断扩大，激光制造技术将在所有制造领域内取代传统的机械制造。激光微制造技术使制造微精密元件成为可能，且视微系统朝着多样化和智能化方向发展。目前，激光直接制造技术已经趋于成熟，专用设备的功能和性能在不断提高和完善，激光直接制造各种材料的工艺技术也得到广泛和深入的研究，在航空、航天等领域得到应用，这为激光直接制造技术应用于装备维修奠定了基础。

激光焊接技术的不断成熟为航空装备维修和返场大修提供了新颖独特的解决方案，与普通激光熔覆相比，可以预先对维修区的尺寸形状进行检测和分析，对维修路径进行优化和设计，其焊接过程自动化、热应力小、无变形，能够维修可焊性差的材料，如某些镍基高温合金、铝合金，从而可以获得更好的成形、表面质量和维修性能。该项技术可广泛用于各种航空材料，可以使维修更迅速和更可靠地完成。现代飞机制造中焊接技术的应用越来越多，高能束流焊接技术工程应用趋于成熟，激光加工技术作为高能束的典型代表，最适合于钛合金零件的损伤修复。国外利用固体 YAG 激光器进行缝焊和点焊，已有很高的水平。日本自 20 世纪 90 年代以来，在电子行业的精密焊接方面已实现了从点焊向激光焊接的转变。

将激光制造技术应用于航空装备维修领域是完全可行的，因为维修与制造没有本质区别，维修可以看成是集中于表面和局部的制造过程。

国外激光直接制造技术已趋于成熟，商品化的激光直接制造设备已进入市场，其性能和功能也在不断完善，这为激光直接制造用于航空装备维修奠定了物质基础。美国军方对该项技术在航空维修中的作用和应用十分关注，美国国防部研究项目已证明了该项技术用于航空装备维修的必要性和可行性。而我国在将激光技术用于航空装备制造、维修方面才刚刚起步，激光制造技术还不够成熟，应加快激光技术的发展及其在航空维修领域的应用，同时应结合航空装备质量保障的具体特点，开展预研和应用基础研究，为航空装备制造和现场维修创造条件。

7.4 激光增材再制造技术在电力工业中的应用

以我国西气东输工程中所广泛应用的大型离心式空气压缩机为例，压缩机工作时，叶轮随压缩机主轴高速旋转，当气体流经叶轮时，受旋转离心力以及扩压流动作用，将机械能转化为气体的内能；当气体流过叶轮、扩压器等扩张通道时，气体流动速度逐渐减慢，从而实现气体压力的提高。

受服役工况和使用环境影响，叶片使用寿命通常较短，容易因体积损伤而失效，通常为1～3年。在正常工况下，受热应力及气体腐蚀影响，叶片易萌生裂纹并扩展产生断裂，造成体积损伤而使机组停转，对整个机组造成重大损失，并影响工业生产正常运行，如图7-18所示。

(a)   (b)   (c)

图 7-18　服役工况下压缩机叶片体积损伤

(a)叶轮底部裂纹损伤；(b)叶片边部掉块体积损伤；(c)叶片边部裂纹及掉块。

造成叶片体积损伤失效的原因主要有以下方面：受使用环境高温烟气腐蚀影响，叶片表面出现腐蚀凹坑，引发叶轮偏转；高速运行的微小粒子冲蚀和高速运转产生的离心力的交互作用，叶片出现掉块体积损伤；服役工况环境中，振动应力引起的高低周疲劳损坏等。

针对压缩机叶片体积损伤所采取的修复形式主要有：采用高速电弧喷涂、火焰喷熔等方式对叶片表面进行强化处理，以提高叶片寿命；设计特定工作环境下耐磨弹性梯度材料、耐磨新涂层材料，提高叶片耐冲蚀磨损能力；通过固溶、渗硼等措施对表面进行功能强化等。

上述方法虽可以延长叶片寿命，但各有局限：电弧喷涂所恢复的形状尺寸受工艺限制较大，能够恢复的体积有限，并且涂层与基体结合强度不高，在叶轮随轴高速旋转的过程中，涂层易脱落问题也一定程度上存在；而微弧堆焊技术成形精度不高，热影响区及后续加工量较大，易影响基材力学性能或因热输入过高而产生整体形变；制备特定工作环境涂层材料的方法普适性差，对体积损伤的再制造能力较为有限，并且大面积使用会增加叶轮的生产成本。

而激光再制造技术在叶片再制造成形过程中具有独特的优势，尤其在控制成形过程热输入，减少成形过程形变量，控制热影响区大小和分布等方面具有较好的针对性和技术优势。

分别采用连续和脉冲激光对体积损伤叶片进行再制造成形，其中一个叶片采用连续激光进行再制造成形，另一叶片采用脉冲激光进行再制造成形，成形过程中，其他工艺及方法相同，两个叶片之间角度及位置的变换依靠变位机的定位功能完成。其中，连续激光成形的工艺参数选激光功率为 1.1kW、扫描速度为 5mm/s、送粉速率为 8.10g/min、载气流量为 150L/h。

成形过程中设置闭环监测控制系统，成形基准点为坡口底面中点，设置该点成形最大高度为 7mm，即预定成形路径及工艺下，超过此高度，激光光闸自动关闭，自动控制终止成形过程；设定单层成形高度为 1mm，成形误差范围为 0.4mm，即当单程成形高度高于 1.4mm 或低于 0.6mm 时，系统将在线调整激光功率。两种激光输出模式下，激光增材再制造成形后叶片整体形貌对比如图 7-19 所示。

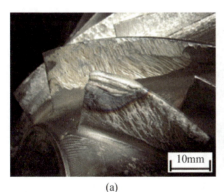
(a)

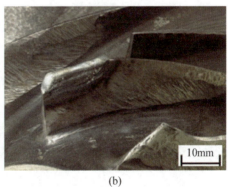
(b)

图 7-19 激光增材再制造前后叶片整体形貌对比

(a)连续输出模式下再制造成形整体形貌；(b)脉冲输出模式下再制造成形整体形貌。

通过对两种模式下叶片激光增材再制造成形几何形状进行测量，可得两种模式下叶片成形前后几何尺寸，如表 7-2 所示。

表 7-2　叶片激光增材再制造成形前后几何尺寸对比

成形几何尺寸	h/mm	d_1/mm	l/mm	h_1/mm	m_1/mm	m_2/mm
成形前	6.2	12	7	1.2	—	2.8
成形后(连续)	6.65	13.2	8.2	1.18	3.15	2.92
成形后(脉冲)	6.72	12.8	7.8	1.08	3.12	2.94

从两种输出模式下叶片再制造前后几何尺寸及整体形貌分析,两种输出模式下叶片形状恢复均良好,均具有适合的后加工余量,从而验证激光再制造成形路径及成形策略的合理性。对比图 7-19(a)和图 7-19(b)可知,连续输出模式下叶片成形部位出现较为明显的烧蚀氧化轮廓,而这将引起该模式下叶片成形热影响区范围过大,造成基体力学性能的降低。而这种明显的氧化烧蚀现象主要源于两个方面:一方面是成形过程中激光光束的直接照射;另一方面是基体的热传导作用。而脉冲激光成形叶片热影响区这种氧化烧蚀现象相对较轻。进一步,对脉冲模式输出的叶片成形部位采用着色探伤的方式进行表层裂纹检测,如图 7-20 所示,成形部位表层白色显像剂内部无红色渗透剂渗出,表明成形层表层无明显裂纹。

图 7-20
叶片激光再制造成形部位着色探伤

图 7-21 所示为其他尺寸的受损压缩机叶轮激光增材再制造延寿过程。图 7-21(a)所示为再制造前叶轮形貌,进行再制造操作之前,先用砂纸打磨缺口及周边部位,然后用无水乙醇清洗,吹干待用。损伤叶片的宽度仅约 7mm,其散热条件同平面成形及平板堆积有较大区别。因此前述章节试验中所用最优工艺参数并不适用于实际叶轮损伤的再制造,经反复试验,最后得到优化工艺参数:功率为 1100W,扫描速率为 5mm/s,送粉速率为 8.10g/min。

该参数可以在保证良好结合的前提下避免边部塌陷,且热影响区宽度较小。激光增材再制造后叶轮如图 7-21(b)所示,图 7-21(c)所示为加工完成后的激光增材再制造叶轮。

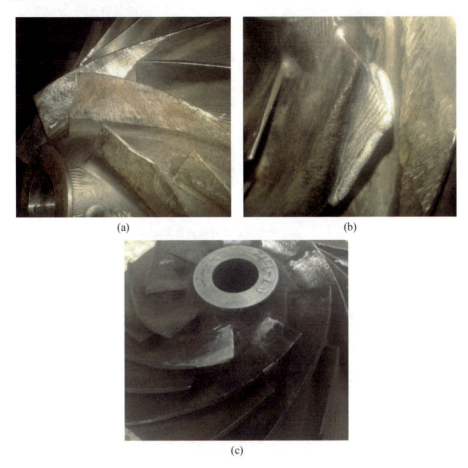

图 7-21　压缩机叶轮的激光增材再制造

(a)激光再制造前叶轮;(b)激光再制造后叶轮;(c)加工完成后的激光再制造叶轮。

叶轮再制造之后,采用着色、超声、X 射线等手段进行无损探伤,未发现存在裂纹、夹杂、气孔等缺陷。参照新品,进一步进行台架试验,如图 7-22 所示。图 7-22(a)所示为动平衡试验,动平衡试验一方面可以调整再制造界面附近残余应力状况,降低残余应力水平,改善其分布的不均匀性;另一方面经动平衡校正后,叶轮能达到允许的平衡精度等级。动平衡校正后的叶轮,进一步进行台架考核,图 7-22(b)所示为超转 115% 台架考核,超转持续时间为3min。结果表明，叶轮振动量及转速等指标均符合要求。台架试验表明，再制造叶轮符合使用要求，达到预期的目的。

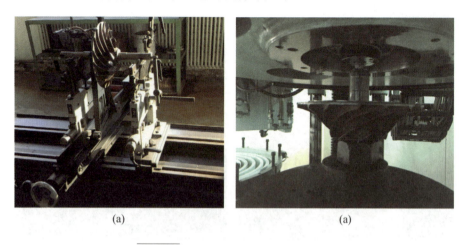

图7-22 激光再制造叶轮的台架试验

(a)动平衡试验；(b)超转测试。

7.5 激光增材再制造技术在化工工业中的应用

烟气轮机是石化行业催化裂化装置中重要的能量回收设备，由于在高温、粉尘和腐蚀的环境下工作，烟气轮机频繁发生故障，严重影响了企业的生产与经济效益。中国石油天然气集团有限公司玉门油田分公司炼化总厂的 YLⅡ-4000H(Q)烟气轮机损伤情况如图7-23～图7-25所示，Ⅰ、Ⅱ级动叶片顶部冲蚀，形成缺角；进气端叶根部冲蚀，形成冲蚀坑；排气边叶根部冲蚀减薄，锁头约2/3部分被冲蚀掉。Ⅰ、Ⅱ级轮盘排气侧榫齿槽边缘冲蚀；进气侧榫齿端面从锁窝到根部冲蚀，形成环状冲蚀沟槽；轮缘中部冲蚀，形成环状冲蚀沟槽。联轴器端主轴径磨损划伤；非联轴器端主轴径严重磨损；整段轴面存在磨损沟槽，并有一条宽度为7mm、深度为6mm的深沟；与轮盘连接的法兰气封轴面磨损。经激光再制造后的状态如图7-26～图7-34所示。

据统计，我国目前在线使用的烟气轮机约120台，由于其运行工况较恶劣，经常会发生不同程度的损伤。从1999年至2005年，沈阳大陆激光技术有限公司对多种烟气轮机成功地进行了再制造，其中，激光再制造烟气轮机约占全部运行烟气轮机的 80%，部分烟气轮机经过多次激光增材再制造。经激光再制造后的烟机轮盘如图 7-28 所示。

螺杆压缩机是一种做回转运动的容积式气体压缩机械，广泛应用于矿山、化工、动力、冶金、建筑、机械、制冷等工业部门。统计数据表明，螺杆压缩机的销售量已占所有容积式压缩机销售量的 80% 以上，在所有正在运行的容积式压缩机中，有 50% 是螺杆压缩机。今后，螺杆压缩机的市场份额仍将不断扩大。

图 7-23
动叶片损伤状态

图 7-24
轮盘损伤状态

图 7-25
主轴径及气封损伤状态

图 7-26 再制造后叶片及组装后转子

图 7-27 激光再制造后的主轴径

图 7-28 激光再制造后的烟机轮盘

螺杆压缩机转子精度等级高、制作工艺复杂、生产成本高、周期长。转子的工艺条件苛刻，工作压力从常压到几个大气压，空气要经过过滤，可连续运转使用10年以上。但在运行中，螺杆转子的工作环境差，由于气体中的杂质、过载或意外因素受到损伤，严重影响气体压缩机的使用寿命。如果重新制造，从工期到成本都是用户所无法承受的。

激光再制造技术的诞生和发展，解决了传统方法无法使损伤螺杆压缩机性能恢复和提升的难题，为螺杆压缩机的再制造带来了新的技术手段。图 7-29 所示为中国石油化工集团有限公司广州石化分公司的螺杆压缩机型面损伤状态。其失效原因是转子在运转中发生轴向位移，造成转子工作面磨损。图 7-30 所示为激光再制造后的螺杆压缩机转子副。

图 7-29
螺杆压缩机型面损伤状态

图 7-30
激光再制造后的螺杆压缩机转子副

卧螺离心机是化工系统重要且易损的设备之一，尤其是螺旋叶片，由于在酸性环境和高温旋转条件下服役，磨损腐蚀极为严重。传统的解决办法是：

（1）喷焊硬质合金，但常出现与基体结合强度低，有气孔组织不致密、成分不均匀和叶片变形等问题。

（2）镶嵌陶瓷片，常出现衬片同基体结合差，在离心机高速旋转时容易脱落而造成事故。

姚建华等在六轴四连动大功率 CO_2 激光加工系统中进行试验，用自制合金丝，采用同步送丝的手段实现了厚度可控的激光熔覆，叶片基材为 1Cr18Ni9Ti，激光单层熔覆厚度在 0.7~1mm，平均硬度约为 400HV，比基体提高了 2 倍，并与基体成梯度过渡，耐磨性比基体提高了 5 倍，抗腐蚀性能也得到提高。经过装机使用，效果良好。

密封加压过滤器是电化厂烧碱制备的重要设备,用来过滤电解液中未溶解的盐。该设备在运行中,主轴磨损腐蚀最严重。过滤器主轴失效的原因如下:

(1) 轴与轴瓦之间机械磨损,一旦机械密封出现局部磨损,造成轴下沉,引起轴瓦偏心磨损。

(2) 盐碱的腐蚀,尤其在电化厂该轴处于强碱环境中,盐碱在一定温度下对 45 钢会加速腐蚀,造成主轴腐蚀磨损严重。

(3) 碱气腐蚀,当主轴腐蚀后,造成密封面破坏,引起装置跑偏滴漏,高温度盐碱进入大气中蒸发成碱气,碱气进一步加速了轴的磨损和腐蚀。这种轴制造难度大,价值高,其失效损失较大。

姚建华等采用激光熔覆与合金化复合的方法解决了碱过滤器主轴的失效再生和提高新品使用寿命的问题。其方案是选用自行研制的合金粉对主轴进行激光熔覆,修复其尺寸,然后再进行激光合金化处理,提高其耐磨、耐蚀性能。处理后,修复层的硬度比基体提高 2 倍,耐磨性提高 1.2 倍,耐碱蚀性提高 1.5 倍。修复后的碱过滤器主轴经装机运行后观察,没有发现偏心、磨损和两侧碱跑冒滴现象,其过滤性能达到工艺指标的控制要求。

7.6 激光增材再制造技术在船舶工业中的应用

长期工作在海洋环境下的船舶部分零部件如传动轴等极易出现腐蚀、磨损、断裂等失效特征,从而影响船舶在航率。目前,针对这些类型缺陷零件的再制造,激光再制造技术在船舶行业中的应用已较为广泛。

某型舰船主机为柴油机,在修理过程中发现其气缸盖气阀座孔表面因腐蚀出现漏水,导致主机不能正常使用,影响该型舰艇的在航率,如图 7-31 所示。

该舰船主机气缸盖材质为球墨铸铁,焊接性能差,修复难度大。一个修理周期内改型舰船因类似问题造成报废气缸盖通常在 6 个以上,造成比较大的经济损失,也降低了装备战斗力。该缸头的材料特征是高含碳量,含硫、磷杂质也较高,抗拉强度低且基本无塑性,按手工电弧焊、气体保护焊等传统热焊方法对其进行焊补时，在焊缝区和热影响区极易产生冷、热裂纹，材料本身焊接性较差。

图 7-31
气缸盖气阀座孔腐蚀表面形貌

在不对气缸盖进行整体或局部预热的条件下，采用激光增材再制造技术对气缸盖气阀座孔腐蚀表面进行再制造成形，通过控制熔池和基体的温升，减少成形区激光热输入，从而抑制过大的热应力，达到避免成形层开裂的目的。

待修复内孔面直径为 $\phi 150mm$，宽度为 15mm。成形材料采用 CuNi 合金粉末，激光增材再制造工艺参数如下：激光功率为 900W，扫描速度为 2mm/min，送粉电压为 10V，光斑直径为 3.5mm，载气流量为 200L/h，搭接率为 30%，堆积两层，单层厚度为 0.4~0.6mm。再制造过程中采用氩气保护熔池，防止氧化物夹杂出现。为控制熔池和基体温升，采用分段成形方式，每成形 1/4 圆弧后停顿 2min，待成形层、基体完全冷却后再拼接成形下一段圆弧，气缸盖激光增材再制造现场如图 7-32 所示。

图 7-32
气缸盖激光增材再制造现场

再制造后的气缸盖气阀座孔表面形貌如图 7-33 所示，可见成形层表面光亮、连续，无裂纹、气孔等缺陷，成形层与基体呈良好冶金结合，基体热影响区较小，气缸盖未变形。

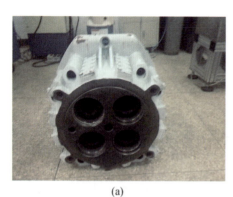
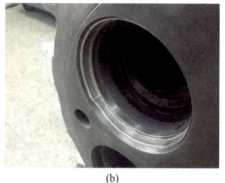

图 7-33　再制造后的气缸盖气阀座孔表面形貌
(a) 整体；(b) 再制造部位。

成形层厚度为 1.0～1.2mm，完全恢复了原始尺寸，且预留了后续机加工余量。其后加工条件为：气阀座与其座孔配合间隙为 0.014～0.038mm，气阀座孔加工精度为 0～0.24mm。加工部位达到技术要求后，过渡处需要进行光车披锋，并倒角，避免损伤密封圈。

机加工的气阀座孔装配气阀座后，对气缸盖整体进行常温和热态水压测试，结果显示均未出现渗漏，缸盖气阀座密封性良好，气缸盖再制造达到了预期效果。表明激光增材再制造技术是一项先进的舰船发动机缸盖再制造技术，其推广应用将显著延长舰船发动机失效气缸盖的服役寿命，提高舰艇在航率，军事效益显著。

另外，随着激光器功率的提高、光束品质的改善，激光焊接越来越受到造船工业的青睐。欧洲造船业率先将激光焊接用于船舶的建造和修理，例如，用于大型豪华客轮、高速混装渡船和先进军舰等上层建筑结构焊接，发挥其在焊接质量要求高的环境下的良好适用性。欧盟研发的适用于造船业的激光焊接系统，采用光纤传输和机器人操作，使激光焊接技术得以在船舱中各个工作层面进行，使其能胜任船舶建造中的焊接工作，并可节省 6%～8% 的船体建造成本，图 7-34 所示为激光焊接船体结构示意图。

针对船体结构中两块面板中间夹有加强腹板的平板夹心构件，激光焊接可以穿过面板熔化下面腹板，实现整体结构的连接。这种实现封闭结构内外连接的独特优势是其他焊接方法所不能达到的。德国 Meyer 船厂已经将该项技术用于豪华客轮的甲板、船舱隔壁、客舱壁板等的焊接。与传统蜂窝状加混筋板的焊接结构相比，平板夹心结构减重约 50%，占据空间减少 50%，减震能力和抗碰撞性大大增强，而且比传统加工方法减少现场工时 30%。此外，船体建造大量采用薄板，在大热输入下焊接容易发生翘曲和变形，焊接工作量大，焊接构件易发生翘曲和变形，船体建造中约 25% 工作量是对船体进行整形，激光焊接可以显著减小焊接变形，焊接长度 12m 的船板的公差可以控制在 0.5mm 内。德国 Meyer 船厂采用 12kW 的 CO_2 激光器和 FroniusTSP5000 数字式焊接电源进行激光－电弧复合焊，用于船体平面分段，可允许 1mm 接头装配间隙，减少了船舶建造的焊前装配工作量，在造船业中体现出了独特的优势。激光焊接用于船舶建造和修理，提高了生产效率，降低了制造成本，增强了企业竞争力。

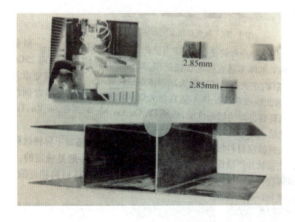

图 7－34
激光焊接船体结构示意图

董世运课题组针对球墨铸铁件的激光增材再制造技术，成功应用到船舶工业中，尤其是在重要的球墨铸铁件的应用中，如大型船舶发动机缸体，如图 7－35 所示。该缸体为大型船舶用球墨铸铁发动机缸体，材质为 QT500－7，由于长时间的使用，在缸体的多个位置，尤其是端面部位出现多处砂眼、磨损以及开裂等缺陷，如图 7－36 所示。采用增材制造工艺进行再制造成形，获得了良好的效果，如图 7－37 所示。再制造之后，经过初步无损探伤检测，没有出现明显的开裂现象，如图 7－38 所示。

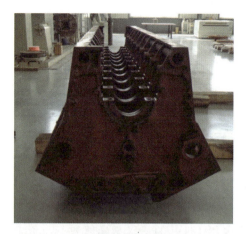

图 7-35 大型船舶球墨铸铁发动机缸体

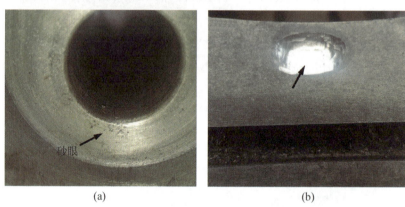

图 7-36 发动机缸体上常见的损伤形式

(a)砂眼；(b)缺陷预处理。

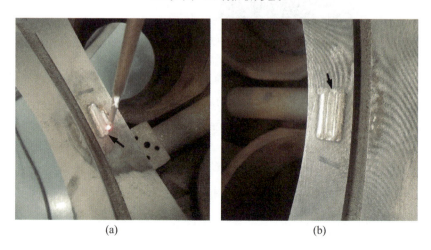

图 7-37　发动机缸体激光成形过程和成形效果

(a)沉积修复过程；(b)~(d)修复结果。

图 7-38

发动机缸体再制造之后渗透探伤

7.7　激光增材再制造技术存在的问题与应用前景

7.7.1　激光增材再制造技术目前存在的问题

虽然激光再制造技术已经在装备零部件的再制造中成功应用，并取得了不错的效果，但是，由于再制造过程十分复杂，加上激光再制造技术本身还不够成熟，目前的再制造还存在许多亟待解决的问题，离损伤零部件快速精确的现场再制造要求还有一定的距离。

（1）再制造模型获取过程复杂，效率低下。损伤零件的再制造修复过程十分复杂，其中，损伤零件数字化模型的获取及模型重构是逆向工程问题，模型比对处理是正向设计问题，同时还包含分层以及文件格式转换等诸多问题，通常需要第三方软件的协作才能完成。目前的软件系统集成化、自动化程度低下，大幅降低了装备损伤零部件的激光再制造响应速度。

（2）设备便携性差。目前，激光设备存在系统复杂、结构庞大的缺陷，导致目前激光再制造技术存在系统复杂、便携性差的问题。同时，损伤零件数字化模型获取的反求扫描设备也存在需要常规电源以及便携性差的问题。这些因素造成野外现场环境下，无法实现损伤零件的模型快速反求及快速再制造修复。

（3）技术相对单一。目前，激光再制造技术都是以激光为热源的打印技术。激光虽然有能量集中、成形材料广泛等优点，但也存在系统昂贵、复杂等缺点，造成零件制造和再制造成本较高，普及比较困难。

（4）材料问题。目前用于激光再制造技术直接制备金属零件的材料种类还比较少，多沿用热喷涂的自熔剂合金材料，尚未形成独立的激光再制造材料体系，导致可以进行再制造修复的装备零部件种类有限。

7.7.2　激光增材再制造技术未来发展趋势

根据装备损伤零部件战场现场快速精确再制造保障要求，可以预见，未来加工再制造技术的发展将主要集中在以下方面：

（1）提高再制造软件系统的集成度和自动化程度，以提高装备损伤零部件激光再制造的响应速度。

目前，已有公司推出正逆向混合设计软件，向高集成度再制造软件系统迈进了一步。另外，鉴于点云数据构建曲面模型过程烦琐，大连海事大学已展开点云数据与零件标准快速原型模型直接进行比对，生成再制造修复模型的理论研究，以简化再制造模型获取流程，提高系统自动化水平，进而提高损伤零件的增材再制造响应速度。

（2）激光再制造系统向桌面化、便携方向发展，以适应野外战场现场快速精确保障要求。据报道，目前，美国陆军太空与导弹防御司令部、陆军部队战略司令部未来作战中心创新办公室为战场人员研发了一款质量小、价格低的3D打印机，该机可以放在作战人员的背包中并在战场上使用。

(3)激光再制造向技术多样化及与其他制造技术相结合的方向发展,以解决激光增材制造设备昂贵、便携性差等缺陷。

(4)提高激光再制造材料的多样性和先进性,满足装备零部件多样性的需求。随着激光再制造技术的深入发展和打印材料需求的不断扩展,目前,国内的激光再制造材料研发与应用日益受到关注。在2012年10月举行的增量制造产业高端论坛暨激光烧结装备发布会上,华曙高科技有限责任公司与全球知名激光烧结粉末材料销售商美国3DLink公司就激光烧结材料应用开发项目签订合作协议,开发出高性能激光烧结粉末材料。飞而康快速制造科技有限责任公司、海源3D打印制造实验室等单位也都把增材制造材料开发列为明确目标。

(5)充分利用网络平台,大力发展远程增材再制造。据外媒报道,美国陆军研究实验室和普渡大学开发出一种新型增材制造技术,能够帮助部署在不同位置的士兵对装备(如飞机、汽车)零部件进行远程修复,提高军事装备效率并大幅降低维护成本。目前,国内已出现专业的网络增材制造服务平台,但关于远程增材制造再制造的信息还尚无报道。

7.7.3 激光增材再制造技术应用现状与前景

激光增材再制造技术是一种全新概念的先进修复技术,它不仅可以使损伤的零部件恢复外形尺寸,还可以使其使用性能达到甚至超过新品的水平,是重大工程装备修复新的发展方向。

美国和日本在汽缸、活塞等汽车发动机零件上也有很多应用。美国斯万森工业(Swanson Industries)公司采用激光熔覆和激光焊接技术对机械零部件进行激光再制造,实现了汽缸、轧辊和活塞等的激光增材再制造,并可以根据零部件性能需要,在基体表面熔覆奥氏体不锈钢、马氏体不锈钢、镍基合金和钴基合金等涂层。美国Gremada工业公司采用激光增材再制造技术再制造机械设备零部件,并为美国Caterpillar公司修复重型机械装备零部件,代替原来高成本的换件维修。

激光增材再制造技术在中国正快速发展,相关的技术设备系统、技术理论和工艺、技术应用等方面的研究都已经展开,其应用领域不断扩大。从事激光再制造研究的高校和科研院所越来越多,研究队伍不断壮大;同时,从事激光再制造技术研发和推广应用的公司也不断出现,如沈阳大陆激光技术有限公司和浙江工业大学的科创激光再制造有限责任公司等。以沈阳大陆激光技术有限公司作为龙头企业的一批激光再制造专业化公司不断涌现，有许多激光再制造技术成功应用的实例，如石化行业的烟气轮机、风机和电机，电力行业的汽轮机和电机，冶金行业的热卷板连轧线、棒材连轧线、高速线材连轧线，铁路行业的货车车轮、道岔、铁路机车曲轴，航空发动机热端部件和大型船舶内燃发动机热端部件等。

天津工业大学针对激光增材再制造技术进行了较为系统的研究。例如，研究了激光增材再制造设备系统、激光增材再制造过程中激光与粉末流相互作用理论、自动化技术工艺及相关软件系统、再制造质量和性能控制等，已将此技术用于冶金轧辊、拉丝辊的修复，石油行业的采油泵体、主轴的修复，铁路、石化行业大型柴油机曲轴的修复，均获到良好效果。西北工业大学针对钛合金叶片等钛合金零件的再制造难题，研究了再制造成形理论、技术工艺方法、性能控制与评价等。江苏大学研究了激光冲击再制造技术。一般而言，激光冲击技术应用于航空叶片等新品零件的表面强化，提高新品零件的疲劳寿命。江苏大学张永康等研究把激光冲击技术应用于废旧零件的再制造过程，改善再制造部位沉积金属的残余应力状态，提高其疲劳寿命等力学性能。

装备再制造技术国防科技重点实验室从激光再制造成形理论、技术工艺、再制造新型材料及应用等多方面正对激光再制造技术进行系统研究，应用激光增材再制造技术成功再制造了重载车辆齿类件、曲轴、汽车发动机铝合金缸盖等装备关键零件。重载车辆齿类件齿面承受载荷大，齿面磨损和局部剥落严重，其失效齿面一直缺乏有效的修复技术手段。装备再制造技术国防科技重点实验室采用6kW横流CO_2激光器，配合五轴联动机床，基于同步送粉激光增材再制造技术成功再制造了重载车辆主动齿轮轴磨损齿面。在此过程中，解决了成形层裂纹控制、高性能要求、成形材料与基体材料的工艺匹配性以及基体材料热累积等技术关键问题。铝合金零部件产生裂纹及发生磨损等尺寸缺损后，其维修比较困难，采用传统的堆焊方法难以实现高性能维修。激光束因能量密度高，为铝合金零部件维修提供了先进可行的技术手段。10年来，铝合金表面激光合金化、激光增材和激光冲击等技术一直是研究的热点。装备再制造技术国防科技重点实验室采用同步送丝激光增材再制造技术实现了路虎汽车发动机铝合金缸盖的再制造，再制造铝合金缸盖表面的尺寸和表面平面度均符合图纸设计要求,达到了新品缸盖的性能要求。

激光增材再制造技术已经应用于冶金、石化、交通(飞机、舰船、火车、汽车)、纺织等各工业领域装备的再制造中,解决了诸多维修难题,创造了巨大的经济和社会效益。尽管相对于常用的热喷涂和电镀电刷镀等表面维修技术,激光再制造技术存在设备系统的一次性投资较昂贵等问题,但是,设备系统投入之后,在不考虑设备投入成本的前提下,运行成本较低。由于重大设备中的轧辊、轴类零件、叶片以及齿类件等都是高附加值的零件,激光再制造的费用均在原值的25%以下,激光再制造的周期短,可以大大节约维修的时间,并且性能达到甚至超过新件,所以,激光增材再制造技术具有显著的性价比优势。随着激光器技术的发展,激光器及其运行价格正迅速降低,激光增材再制造的优势将更加明显。

激光增材再制造技术因其技术的先进性和再制造产品质量和性能的优越性,在重要装备再制造中具有不可替代的作用。随着激光器、先进材料、计算机、机械制造等相关领域的发展,激光增材再制造技术正在快速发展。随着工业生产不断重视节能减排的要求,激光加工设备和加工技术的发展,以及人们对再制造认识的提高,激光再制造技术研究应用的深度与广度将越来越深入而广泛,将为建设节约型社会做出重要贡献。

参考文献

[1] 徐滨士,马世宁,刘世参,等.21世纪的再制造工程[J].中国机械工程,2000,11(1-2):36-38.

[2] 徐滨士,马世宁,刘世参,等.21世纪设备维修工程的新进展——再制造工程[J].装甲兵工程学院学报,2000,14(1):8-12.

[3] 陈全义,胡芳友,卢长亮.激光再制造在航空维修中的应用[J].工程技术,2011,8:141-144.

[4] 徐滨士.发展装备再制造,提升军用装备保障力和战斗力[J].装甲兵工程学院学报,2006,20(3):1-5.

[5] 董世运,张晓东,徐滨士,等.45钢凸轮轴磨损凸轮的激光熔覆再制造[J].装甲兵工程学院学报,2011,25(2):85-87.

[6] 董世运,徐滨士,王志坚,等.激光再制造齿类零件的关键问题研究[J].中国激光,2009,36(1):134-138.

[7] 董世运,徐滨士,张晓东,等.激光再制造技术现状、存在问题及前景展望[C].海口:第四届世界维修大会组委会,2008.

[8] 罗永要,王正伟,梁权伟.混流式水轮机转轮动载荷作用下的应力特性[J].清华大学学报(自然科学版),2005,45(2):235-238.

[9] LEE B,SUH J,LEE H,et al. Investigations on fretting fatigue in aircraft engine compressor blade[J]. Engineering Failure Analysis,2011,18(7):1900-1908.

[10] Farrhi G H,Tirehdast M,Masoumi K A,et al. Failure analysis of a gas turbine compressor[J]. Engineering Failure Analysis,2011,18(1):474-484.

[11] 支金花,张海存,卢正欣,等.轴流压缩机叶片断裂分析[J].流体机械,2011,31(2):47-51.

[12] 赵爱国,钟培道,习年生,等.高压涡轮导向叶片裂纹分析[J].材料工程,1998,1(12):35-38.

[13] 刘爱军,刘德顺,周知进.矿井风机叶片磨损机理与抗磨技术研究进展[J].中国安全科学学报,2008,18(11):169-176.

[14] 陈江,刘玉兰.激光再制造技术工程化应用[J].中国表面工程,2006,16(5):50-55.

[15] 徐姚建华.激光表面改性技术及应用[M].北京:国防工业出版社,2011.

[16] 周建忠,刘会霞.激光快速制造技术及应用[M].北京:化学工业出版社,2009.